四川省示范性高职院校建设项目成果

小型电子产品设计与制作

主　审　聂　勇
主　编　唐　林　黄世瑜

西南交通大学出版社
·成　都·

内容提要

本书以项目任务为载体，采用教、学、做相结合的教学模式，结合区域电子信息产业岗位需求与全国大学生电子设计竞赛理论和实践要求，选用全国大学生电子设计竞赛具有典型代表性的低频功率放大器、简易智能小车、数控直流电流源以及电压控制 LC 振荡器等赛题作为教学项目情境载体，通过实现情境载体任务，学习放大类、控制类、电源类以及信号源类电子产品的设计方法、设计流程、典型应用电路及工程案例分析等，教学过程中注重培养学生技术应用能力与实践技能，突出职教特色，强调工程实践应用，注重培养学生团队协作与思维创新，以提高工程开发与社会适应能力。

本书可作为高职院校应用电子技术、电子信息工程技术、通信技术及相近专业学生学习电子产品设计教材，同时也可作为毕业设计、课程设计、电子设计竞赛的参考书及培训教材。

图书在版编目（CIP）数据

小型电子产品设计与制作 / 唐林，黄世瑜主编. ——
成都：西南交通大学出版社，2013.11（2018.5 重印）
四川省示范性高职院校建设项目成果
ISBN 978-7-5643-2640-1

Ⅰ. ①小… Ⅱ. ①唐… ②黄… Ⅲ. ①电子工业－产品设计②电子工业－产品－生产工艺 Ⅳ. ①TN602
②TN05

中国版本图书馆 CIP 数据核字（2013）第 206464 号

小型电子产品设计与制作

主编　唐　林　黄世瑜

责 任 编 辑	李芳芳
特 邀 编 辑	张少华
封 面 设 计	墨创文化
	西南交通大学出版社
出 版 发 行	（四川省成都市二环路北一段 111 号
	西南交通大学创新大厦 21 楼）
发 行 部 电 话	028-87600564　87600533
邮 政 编 码	610031
网 　 址	http://www.xnjdcbs.com
印 　 刷	四川森林印务有限责任公司
成 品 尺 寸	185 mm × 260 mm
印 　 张	18
字 　 数	458 千字
版 　 次	2013 年 11 月第 1 版
印 　 次	2018 年 5 月第 3 次
书 　 号	ISBN 978-7-5643-2640-1
定 　 价	38.00 元

序

在大力发展职业教育、创新人才培养模式的新形势下，加强高职院校教材建设，是深化教育教学改革、推进教学质量工程、全面培养高素质技能型专门人才的前提和基础。

近年来，四川职业技术学院在省级示范性高等职业院校建设过程中，立足于"以人为本，创新发展"的教育思想，组织编写了涉及汽车制造与装配技术、物流管理、应用电子技术、数控技术等四个省级示范性专业，以及体制机制改革、学生综合素质训育体系、质量监测体系、社会服务能力建设等四个综合项目相关内容的系列教材。在编撰过程中，编著者立足于"理实一体"、"校企结合"的现实要求，秉承实用性和操作性原则，注重编写模式创新、格式体例创新、手段方式创新，在重视传授知识、增长技艺的同时，更多地关注对学习者专业素质、职业操守的培养。本套教材有别于以往重专业、轻素质，重理论、轻实践，重体例、轻实用的编写方式，更多地关注教学方式、教学手段、教学质量、教学效果，以及学校和用人单位"校企双方"的需求，具有较强的指导作用和较高的现实价值。其特点主要表现在：

一是突出了校企融合性。全套教材的编写素材大多取自行业企业，不仅引进了行业企业的生产加工工序、技术参数，还渗透了企业文化和管理模式，并结合高职院校教育教学实际，有针对性地加以调整优化，使之更适合高职学生的学习与实践，具有较强的融合性和操作性。

二是体现了目标导向性。教材以国家行业标准为指南，融入了"双证书"制和专业技术指标体系，使教学内容要求与职业标准、行业核心标准相一致，学生通过学习和实践，在一定程度上，可以通过考级达到相关行业或专业标准，使学生成为合格人才，具有明的目标导向性。

三是突显了体例示范性。教材以实用为基准，以能力培养为目标，着力在结构体例、内容形式、质量效果等方面进行了有益的探索，实现了创新突破，形成了系统体系，为同级同类教材的编写，提供了可借鉴的范样和蓝本，具有很强的示范性。

与此同时，这是一套实用性教材，是四川职业技术学院在示范院校建设过程中的理论研究和实践探索的成果。教材编写者既有高职院校长期从事课程建设和实践实训指导的一线教师和教学管理者，也聘请了一批企业界的行家里手、技术骨干和中高层管理人员参与到教材的编写过程中，他们既熟悉形势与政策，又了解社会和行业需求；既懂得教育教学规律，又深谙学生心理。因此，全套系列教材切合实际，对接需要，目标明确，指导性强。

尽管本套教材在探索创新中存在有待进一步锤炼提升之处，但仍不失为一套针对高职学生的好教材，值得推广使用。

此为序。

四川省高职高专院校
人才培养工作委员会主任
二〇一三年一月二十三日

前　言

随着电子技术的不断发展与进步，电子产品的设计方法发生了很大的变化。大规模集成电路的广泛应用，使得电子技术正朝着专用电子集成电路及硬件和软件合为一体的电子系统方向发展。电子产品的设计与开发变得越来越快速与广泛，小型电子产品设计与制作已成为许多高职高专院校电子信息类专业学生必须掌握的一门重要技术。

本书在传统理论教学基础上，力求在内容、结构、理论教学与实践教学等方面充分体现高职教育的特点，因此本书具有以下特点：

（1）教、学、做相结合，将理论与工程实践应用融为一体。

小型电子产品设计与制作是一门应用性、综合性很强的课程，在本书的内容编排上采用项目任务驱动型教学模式，理实一体教学的方式，将抽象的概念和难于理解的知识，通过演示教学、实践动手操作或参观等形式变得形象直观。以课题形式开展教学，便于加强学生的创新意识和实践能力的培养。

（2）结合岗位需求，精选内容，突出课程的综合性与实用性。

结合电子产品开发和设计岗位需求，在教学内容上选用全国大学生电子设计竞赛具有典型代表性的低频功率放大器、简易智能小车、数控直流电流源以及电压控制 *LC* 振荡器赛题作为教学项目情境载体，贯穿模拟电子技术、数字电子技术、单片机技术、传感器技术以及 EDA 应用技术的课程核心知识与技能，设计放大类电子产品设计、控制类电子产品设计、电源类电子产品设计和信号源类电子产品设计 4 个教学单元，对基础知识不做过于繁杂的理论讲解，重点放在设计思路与应用工艺方面。

（3）以项目为中心，以实际任务为载体，贯穿整个电子产品设计开发流程。

在教材的编排上按情境任务及其目标、情境资讯、情境决策与实施、情境评价的顺序，通过任务分析、知识储备、案例设计与目标任务实施，体现电子产品设计开发流程。

（4）结构新颖，层次分明，语言简练，易于教学及自学。

以实际电子产品为载体，过程中依靠任务载体使学生掌握不同电路结构形态下的电子产品开发设计方法，尽可能让学生在直观、有趣的情景中学习和运用知识。培养学生的团队协作和电子创新设计能力。

本书的参考学时为 50 学时，各项目的参考学时见下表的学时分配表。

序号	教学单元	参考任务载体	参考学时
1	放大类电子产品设计	低频功率放大器设计与实现	16
2	控制类电子产品设计	简易智能小车设计与实现	10

续表

3	电源类电子产品设计	数控直流电流源设计与实现	12
4	信号源类电子产品设计	电压控制 *LC* 振荡器设计与实现	12
合　计			50

全书体现了应用电子技术专业示范建设教学改革成果，由四川职业技术学院唐林、黄世瑜任主编。本书由唐林、黄世瑜共同制定编写提纲，唐林、黄世瑜、施尚英、高峰编写并定稿。绪论部分由唐林、黄世瑜共同编写，项目一放大类电子产品设计由唐林编写，项目二控制类电子产品设计由黄世瑜编写，项目三电源类电子产品设计由施尚英编写，项目四信号源类电子产品设计由高峰编写。

本书主审四川电信有限公司高级工程师聂勇仔细审阅了全书，并对全书提出了许多宝贵的意见和建议。在教材编写及审定过程中，四川职业技术学院电子电气工程系的教师们提出了宝贵的意见和建议。在此，对聂勇、电子电气工程系的教师们及书后所列参考书籍的各位作者，表示诚挚的感谢。

现代电子设计技术是发展的，相应的教学内容和教学方法也应不断改进，其中一定有许多问题值得深入探讨。由于编者水平有限，书中不足和不妥之处在所难免，望广大读者给予批评和指正。

欢迎您把对本书的建议发至：Tanglin125@tom.com。

编　者

2013 年 5 月

目　录

绪 论

电子技术是根据电子学的原理，运用电子元器件设计和制造具有一定功能的电路以解决实际问题的科学，包括信息电子技术和电力电子技术两大分支。信息电子技术包括模拟（Analog）电子技术和数字（Digital）电子技术。

0.1 现代电力电子技术的发展方向

现代电子技术的发展方向是以低频技术处理问题为主的传统电子技术向以高频技术处理问题为主的现代电子学方向转变。从 1950 年起，电子技术经历了晶体管时代、集成电路时代以及超大规模集成电路时代，直至现代经历了微电子技术时代的纳米技术、EDA 技术以及嵌入式技术等。

1. 微电子技术

微电子学是研究在固体（主要是半导体）材料上构成的微小型化电路、子系统及系统的电子学分支，是一门主要研究电子或离子在固体材料中的运动及应用，并利用它实现信号处理功能的科学。

微电子技术在近半个世纪以来得到迅猛发展，是现代电子工业的心脏和高科技的原动力。微电子技术与机械、光学等领域结合而诞生的微机电系统（MEMS）技术、与生物工程技术结合的 DNA 生物芯片成为新的研究热点。目前，微电子技术已经成为衡量一个国家科学技术和综合国力的重要标志。微电子技术的发展方向是高集成、高速度、低功耗和智能化。

2. 纳米电子技术

纳米电子学主要在纳米尺度空间内研究电子、原子和分子运动规律和特性，研究纳米尺度空间内的纳米膜和纳米线。纳米点和纳米点阵构成的基于量子特性的纳米电子器件的电子学功能、特性以及加工组装技术。其性能涉及放大、振荡、脉冲技术、运算处理和读写等基本问题。其新原理主要基于电子的波动性、电子的量子隧道效应、电子能级的不连续性、量子尺寸效应和统计涨落特性等。

从微电子技术到纳米电子器件将是电子器件发展的第二次变革，与从真空管到晶体管的第一次变革相比，它含有更深刻的理论意义和丰富的科技内容。在这次变革中，传统理论将不再适用，需要发展新的理论，并探索出相应的材料和技术。

3. EDA 技术

电子设计技术的核心就是 EDA 技术。EDA 是指以计算机为工作平台，融合应用电子技术、计算机技术以及智能化技术最新成果而研制成的电子 CAD 通用软件包。EDA 技术主要包含 IC 芯片设计、电子电路辅助设计以及 PCB 制板设计。其中 IC 设计软件供应商主要有 Cadence、Mentor Graphics 以及 Synopsys 等公司。电子电路设计与仿真软件主要包括 SPICE/PSPICE、Proteus、Multisim 和 System View 等。PCB 设计软件种类很多，如 Protel、OrCAD、Viewlogic 和 PCB Studio 等。而 PLD 设计软件主要包括 Altera、Xilinx 和 Atmel 等。EDA 技术应用广泛、工具多样且软件功能强大，开发的产品向超高速、高密度、低功耗、低电压和复杂的片上系统器件方向发展。

在当前电子技术领域，知识更新的速率相当快。社会各学科的交叉、自然科学与社会科学的交叉、生产与经营的交叉以及高新技术的广泛性和渗透性等，对复合型人才的需求日益增多。新时期对人才素质的新要求迫在眉睫，从而引起对教育的新挑战。要求尽快把知识、技能和创新等有机结合起来，树立工程意识，创新意识、团队协作意识，为迎接新的挑战而做好充分的准备。

0.2 小型电子产品生产过程

电路与系统学科是研究电路与系统的理论、分析、测试、设计和物理实现。它是信息与通信工程和电子科学与技术这两个学科之间的桥梁，同时又是信号与信息处理、通信、控制、计算机乃至电力、电子等诸方面研究和开发的理论与技术基础。因为电路与系统学科的有力支持，才使得利用现代电子科学技术和最新元器件实现各种复杂、高性能的信息和通信网络与系统成为现实。

系统定义为：由若干要素以一定结构形式联结构成的具有某种功能的有机整体。在系统定义中包括了系统、要素、结构、功能 4 个概念，表明了要素与要素、要素与系统、系统与环境三方面的关系。

系统的基本特征主要包含整体性、关联性、等级结构性、动态平衡性以及时序性等。这是所有系统的共同的基本特征。

电子系统定义：所谓电子系统是指由一组电子元器件及其附属材料或基本电子单元电路相互连接、相互作用而形成的电路整体，能按特定的控制信号执行所规范的功能。

目前，电子产品已然成为我们生活中不可或缺的东西。那么什么是电子产品呢？简言之，就是以电子电路为基本技术，运用电子元器件或各种规模的集成电路经过一定的装配工艺和流程而形成具有某种特定用途的产品。例如收音机、电视机、手机、MP3 以及鼠标等都属于电子产品范畴。如图 0.2.1 所示，都是电子产品。

电子产品生产，是指产品从研制、开发到商品售出及售后维护维修的全过程。该过程包括设计、试制和批量生产 3 个主要阶段，而每一阶段又分为若干层次。

（1）在设计阶段中，生产适销、对路的产品是每个生产厂家最大期望。因此，产品设计阶段应从市场调研分析开始，分析市场信息、用户需求和市场行情，掌握用户对产品的功能、性能和品质需求。通过市场调查确定产品的设计方案，对方案进行可行性论证，找出实现产品开发的技术关键和难点，并对原理方案进行试验与测试，并在试验的基础上修改设计方案并进行样机设计。这一阶段应检验设计功能和技术指标是否符合用户的需求，根据需要进行技术鉴定与认证。

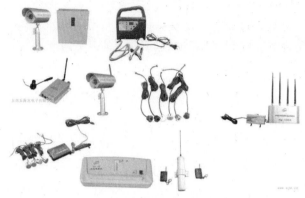

图 0.2.1　电子产品实例

（2）产品试制阶段主要包括样机试制、产品定型设计和小批量试制 3 个步骤。依据第 1 阶段的样机及其设计资料进行产品试制，实现产品开发的预期性能指标。验证产品的工艺设计，制定产品生产工艺及其相关技术资料，进行小批量试生产，并完善全套工艺技术资料。根据需要，应进行产品鉴定。

（3）批量生产阶段产品开发的最终目标是希望实现批量生产。生产批量越大，越容易降低生产成本，提高经济效益。

电子产品生产的基本要求包括：生产企业的设备情况、技术和工艺水平、生产能力、生产周期以及生产管理水平等方面。

0.3　小型电子产品设计课程与其他课程的关系

《小型电子产品设计与制作》课程是将电子技术基础、模拟电子技术、数字电子技术、高频电子技术、单片机控制技术以及 EDA 电子设计自动化技术等有机结合并应用的一门综合性专业核心课程。通过《小型电子产品设计与制作》课程学习，可使学生进一步掌握基本的相关理论知识，进一步强化实践动手能力，使学生初步具有电子系统工程设计能力，熟悉对小型电子系统开发与设计的方法，获得创新意识和团队协作能力，逐步成为具有电子产品开发与设计能力的应用型专门化人才。

电子系统设计是让学生对相关知识的理解和应用上升到电子工业生产制造的一个学习过程。通过理实结合，实现拉近抽象的理论符号与真实元器件、材料和产品之间的距离，理解理论的学习最终目标是实现电子产品的制造和生产。让学生掌握和熟悉现代电子企业的产品制造设备、生产工艺及技术管理等方面的知识，为学生将来从事电子企业生产技术和生产管理工作打下良好的技术基础。

本书在简要介绍相关理论知识的前提下，更加偏重于实践环节，其内容主要包括以下几方面：

（1）基本电子技术的简要介绍，主要包含模拟电路、数字电路、微控制器以及 EDA 设计；

（2）常用电子元器件的分类、技术参数和特性、识别和选用；

（3）电子产品生产中的装配、调试及维修技术；

（4）电子产品生产中的调试及工艺流程、工艺文件和工艺管理工作。

学生在整个理实一体教学过程中，以小型电子产品项目设计与制作为载体进行完整、规范的操作训练和生产劳动等，在教学过程中要求应具备以下两个方面的要求。

1. 基础知识及操作能力方面

（1）初步掌握电工、电子、电路分析（电路基础、模拟电路、数字电路）及设计的基本理论知识，掌握以单片微计算机为核心的应用系统设计方法；

（2）通过安全教育和基本技能的训练，掌握安全用电知识、常用电器元器件的识别与测试、操作技能及工艺等知识，熟悉印刷电路板的计算机辅助设计及电子线路的绘制，为进一步学习建立良好的基础；

（3）掌握主要工具的基本操作技能，规范使用，注意与生产实践相结合，重视工艺规程，为后续实践性教学打下坚实的基础；

（4）掌握电子线路的安装调试的基本操作技能，并且能正确地使用和调整该工种的常用设备及仪器，能根据工作原理图、接线图和装配图等技术资料作一般性的独立操作。

2. 工程素养与人文素质方面

（1）具备自学能力和独立分析问题、解决问题的能力；

（2）树立正确的劳动观，培养学生的动手实践能力的同时，力争在实践中有所改进和创造。

0.4 本课程主要学习内容

本课程在传统理论教学基础上，采用任务驱动型教学模式，理实一体教学的方式，将抽象的概念、难于理解的知识，通过演示教学、实践动手操作或参观等形式变得形象直观。参照全国大学生电子设计竞赛要求设计了放大类类电子产品设计、控制类电子产品设计、电源类电子产品设计以及信号源类电子产品设计 4 个教学单元，如表 0.4.1 所示。涵盖了电子类专业学生前期学习的模拟电子线路、数字电子线路以及单片机等几大基础学科，通过系统综合与运用使学生掌握电子设计的新技术、新手段和新方法。在教学过程中依靠任务载体使学生掌握不同电路结构形态下的电子产品开发设计方法，尽可能让学生在直观、有趣的情景中学习和运用知识。培养学生的团队协作能力和电子创新设计精神。

表 0.4.1 课程教学内容及参考学时

序号	教学单元	参考任务载体	参考学时
1	放大类电子产品设计	低频功率放大器设计与实现	16
2	控制类电子产品设计	简易智能小车设计与实现	10
3	电源类电子产品设计	数控直流电流源设计与实现	12
4	信号源类电子产品设计	电压控制 LC 振荡器设计与实现	12
合　计			50

1. 放大类电子产品设计

放大器是增加信号幅度或功率的装置，它是处理信号的重要单元。放大器的放大作用就是用输入信号控制能源来实现的，放大所需功耗由能源提供。对于线性放大器，输出就是输入信号的复现和增强；对于非线性放大器，输出则与输入信号成一定函数关系。放大器应用领域非常广泛，电路结构形式多样。

在教学单元中选用具有典型代表的低频功率放大器设计作为教学任务，通过实现低频功率放大器设计，学习放大类电子产品电路设计方法、传统电子线路设计流程等知识。

2. 控制类电子产品设计

以电子电路为信息采集、处理核心，并根据设计需求输出控制指令的电子产品。在现代控制类电子产品中已经离不开微控制器、可编程逻辑器件和 EDA 设计工具，掌握先进的系统设计方法可以获得事半功倍的效果。

本项目载体选用全国大学生电子设计竞赛 2003 年赛题(第六届)简易电动车为情境载体，通过完成简易电动车设计与制作，学习和储备掌握控制类电子产品设计必备的知识。

3. 电源类电子产品设计

当今社会人们极大的享受着电子设备带来的便利，但是任何电子设备都有一个共同的电路——电源电路。大到超级计算机、小到袖珍计算器，所有的电子设备都必须在电源电路的支持下才能正常工作。当然这些电源电路的样式、复杂程度千差万别。超级计算机的电源电路本身就是一套复杂的电源系统。通过这套电源系统，超级计算机各部分都能够得到持续稳定、符合各种复杂规范的电源供应。袖珍计算器则是简单多的电池电源电路。不过你可不要小看了这个电池电源电路，比较新型的电路完全具备电池能量提醒、掉电保护等高级功能。可以说电源电路是一切电子设备的基础，没有电源电路就不会有如此种类繁多的电子设备。

通过以"全国大学生电子设计竞赛 2005 年赛题（第六届）数控直流电流源"赛题为情境载体，实现数控直流电流源设计与制作，初步掌握电源类电子产品设计开发方法。

4. 信号源类电子产品设计

凡是产生测试信号的仪器，统称为信号源。也称为信号发生器，它用于产生被测电路所需特定参数的电测试信号。在测试、研究或调整电子电路及设备时，为测定电路的一些电参量，如测量频率响应、噪声系数，为电压表定度等，都要求提供符合所定技术条件的电信号，以模拟在实际工作中使用的待测设备的激励信号。当要求进行系统的稳态特性测量时，需使用振幅、频率已知的正弦信号源。当测试系统的瞬态特性时，又需使用前沿时间、脉冲宽度和重复周期已知的矩形脉冲源。并且要求信号源输出信号的参数，如频率、波形、输出电压或功率等，能在一定范围内进行精确调整，有很好的稳定性，有输出指示。

通过以"全国大学生电子设计竞赛 2003 年赛题（第六届）电压控制 LC 振荡器"赛题为情境载体，涉及的基础知识与制作能力包含：PCB 制板、单片机（或者可编程逻辑器件），锁相环 PLL，LC 振荡器，数字显示与控制，滤波器，高频功率放大器等。实现电压控制 LC 振荡器设计与制作，初步掌握信号源类电子产品设计开发方法。

项目一　放大类电子产品设计与实现

放大器是增加信号幅度或功率的装置，它是处理信号的重要单元。放大器的放大作用就是用输入信号控制能源来实现的，放大所需功耗由能源提供。

放大器分为两大类，即线性放大器和非线性放大器。对于线性放大器，输出就是输入信号的复现和增强；对于非线性放大器，输出则与输入信号成一定函数关系。

放大器按所处理信号对象（物理量）分为机械放大器、机电放大器、电子放大器、液动放大器和气动放大器等，其中用得最广泛的是电子放大器。

电子放大器按所用有源器件（放大器件）分为真空管放大器、半导体放大器、固体放大器和磁放大器，其中又以半导体放大器应用最广，如双结型三极管共射放大器和集成运算反相比例放大器等。在应用电子产品中半导体放大器常用于信号的电压放大和电流放大，主要形式有单端放大和差动放大等。此外，还常用于阻抗匹配、隔离、电流——电压转换、电荷——电压转换（如电荷放大器）以及利用放大器实现输出与输入之间的一定函数关系（如运算放大器）。

1.1　情境任务及其目标

放大器应用领域非常广泛，电路结构形式多样，在本项目中选用具有典型代表的低频功率放大器设计作为教学任务，通过以实现低频功率放大器设计为载体，学习放大类电子产品电路设计方法和传统电子线路设计流程等知识。

1.1.1　低频功率放大器设计任务书

本项目载体选用全国大学生电子设计竞赛 1995 年赛题（第二届）实用低频功率放大器设计。通过实现"实用低频功率放大器设计"设计与制作，掌握实现放大类电子产品设计的基本方法。

1.1.1.1　设计任务

设计并制作具有弱信号放大能力的低频功率放大器。其原理示意图如图 1.1.1 所示。

1.1.1.2　设计要求

1. 基本要求

（1）在放大通道的正弦信号输入电压幅度为 5～700 mV，等效负载电阻 R_L 为 8 Ω 下，放大通道应满足：

    ① 额定输出功率 $P_{OR} \geqslant 10$ W；

    ② 带宽 $BW \geqslant 50 \sim 10\,000$ Hz；

    ③ 在 P_{OR} 下和 BW 内的非线性失真系数 $\leqslant 3\%$；

    ④ 在 P_{OR} 下的效率 $\geqslant 55\%$；

    ⑤ 在前置放大级输入端交流短接到地时，$R_L = 8\ \Omega$ 上的交流声功率 $\leqslant 10$ mW。

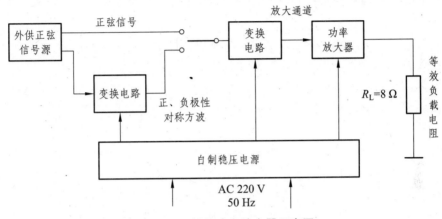

图 1.1.1　低频功率放大器示意图

（2）自行设计并制作满足本设计任务要求的稳压电源。

2. 发挥部分

（1）放大器的时间响应。

方波产生：由外供正弦信号源经变换电路产生正、负极性的对称方波：频率为 1 000 Hz、上升时间 $\leqslant 1$ μs、峰-峰值电压为 200 mV$_{P-P}$。

用上述方波激励放大通道时，在 $R_L = 8\ \Omega$ 下，放大通道应满足：

    ① 额定输出功率 $P_{OR} \geqslant 10$W；带宽 $BW \geqslant 50 \sim 10\,000$ Hz；

    ② 在 P_{OR} 下输出波形上升时间和下降时间 $\leqslant 12$ μs；

    ③ 在 P_{OR} 下输出波形顶部斜降 $\leqslant 2\%$；

    ④ 在 P_{OR} 下输出波形过冲量 $\leqslant 5\%$。

（2）放大通道性能指标的提高和实用功能的扩展（例如提高效率、减小非线性失真等）。

1.1.2　情境教学目标

通过以"全国大学生电子设计竞赛 1995 年赛题（第二届）实用低频功率放大器设计"赛题为情境载体，实现实用低频功率放大器设计与制作，初步掌握放大类电子产品设计开发方法，达到以下几个目标。

1.1.2.1　知识目标

（1）熟悉电子测量的意义，掌握基本测量误差的定义和分类，理解误差形成的基本原理；

（2）熟悉电子线路设计思想、方法和电子线路设计基本设计流程；

（3）熟悉"自底向上"（即传统电子线路设计）设计方法；

（4）掌握电子线路系统设计基本的方案论证、选取以及系统框架设计方法；

（5）掌握系统参数指标设计方法；

（6）掌握由三极管、场效应管以及集成运算放大器构成的典型小信号线性放大器应用电路基本分析方法；

（7）熟悉大功率放大器的分类以及典型功率放大应用电路原理分析；

（8）熟悉常用放大类电子元器件基本参数特性及元件选型；

（9）产品设计报告书写规范。

1.1.2.2　能力目标

（1）能熟练操作万用表、函数信号发生器、示波器、电子电压表以及稳压电源等常用电子仪表；

（2）能熟练使用常用电子产品装配工具完成电路的安装与维修；

（3）能根据电路基本工作原理与技术指标参数选择合适的测试方法进行电路的数据测试；

（4）会基本测量误差分析与数据处理，能合理地运用测量数据进行电路优化设计；

（5）会根据"自底向上"的设计方法，制定低频功率放大器开发计划和实施步骤，完成低频功率放大器系统设计；

（6）会根据任务技术指标要求查阅并选择合适的典型电路；

（7）能熟练查阅常用电子元器件和芯片的规格、型号和使用方法等技术资料；

（8）会进行设计资源的收集与整理，能撰写产品制作文件和产品说明书。

1.1.2.3　素质目标

（1）具有良好的职业道德和规范操作意识；

（2）具备良好的团队合作精神；

（3）具备良好的组织协调能力；

（4）具有求真务实的工作作风；

（5）具有开拓创新的学习精神；

（6）具有良好的语言文字表达能力。

1.2　低频功率放大器设计情境资讯

1.2.1　测量误差分析与数据处理

在电子测量过程中，任何测量仪器的测量值都不可能完全准确地等于被测量的真值。测量误差自始至终存在于一切科学实验和各种测量活动中。测量误差分析与数据处理在科学实验和生产实践中占有极其重要的地位，它是提高测量准确度，保证获取信息可靠性的重要手段。在科学研究中，测量准确度的提高和测量误差的深入研究，往往是重大科学新发现的前导。为了充分认识并进而减小误差，必须对测量过程和科学实验中始终存在的误差进行研究。

1.2.1.1 测量误差定义

1. 绝对误差

测量值 x 与被测量的真值 x_0 间的偏差称为绝对误差，用 Δx 来表示，即

$$\Delta x = x - x_0 \tag{1.2.1}$$

绝对误差是一个具有确定的大小、符号及单位的量，其单位与测得值相同。

2. 相对误差

真值是一个理想的概念，一般情况下是无法准确得到的。在误差较小，要求不太严格的场合，作为一种近似计算，在实际应用中，通常用实际值来代替真值 x_0。

测量的绝对误差 Δx 与真值 x_0（实际值）的比值称为相对误差，用 γ 符号来表示，常用百分数来表示其值，即

$$\gamma = \frac{\Delta x}{x_0} \times 100\% \tag{1.2.2}$$

3. 满度相对误差

由于绝对误差不能说明测量的准确程度，所以很少单独用它来表示仪器误差。相对误差虽然可以较好地反应测量的准确程度，但它不能评价仪器的准确程度，也不便于划分仪器的准确度等级。因此，提出了满度相对误差，亦称为引用误差。这里所说的"满度"和"量程"的意义基本相同，但与"测量范围"是不同的。测量范围是指在允许误差限内计量器具的被测量值的范围。

测量的绝对误差 Δx 与测量仪器仪表的测量量程满度值 x_n 的比值来表示的误差称为满度相对误差，用 γ_n 符号来表示，即

$$\gamma_n = \frac{\Delta x}{x_n} \times 100\% \tag{1.2.3}$$

测量中的满度相对误差 γ_n 不能超过测量仪器、仪表的准确度等级 S 的百分值 $S\%$，即

$$\gamma_n = \frac{\Delta x}{x_n} \times 100\% \leq S\% \tag{1.2.4}$$

其中 S 分为 0.1，0.2，0.5，1.0，1.5，2.5，5.0 级 7 个等级。

在实际应用中，如果仪表的等级为 S，被测量的真值为 x_0，选满度值为 x_n，则测量的相对误差为

$$\gamma_n = \frac{\Delta x}{x_n} \leq \frac{x_n \times S\%}{x_0} \qquad (1.2.5)$$

上式说明，当仪器、仪表的等级 S 选定后，x_n 越接近 x_0，测量的相对误差就越小。使用这类仪表时，要尽量使仪器、仪表的满量程接近被测量的真值。比如使用指针式万用表时，调节测量量程，使测量指针落在满量程的 2/3 以上区间内，测量误差较小。

4. 分贝误差

用对数形式表示的误差称为分贝误差。常用于表示增益、功率或声强等传输函数的值，即

$$\gamma_{dB} = 20\lg\left(1 + \frac{\Delta A}{A_0}\right)dB \ \text{或} \ \gamma_{dB} = 10\lg\left(1 + \frac{\Delta P}{P_0}\right)dB \qquad (1.2.6)$$

式中，$\Delta A / A_0$ 为电压增益的相对误差；$\Delta P / P_0$ 为功率增益的相对误差。

分贝误差与相对误差的直接转换关系为

$$\gamma_{dB} = 8.69\frac{\Delta A}{A_0} \ \text{或} \ \frac{\Delta A}{A_0} = 0.115\gamma_{dB} \qquad (1.2.7)$$

1.2.1.2 测量误差的分类

根据测量误差的性质、特点及其产生原因，可将测量误差可分为系统误差、随机误差和粗大误差 3 类。

1. 系统误差

在相同条件下,对同一被测量进行无限多次测量所得的误差的绝对值和符号均保持不变，或在条件变化时按照某种确定的规律变化的误差称为系统误差。

系统误差是由固定不变的或按确定规律变化的因素造成，在条件充分的情况下这些因素是可以掌握和避免的。系统误差主要来源于以下几个因素：

（1）测量装置方面的因素。测量装置中的标准器具经上级计量检定后发现的误差，仪器设计原理缺陷、仪器制造和安装的不正确等引起的误差。

（2）环境方面的因素。测量时的实际温度对标准温度的偏差以及测量过程中的温度和湿度按一定规律变化的误差，该误差可以按确定规律（如温度补偿等）修正。

（3）测量方法的因素。采用近似的测量方法或计算公式引起的误差。

（4）测量人员的因素。测量人员固有的测量习性引起的误差，如读出刻度上读数时，习惯于偏向某一个方向等。

2. 随机误差

在相同条件下，对同一被测量进行多次重复测量所得的误差的绝对值和符号以不可预定方式变化，或在条件变化时误差的绝对值和符号无规律变化的误差称为随机误差，又称为偶然误差。

随机误差产生的原因：实验条件的偶然性微小变化，如温度波动、噪声干扰、电磁场微

变、电源电压的随机起伏以及地面振动等。

虽然一次测量的随机误差没有规律，不可预定，也不能用实验的方法加以消除。但是，经过大量的重复测量可以发现，它是遵循某种统计规律的。因此，可以用概率统计的方法处理含有随机误差的数据，对随机误差的总体大小及分布做出估计，并采取适当措施减小随机误差对测量结果的影响。

3. 粗大误差

精大误差指明显超出统计规律预期值的误差，又称为疏忽误差、过失误差或简称粗差。

粗大误差产生的原因：测量方法不当或错误，测量操作疏忽和失误（如未按规程操作、读错读数或单位、记录或计算错误等）；测量条件的突然变化（如电源电压突然增高或降低、雷电干扰、机械冲击和振动等）。

由于该误差很大，明显歪曲了测量结果。故应按照一定的准则进行判别，将含有粗大误差的测量数据（坏值或异常值）予以剔除。

系统误差和随机误差的定义是科学严谨，不能混淆的。但在测量实践中，由于误差划分的人为性和条件性，使得他们并不是一成不变的，在一定条件下可以相互转化。也就是说一个具体误差究竟属于哪一类，应根据所考察的实际问题和具体条件，经分析和实验后确定。

1.2.1.3 数据处理

所谓的数据处理，就是从测量所得到的原始数据中求出被测量的最佳估计值，并计算其精确程度。通过误差分析对测量数据进行加工、整理，去粗取精，去伪存真，最后得出正确的科学理论。必要时还要把测量数据绘制成曲线或归纳成经验公式。

1. 数据舍入规则

测量结果既然包含有误差，说明它是一个近似数，其精度有一定限度。对于数字的精度由有效数字的位数来确定。

有效数字，是指在分析工作中实际能够测量到的数字。所谓能够测量到的是包括最后一位估计的，不确定的数字。

将通过直读获得的准确数字叫做可靠数字；把通过估读得到的那部分数字叫做存疑数字。把测量结果中能够反映被测量大小的带有一位存疑数字的全部数字叫有效数字。如测得物体的长度 5.15 cm。数据记录时，我们记录的数据和实验结果真值一致的数据位便是有效数字。

有效数正确表示：

（1）有效数字中只应保留一位欠准数字，因此在记录测量数据时，只有最后一位有效数字是欠准数字。

（2）在欠准数字中，要特别注意 0 的情况。0 在非零数字之间与末尾时均为有效数字；在小数点前或小数点后均不为有效数字。如 0.078 和 0.78 与小数点无关，均为 2 位有效数字；如 506 和 220 都为 3 位有效数字；当数字为 220.0 时称为 4 位有效数字。

（3）圆周率 π 等常数，具有无限位数的有效数字，在运算时可根据需要取适当的位数。

在测量结果中，最末一位有效数字取到哪一位，是由测量精度来决定的，即最末一位有效数字应与测量精度是同一量级的。

例：用千分尺测量时，其测量精度只能达到 0.01 mm，若测出长度 $L = 20.531$ mm，显然小数点后第二位数字已不可靠，而第三位数字更不可靠，此时，只应保留小数点后第二位数字，即写成 $L = 20.53$ mm，它有 4 位有效位数。测量误差一般取 1 ~ 2 位有效数字，则该测量结果可以表示为 $L = (20.53 \pm 0.01)$ mm。

数字舍入规则：若舍去部分的数值，大于保留部分末位的半个单位（即 5），则末位数加 1；若舍去部分的数值，小于保留部分末位的半个单位（即 5），则末位数保持不变；若舍去部分的数值，等于保留部分末位的半个单位（即 5），则末位凑成偶数，即当末位为偶数时则末位不变，当末位是奇数时则末位加 1。

数字运算规则：在近似数运算时，为了保证最后结果有尽可能高的精度，所有参与运算的数字，在有效数字后可多保留一位数字作为参考数字（或称为安全数字）；在近似数做加减运算时，各运算数据以小数位数最少的数据位数为准，其余各数据可多取一位小数，但最后结果应与小数位数最少的数据小数位相同；在近似数乘、除、平方或开方运算时，各运算数据以有效位数最少的数据位数为准，其余各数据可多取一位有效数字，但最后结果应与有效位数最少的数据位数相同；在对数运算时，n 位有效数字的数据应该用 n 位对数表，或用 (n+1) 位对数表，以免损失精度；三角函数运算时，所取函数值的位数应随角度误差的减小而增多，其对应关系表如表 1.2.1 所示。

表 1.2.1　函数值位数与误差关系表

角度误差	10″	1″	0.1″	0.01″
函数值位数	5	6	7	8

2. 等精密度测量结果的处理步骤

对某一量进行等精密度直接测量时，其测量值可能同时含有系统误差、随机误差和疏失误差，为了得到合理的测量结果，做出正确的测量报告，必须对所测得的数据进行分析处理。

基本处理步骤如下：

（1）用修正值等方法，减小恒值系统误差的影响。

（2）求算术平均值

$$\bar{x} = \frac{1}{n}\sum_{i=1}^{n} x_i \tag{1.2.8}$$

式中，$\bar{x}$ 是指可能包含疏失误差及系统误差在内的平均值。

（3）求剩余误差

$$u_i = x_i - \bar{x} \tag{1.2.9}$$

（4）求标准差的估计值，利用贝塞尔公式：

$$\bar{\sigma} = \sqrt{\frac{1}{n-1}\sum_{i=1}^{n} u_i^2} \tag{1.2.10}$$

（5）判断疏失误差，剔除坏值。

当测量次数 n 足够多时，先求随机不确定度：

$$\lambda = 3\bar{\sigma} \tag{1.2.11}$$

当 $|u_i| > \lambda$ 时，该数据可认为是坏值，应予以剔除。

（6）剔除坏值后，再重复求剩下数据的算术平均值、剩余误差及标准差，并再次判断，直至不包含坏值为止。

上述计算过程中，也应当考虑有效数字的位数，但为了避免多余误差的出现，可以保留 2 位欠准位数。

3. 曲线修匀

把测量结果绘成曲线,将被测量随某一个或几个因素变化的规律用相应的曲线表达出来，这样可以直观形象地表示数据的变化规律，以便于分析。例如，三极管的输出特性曲线、放大器的幅频特性曲线等。但由于测量结果中存在误差，尤其是随机误差，使得测量的数据点有一定的离散性，不可能完全落在一条光滑的曲线上。

将大量的包含误差的测量数据绘制成一条尽量符合实际情况的光滑曲线，这种工作称为曲线修匀。

如果把靠近的各数据点用直线连接起来，如图 1.2.1 所示。形成一条折线，这种作图方法意义不大。

如果把靠近的各数据点用连接成光滑曲线。由于各种估计程度不同，所作的曲线可能差异较大，如图 1.2.1 所示，形成较大的人为误差。

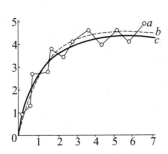

图 1.2.1　各数据点用直线连接起来

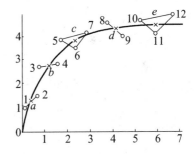

图 1.2.2　　分组平均法绘制曲线

为了提高作图的准确度，在测量技术要求的情况下，可以采用分组平均法。

这种方法是将相邻的 2~4 个数据分为一组，然后估计出各组的几何重心，再用光滑的曲线将重心点连接起来，用分组平均法进行曲线绘制的方法，如图 1.2.2 所示。由于取中点（或重心点）的过程就是取平均值的过程，所以减小了随机误差的影响。从而使曲线较为符合实际。

1.2.2　电子系统"自底向上"设计思想与设计流程

传统的电子系统设计采用"Bottom-up"（自底向上）设计方法，设计的一般过程如图 1.2.3 所示。它是综合运用电子技术理论知识的过程，必须从实际出发，通过市场调查、查阅有关资料、方案的比较与选择、电路参数的计算及元器件的选型等环节，设计出一个有市场需求的、性能优越的、质价比高的模拟电路产品。由于电子元器件参数的离散性，还涉及设计者的工程经历，理论上设计出来的产品，可能存在这样或那样的缺陷，这就要求通过实验并调试来发现和解决设计中存在的缺陷，使设计方案逐步完善，以达到设计要求。

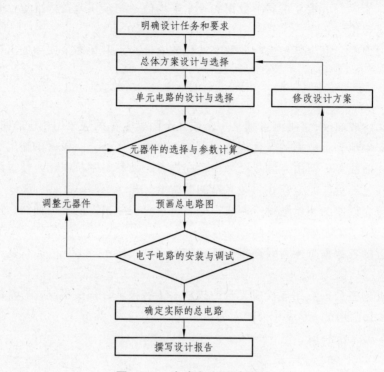

图 1.2.3　自底向上设计流程

1. 总体方案的设计与选择

总体方案论证与设计就是根据设计任务、指标要求和给定条件，分析所要设计电路应完成的功能，并将总体功能分解成若干单元，分清主次和相互间关系，形成若干单元功能模块组成的总体方案。该方案可以有多个，需要通过实际的调查研究，查阅有关的资料，着重从方案能否满足要求，结构是否合理，实现是否经济可行等方面，对几个方案进行比较和论证，选择最佳方案。对于选用的方案，常用方框图加文字描述的形式表示出来。

方案论证最重要的一点是要确定设计的可行性，需要考虑的主要问题有：

（1）原理的可行性？解决同一个问题，可以有许多种方法，但要注意有的方法是不是能够达到设计要求。

（2）元器件的可行性？采用什么器件？比如微控制器或者可编程逻辑器件？能否采购得到？

（3）测试的可行性？有无所需要的测量仪器仪表？

（4）设计和制作的可行性？如难度如何？本组队员是否可以完成？

设计的可行性需要查阅有关资料，充分地进行讨论和分析比较后才能确定。在方案设计过程中要提出几种不同的方案，从能够完成的功能、能够达到的技术性能指标、元器件材料采购的可能性和经济性、采用元器件、设计技术的先进性以及完成时间等方面进行比较，要敢于创新，敢于采用新器件新技术，对上述问题经过充分、细致的考虑和分析比较后，拟定较切实可行的方案。

2. 单元电路的设计与选择

任何复杂的电子电路及系统，都是由若干具有简单功能以及性能指标一般比较单一的单元电路或子系统组成。在明确每个单元的技术指标后，要阐述清楚单元电路的工作原理，设计出各单元的电路结构形式，要善于通过查阅资料，分析研究新型电路，开发应用新型器件，同时借鉴要求相近且经过实践检验证明技术成熟的电路来实施单元电路设计。

设计单元电路的步骤如下：

（1）根据设计要求和已选定的总体方案的原理框图，确定对各单元电路的设计目标与要求，必要时应详细拟定主要单元电路的性能指标。对于各单元电路之间的相互配合，要少用或不用接口电路来实现电平转换，以求简化电路，降低成本。

（2）拟定出各单元电路的要求后再前后检查一遍，确认前后衔接无误后再分别设计各单元电路。

（3）选择各单元电路的结构形式。一般情况下，应查阅相关资料，丰富知识并拓展设计思路，以找到适用且技术成熟的电路，或与设计要求比较接近的电路，然后调整电路参数。

各单元电路的结构形式确定后还要进行全面检查，看各个单元的功能能否实现、信号的传递是否畅通以及总体功能是否满足要求，若存在问题必须进行局部调整。同时还要注意在满足功能的前提下，尽可能减少元器件的数量、类型、电平转换和接口电路，以保证电路最简单，工作最可靠，价值最实用。

3. 元器件的选择

电子电路的设计过程，其实质就是选择最合适的电子元器件，用最合理的电路形式将它们组合起来，以实现其要求功能的过程。实践证明，电子电路的各种故障往往以元器件的故障或者说以元器件损坏的形式表现出来。分析其原因，并非元器件本身的缺陷所致，而是由于元器件选用不当所造成的。因此，在进行电路总体方案设计和单元电路参数计算时，都应考虑如何选择元器件的问题。

选择元器件应考虑以下两个方面的问题：

（1）在保证满足电路设计指标要求的前提下，尽可能减少元器件的品种和规格，以提高它们的复用率。要在仔细分析比较同类元器件在品种、规格、型号和制造厂商之间的差异，选用便于安装、货源充足、信誉好、产品质量高以及价格低廉的制造厂家生产的元器件。

（2）根据电路的总体方案及其功能要求，确定需要哪些元器件，每个元器件应具备哪些功能。在计算单元电路的参数时，应根据电路的指标要求和工作环境等，确定所选元器件参数的额定值，并留有一定的裕量，使其在略高于额定值的条件下也能工作。

① 集成电路的选择。

由于集成电路可实现许多单元电路甚至某些电子系统的功能，故选用集成电路既简化了设计过程，又减小了电路的体积，同时还提高了电路工作的可靠性，节省了安装和调试的人工费用。因此，在电子电路设计的过程中应优先选用集成电路。

常用的模拟集成电路有普通运算放大器、仪表用放大器、视频放大器、电压比较器、功率放大器和模拟乘法器等。由于集成电路的品种繁多，在选用时先根据总体方案确定选用什么功能的集成电路，然后考虑所选集成电路的性能，最后根据市场价格及货源等因素来确定采购某种型号的集成电路。

集成电路的封装外形一般有塑料（或陶瓷）扁平式、金属图形（或菱形）和塑料双列直插式3种。双列直插式封装安装和调试方便，更换也简单。目前，在低频电路试制、测试阶段一般选用这种形式的集成电路。

② 半导体分立器件的选择。

半导体分立器件选择应根据电路或系统的工作特性及其频率响应范围来进行选择。在某些信号频率高、工作电压高、工作电流大或要求噪声极低的特殊场合，常常采用半导体分立器件。另外，对于某些功能比较简单，只要用少量半导体分立器件就能解决问题的电子电路，也常常选用半导体分立器件。半导体分立器件包括晶体二极管、三极管、场效应管、绝缘栅双极晶体管（IGBT）和其他一些特殊的半导体器件，选用时应根据电路设计中的具体用途及要求来确定选用哪一种器件，对于同一种半导体器件，型号不同所适用的场合也不相同，选用时务必注意。例如，在选用二极管时，首先要看其用途，用于高频检波时应选用高频检波二极管 2CP9 或 2CP10 等；用于整流时应选用整流二极管 1N4001、1N4147 或 1N5418 等；高压整流则应选用硅整流堆。

在选用半导体器件时，应根据电路设计中的有关参数，查阅半导体器件手册或厂家提供的 PDF 文件，使其实际使用的管压降、工作电流、频率、功耗和环境温度等都不超过手册中的规定值，以确保半导体器件稳定可靠工作。在选用晶体三极管时，首先要确定其类型，是 PNP 型还是 NPN 型，然后根据电路设计指标的要求选用所需型号的管子。例如，根据电路的工作频率确定选用相应工作频率的三极管，根据电路的输出功率来确定选用满足输出功率的三极管，另外，还要考虑管子的电流放大系数 β、特征频率 f_T 等参数。

三极管的极限参数有集电极最大允许电流 I_{cm}、集电极-发射极间的反向击穿电压 U_{CEO} 和集电极最大允许耗散功率 P_{OM} 等。这些参数反映了三极管在实际使用时应受到的限制。在使用三极管时，要查阅《半导体器件手册》，了解这些参数，使三极管在工作环境的实际值不超过这些参数，并且还应留有 1.5~2.5 倍的裕量。

③ 电阻器的选择。

电阻器是电子电路中最常用的元件，其种类很多，性能各异。根据电阻器的结构形式来分类，有固定电阻器、可调电阻器和电位器。在选用时首先应根据在电路中的用途确定选用哪一种结构形式的电阻器。电阻器的主要性能指标有额定功率、标称阻值、允许误差和最高工作电压等。

选用电阻器的注意事项：

a. 根据设计的电子产品技术指标和电路的具体要求，选用电阻的类型、功率、阻值和误差等级。

b. 为提高设备的安全性与可靠性，延长设备使用寿命，在工程应用中要求选用额定功率应大于实际消耗功率的 1.5~2 倍。

c. 在装配电子测量仪器时，若所用的电阻为非色环电阻，则应将电阻标称值标志向上，且标志顺序一致；若所用的电阻为色环电阻，水平安装时应将电阻误差环向右，垂直安装时应将电阻误差环向下；且标志顺序一致，以便于观察。

d. 电阻器在安装之前应进行测量和核对，尤其在精密电子测量仪器设备上安装时，还需要经人工老化处理，以提高其稳定性。

e. 焊接电阻时，烙铁在其引脚上停留的时间不宜过长。

f. 电路中如果需要串联或并联电阻来获得所需阻值时，应考虑其额定功率。阻值相同的电阻串联或并联，额定功率等于各个电阻额定功率之和；阻值不同的电阻串联时，额定功率取决于高阻值电阻；并联时取决于低阻值电阻，且需计算后方可应用。

g. 在选用电阻器的类型时，还应考虑电路中信号频率的高低。一个电阻可等效为一个 R、L、C 二端线性网络，如图 1.2.4 所示。不同类型的电阻器，其等效 R、L、C 这 3 个参数的大小有很大的差异。绕线电阻本身就是电感线圈，所以不能用在高频电路中；薄膜电阻中的电阻体上若刻有螺旋槽的，可用在 10 MHz 的电路中，未刻螺旋槽的（如 RY 型，即氧化膜型）工作频率则更高。

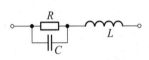

图 1.2.4　电阻等效

④ 电容器的选择.

电容器是一种储能元件，常用于谐振、耦合、隔离、滤波及交流旁路等电路中。电容器的主要性能指标有标称容量和偏差、额定直流工作电压、工作温度范围、温度系数和损耗角正切值 $\tan\delta$ 等。

选用电容器的注意事项：

a. 电容器安装前应进行测量，看其是否短路、断路或漏电严重，并在安装电路时，应使电容器的标识易于观察，且标识顺序一致。

b. 在电路中，电容器两端的电压不能超过电容器本身的耐压值。对于电解电容器安装时要注意正、负极性不能接反。

c. 当手头的电容器与电路中要求的容量或耐压不合适时，可以采用串联或并联的方法来满足电路的要求。当两个工作电压不同的电容器并联时，耐压值取决于低的电容器；当两个容量不同的电容器串联时，容量小的电容器所承受的电压高于容量大的电容器。

d. 技术要求不同的电路，应选用不同类型的电容器。例如，谐振回路中需选用介质损耗小的电容器，即选用高频陶瓷电容器（CC 型）；隔直、耦合电容可选用纸介、涤纶、电解等电容器；低频滤波电路一般选用电解电容器；旁路电容可选用涤纶、纸介、陶瓷和电解等电容器。

e. 应根据电路中信号频率的高低来选择电容器。一个电容器可等效成一个 R、L、C 二端线性网络，如图 1.2.5 所示。不同类型的电容器其等效参数 R、L、C 的差异很大。等效电感大的大电容量电解电容器不适用于高频 Q 值要求高的谐振电路中。为了满足从低频到高频滤波旁路的要求，在实际电路中，常将一个大容量的电解电容器与一个小容量的瓷片电容器并联在电路中。

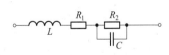

图 1.2.5　电容等效

⑤ 电感器的选择。

电感器一般由线圈构成。为了增加电感量 L 及提高品质因数 Q 减小体积，通常在线圈中加入软磁材料的磁芯。电感器主要有电感量 L、品质因数 Q 和额定电流等性能指标。

选用电感器的注意事项：

a. 在选用电感器时，首先要明确其使用的频率范围。铁芯线圈只能用于低频；一般的铁氧体线圈和空心线圈则用于高频。其次要弄清线圈的电感量。

b. 线圈是磁感应元件，它对周围的电感元件有影响。安装时一定要注意电感性元件之间的相互位置，一般应使相互靠近的电感线圈的轴线互相垂直，必要时可在电感性元件上加屏蔽罩。

4. 电路的安装与调试

在电子电路设计完成后，都要对安装完成的电路进行试验测试，以便对理论设计做出检验，若达不到设计要求，还需要对原设计方案进行修改，使之达到设计要求。尤其对于缺乏设计经验者来说，更需要经过多次试验和修改，才能使设计方案满足设计的需要。实践证明：一个理论设计十分合理的电子电路，若电路安装不当，则会严重影响电路的性能，甚至使电路根本无法工作。因此，电子电路的结构布局，元器件的安装位置，线路的走向及连接点的可靠性等实际安装焊接技术，都是完成电子电路设计的重要环节。

（1）整体结构布局和元器件的安装。

在电子电路安装的过程中，整体结构的布局和元器件的安装放置，首先应考虑电气性能上的合理性，其次要尽可能注意整齐美观，即具体注意下述 6 点。

① 要按单元电路分块来进行整体布局，要根据电路板或面包板的面积，合理安置元器件的密度。当电路比较复杂时，可由几块电路板组合而成，相互之间再用连线或电路板插座连成整体。要充分利用每块电路板的使用面积，并尽量减少相互间的连线。因此，可按电路功能的不同来分配电路板。

② 元器件的安置要方便调试、测量和更换。同一单元电路中相邻的元器件，在安装时原则上应就近安置，不同放大级的元器件不能混在一起，输入级和输出级之间的元器件不能靠近，以免引起前、后级间的寄生耦合，使干扰和噪声增大，甚至产生寄生振荡。

③ 对于大功率放大管等发热元器件的安置，要尽可能靠近电路板的边缘，有利于散热，必要时要加装散热器。为了保证电路稳定工作，晶体管和热敏器件等对温度敏感的元器件要尽量远离发热元器件。

④ 元器件的型号和参数等标志安装时一律向外，以方便检查和识别。元器件在电路板上的安装方向原则上应横平竖直。插接集成电路时首先要认清引脚的排列方向，所有集成电路的插入方向应保持一致，集成芯片上有缺口或者有小圆点标记的一端一般放置在左侧。

⑤ 对于有磁场产生相互影响和干扰的元器件，应尽可能分开或采取自身屏蔽。若有输入变压器和输出变压器时，应将两者相互垂直安装。

⑥ 对于较重的元器件（如变压器）应优先安装，且安装时高度要尽量降低，使重心贴近电路板。对于各种可调的元器件应安置在便于调整的位置。

（2）合理布线。

电子电路布线是否合理，不仅影响其外观，而且影响电子电路的主要性能。电路中（特别是较高频率的电路）常见的自激振荡，往往是由于布线不合理所致。对电子线路的布线要求如下：

① 布线要贴近电路板，不应悬空，更不要跨接在元器件的上面，走线之间要避免相互重叠，电源线不要紧靠有源器件的引脚，以免测量时不小心造成短路。

② 所有布线要直线排列，并做到横平竖直，以减小分布参数对电路的影响，走线要尽可能短，信号线尽量不要形成闭合回路。信号线之间、信号线与电源线之间不要平行走线，以防止产生寄生耦合而引起电路自激。

③ 要尽可能选用不同颜色的导线布线，以方便测量和检查，且使布线整洁美观。通常用红色线接电源的正极，用蓝色或黑色线接电源的负极，地线一般用黑色线。

④ 地线（公共端）是所有信号共同使用的通路。为了减小信号通过公共阻抗的耦合，地线要求选用较粗的导线，对于高频信号，输出级与输入级不允许共用一条地线。在多级放大电路中，各放大级的接地元件要尽量采用一点接地的方式。各种高频和低频的去耦电容器的接地端，要尽量远离输入级的接地点。

⑤ 布线时一般先布置电源线和地线，再布置信号线。布线时要根据电路原理图或装配图，从输入级到输出级逐级布线。

（3）电路板的焊接。

电子电路性能的好坏，既与电路的设计和元器件的质量有关，还与电路的安装焊接质量有关。高质量的焊点来说，除焊接牢固外，还应光亮、圆滑并且焊点大小适中。

（4）电路调试。

电子电路的调试过程就是利用符合指标要求的各种电子测量仪器，如示波器、万用表、信号发生器、频率计和逻辑分析仪等，对安装好的电路或电子装置进行调整和测量，以保证电路和装置能够正常工作，同时还要判断其性能的好坏，各项指标是否符合设计要求等。因此，调试必须按一定的方法和步骤进行。

① 不通电检查。电路安装完毕后，不要急于通电，应首先认真检查接线是否正确，包括多线和少线、错线等，尤其是电源线不能接错或接反，以免通电后烧坏电路或元器件。查线的方法是按照设计电路的接线图来检查安装电路，在安装好的电路中按电路图一一对照检查连线。

② 直观检查。连线检查完毕后，直观检查电源线、地线、信号线以及元器件接线端之间有无短路，连线处有无接触不良，二极管、晶体管及电解电容等有极性元器件引线端有无错接和反接，集成块是否插对。

③ 通电检查。将经过准确测量的电源电压加入电路，但暂不要接入信号源信号。电源接通之后，先观察有无异常现象，包括有无异常气味、有无冒烟、触摸元器件是否有发烫现象和电源是否有短路现象等。如果出现异常现象，应立即切断电源，排除故障后方可重新通电。

④ 分块调试。它包括分块测试和调整两个方面。测试是在安装后对电路的参数及工作状态进行测量；调整则是在测试的基础上对电路的结构或参数进行修正，使之满足设计要求为了使测试能够顺利进行，设计的电路图上应标出各点的电位值、相应的波形及其他参数值。

⑤ 整机联调。对于复杂的电子电路系统，在分块调试过程中，由于是逐步扩大调试范围，故实际上已完成了某些局部的联调工作。只要做好各功能模块之间接口电路的调试工作，再

将全部电路接通，就可以实现整个电路的联调。整机联调只需要观察动态结果，即将各种测量仪器及系统本身显示部分所提供的结果数据与设计指标逐一比较，找出问题，然后进一步修改电路参数，直到完全符合设计要求为止。调试过程不能单凭感觉和印象，要始终借助仪器观察。

调试注意事项：

① 测试之前要熟悉各种电子测量仪器的使用方法，并对仪器进行校准，避免由于仪器误差或使用不当而得出错误的判断。

② 在调试过程中，发现器件或接线有问题需要更换或修改时，应切断电源，待更换完毕经检查无误后方可重新通电。

③ 测试仪器和被测电路应有良好的共地，只有使仪器和电路之间建立一个公共的参考点，测试结果才是准确的。

④ 在调试过程中，不但要认真观察和检测，还要认真记录，包括记录测量的数据、波形、频率和相位关系等。必要时在记录中应附加说明，尤其是那些和设计不符合的现象更是记录的重点。根据记录的数据才能将实测值与理论值加以定量的比较，从中发现问题，加以改进，最终完善设计方案。

⑤ 安装和调试要有严谨的科学作风，不能抱有侥幸的心理。出现故障时，要认真查找故障原因，冷静做出判断，切不可一遇到解决不了的故障时就拆线重新安装。因为重新安装的线路仍然可能存在各种问题，若是设计原理上有问题，不是重新安装电路就能解决的。

1.2.3 小型电子产品设计报告书写规范

电子设计技术文档主要包含：电子产品设计要求、技术指标（参数）、开发协议（合同）或设备开发任务书、总体设计方案及其总体框图、各功能模块电路技术指标（参数）及其电路图、测试方法、测试数据及其系统电路仿真曲线、波形图、系统总图、PCB 印制板图、元器件清单以及软件流程图等。

电子设计报告一般分为两个部分，即技术报告与使用报告。使用报告比较简单，主要告诉用户如何使用和操作该产品。技术报告是电子系统设计的总结和升华。在技术报告中应包含设计目标及其性能要求、方案论证及其比较选择、电路或系统理论分析、算法研究及相关参数计算、系统总体组成框架、系统计算指标分解及其子系统的指标分配、系统软硬件实现、系统调试、误差分析、结论及必要的附件文档。

设计总结报告是每个电子产品开发和设计都必须提供的技术文件，设计总结报告规范在企业相关标准中有明确的要求，但基本与课程设计报告和毕业设计报告等大致相同，我们以"全国大学生电子设计竞赛"设计报告书写规范及要求来说明小型电子产品设计报告书写规范。

1. 题目名称

题目名称是选择的设计作品的名称，如 2003 年题：电压控制 LC 振荡器（A 题），宽带放大器（B 题），低频数字式相位测量仪（C 题），简易逻辑分析仪（D 题），简易智能电动车（E 题），液体点滴速度监控装置（F 题）。

应注意的是：题目名称必须与给定的题目或项目名称相同，不能改变。

2. 摘　要

摘要是对设计总结报告的总结，摘要一般在 300 字左右。摘要的内容应包括目的、方法、结果和结论，即应包含设计的主要内容、设计的主要方法和设计的主要创新点。

摘要中不应出现“本文、我们、作者”之类的词语。英文摘要内容应与中文相对应；一般用第三人称和被动式。中文摘要前加“摘要：”，英文摘要前加“Abstract：”。

关键词按 GB/T 3860 的原则和方法选取。一般选 3 ~ 8 个关键词。中、英文关键词应一一对应。中文前冠以“关键词：”，英文前冠以“Key Words：”。

在中文关键词的下行，按中国图书馆分类法（第四版，1999 年 3 月版）给出本设计总结报告的“中图分类号：”。

3. 目　录

目录包括设计总结报告的章节标题、附录的内容以及章节标题和附录的内容所对应的页码。应注意的是：虽然目录是放在设计总结报告的前面，但它的成型和整理确是在设计总结报告完成之后进行。章节标题的排列建议按如下格式进行，示意图如图 1.2.6 所示。

1………（第 1 级）

　1.1………（第 2 级）

　　1.1.1 ………（第 3 级）

　　　（1）………（第 4 级）

　　　　①……………（第 5 级）

　　　　…………。

目录

1. 设计任务与要求 ……………………………… 3
　1. 1　设计任务 ……………………………… 3
　1. 2　技术指标 ……………………………… 4
　1. 3　题目评析 ……………………………… 5
2. 方案比较与论证 ……………………………… 6
　2. 1　各种方案比较与选择 ……………………………… 6
　2. 2　方案论证 ……………………………… 8
3. 系统硬件电路设计 ……………………………… 9
　3. 1　发射部分电路的设计 ……………………………… 9
　3. 2　接收部分电路的设计 ……………………………… 12
4. 系统软件设计 ……………………………… 15
　4. 1　发射部分程序设计 ……………………………… 15
　4. 2　接收部分程序设计 ……………………………… 16
5. 系统安装 ……………………………… 18
　5. 1 PCB板设计和安装 ……………………………… 18
　5. 2 整机结构图及工艺说明 ……………………………… 19
　5. 3 面板图及可调部件说明 ……………………………… 20
6. 系统测试 ……………………………… 21
　6. 1　测试方案 ……………………………… 21
　6. 2　测试使用的仪器 ……………………………… 22
　6. 3　指标测试和测试结果 ……………………………… 23
　　6. 3. 1　发射部分的指标测试和测试结果 ……………………………… 23
　　6. 3. 2　接收部分的指标测试和测试结果 ……………………………… 28
　6. 4　结果分析 ……………………………… 31
7. 结论 ……………………………… 31
参考文献 ……………………………… 32
附录1　使用说明 ……………………………… 33
附录2　主要元器件清单 ……………………………… 33
附录3　电路原理图及印制板图 ……………………………… 34
附录4　程序清单 ……………………………… 41

图 1.2.6　目录示意图

4. 正 文

正文是设计总结报告的核心。设计总结报告正文的主要内容包含有：系统设计、单元电路设计、软件设计和系统测试和结论。

（1）系统设计。

在系统设计这一章节中，主要介绍系统设计思路与总体方案的可行性论证，各功能块的划分与组成，介绍系统的工作原理或工作过程。

应注意的是：在总体方案的可行性论证中，应提出几种（2～3种）总体设计方案进行分析与比较，总体设计方案的选择既要考虑它的先进性，又要考虑它的实现的可能性。

例如：2001年题：波形发生器（A题）。

方案1：采用集成函数发生器产生要求的波形。

利用函数发生器（如ICL8038）产生频率可变的正弦波及方波及三角波三种周期性波形。此方案实现电路复杂，难于调试，实现合成波形难度大，且要保证技术要求的指标困难，故采用此方案不理想。

方案2：采用单片机控制合成各种波形。

波形的选择、生成及频率控制均由单片机编程实现。此方法产生的波形的频率范围、步进值取决于所采用的每个周期的输出点数及单片机执行指令的时间。此方案的优点是硬件电路简单，所用器件少，且实现各种波形相对容易，在低频区基本上能实现要求的功能；缺点是控制较复杂，精度不易满足，生成波形频率范围小，特别是难以生成高频波形。

方案3：采用带存储电路的单片机控制方案。

采用带存储电路的单片机控制方案将波形和频率数据存储在存储器中，按要求将存储器中的数据读至DAC，实现任意波形的合成，也可以得到较高的频率分辨率。此电路方案能实现基本要求和扩展部分的功能，电路较简单，调试方便，是一个优秀的可实现的方案。

方案4：采用DDS技术直接合成。

采用DDS技术，将所需生成的波形写入RAM中，按照相位累加原理合成任意波形。此方案理论上可得到很高的分频率的周期波形，也可以合成任意波形。但实际中合成的波形与理论有差距。

对上述方案应仔细介绍系统设计思路和系统的工作原理，对各方案进行分析比较。对选定的方案中的各功能块的工作原理也应介绍。

（2）单元电路设计。

在单元电路设计中不需要进行多个方案的比较与选择，只需要对已确定的各单元电路的工作原理进行介绍，对各单元电路进行分析和设计，并对电路中的有关参数进行计算及元器件的选择等。

应注意的是：理论的分析计算是必不可少的。在理论计算时，要注意公式的完整性，参数和单位的匹配，计算的正确性；注意计算值与实际选择的元器件参数值的差别。电路图可以采用手画，也可以采用Protel或其他软件工具绘画，应注意元器件符号、参数标注以及图纸页面的规范化。如果采用仿真工具进行分析，可以将仿真分析结果表示出来。

（3）软件设计。

在许多竞赛作品中，会使用到单片机、DSP及FPGA等需要编程的器件，应注意介绍软件设计的平台、开发工具和实现方法，应详细地介绍程序的流程方框图、实现的功能以及程序清单等。如果程序很长的话，程序清单可以在附录中列出。

（4）系统测试。

详细介绍系统的性能指标或功能的测试方法和步骤，所用仪器设备名称和型号，测试记录的数据和绘制图表及曲线。应注意的是：要根据竞赛题目的技术要求和所制作的作品，正确的选择测试仪器仪表和测试方法。例如：作品是一个采用高频开关电源方式的数控电源，如果选择的示波器是低频示波器，所测试的一些参数是会有问题的。测试的数据要以表、图或者曲线的形式表现出来。

（5）结论。

对作品的测试的结果和数据进行分析和计算，也可以利用 MATLAB 等软件工具制作一些图表，必须对整个作品作一个完整的结论性评价，也就是说要有一个结论性的意见。

5. 参考文献

参考文献部分应列出在设计过程中参考的主要书籍、刊物和杂志等，如图 1.2.7 所示。参考文献的格式如下：

（1）专著、论文集、学位论文、报告。

[序号] 主要责任者（.）文献题名 [专著（[M].）；论文集（[C].）；学位论文（[D].）；报告（[R].)]（.）出版地（：）出版者（，）出版年（.）起止页码（.）

（2）期刊文章。

[序号]主要责任者（.）文献题名（[J].）刊名（，）年（，）卷（期）（：）起止页码（.）

（3）国际、国家标准。

[序号]标准编号（，）标准名称（[S]）

参考文献中的作者是英语拼写的，应是姓在前，名在后。参考文献在正文中应标注相应的引用位置，在引文后的右上角用方括号标出。

[1] 赵凯华，罗蔚茵. 新概念物理教程：力学[M]. 北京：高等教育出版社，1995.
[2] U.S. Department of Transportation Federal Highway Administration. Guidelines for handling excavated acid-producing materials, PB 91-194001[R]. Springfield: U.S. Department of Commerce National Information Service，1990.
[3] 张志祥. 间断动力系统的随机扰动及其在守恒律方程中的应用[D]. 北京：北京大学数学学院，1998.
[4] 刘加林. 多功能一次性压舌板：中国，92214985.2[P]. 1993-04-14.
[5] 国家标准局信息分类编码研究所. GB/T 2659-1986 世界各国和地区名称代码[S]//全国文献工作标准化技术委员会. 文献工作国家标准汇编：3. 北京：中国标准出版社，1988: 59-92.
[6] 陶仁骥. 密码学与数学[J]. 自然杂志，1984，7(7)：527.
[7] 丁文祥. 数字革命与竞争国际化[N]. 中国青年报，2000 -11-20(15).
[8] 萧钰. 出版业信息化迈入快车道 [EB/OL].

图 1.2.7　参考文献示意图

6. 附　录

附录包括元器件明细表、仪器设备清单、电路图图纸、设计的程序清单和电路使用说明等。

应注意的是：元器件明细表的栏目应包含有：①序号；②名称、型号及规格（例如：电阻器 RJ14-0.25W-510Ω ± 5%）；③数量；④备注（元器件位号）。

仪器设备清单的栏目应包含有：①序号；②名称、型号及规格；③主要技术指标；④数量；⑤备注（仪器仪表生产厂家）。

电路图图纸要注意选择合适的图幅大小和标注栏。程序清单要有注释以及总的和分段的功能说明等。

7. 字体要求

一级标题：小二号黑体，居中占五行，标题与题目之间空一个汉字的空。

二级标题：三号标宋，居中占三行，标题与题目之间空一个汉字的空。

三级标题：四号黑体，顶格占二行，标题与题目之间空一个汉字的空。

四级标题：小四号粗楷体，顶格占一行，标题与题目之间空一个汉字的空。

标题中的英文字体均采用 Times New Roman 体，字号同标题字号。

四级标题下的分级标题的标题字号为五号标宋。

所有文中图和表要先有说明再有图表。图要清晰，并与文中的叙述要一致，对图中内容的说明尽量放在文中。图序和图题（必须有）为小五号宋体，居中排于图的正下方；表序和表题为小五号黑体，居中排于表的正上方；图和表中的文字为六号宋体；表格四周封闭，表跨页时另起表头；图和表中的注释、注脚为六号宋体。

数学公式居中排，公式中字母正斜体和大小写前后要统一。公式另起行居中，公式末不加标点，有编号时可靠右侧顶边线；若公式前有文字，如例、解等，文字顶格写，公式仍居中；公式中的外文字母之间、运算符号与各量符号之间应空半个数字的间距；若对公式有说明，可接排，如：式中，A——ＸＸ（双字线），B——ＸＸ；当说明较多时则另起行顶格写"式中　A——ＸＸ"，回行与 A 对齐写"B——ＸＸ"；公式中矩阵要居中且行列上下左右对齐。

一般物理量符号用斜体（如：$f(x)$、a 和 b 等）；矢量、向量或矩阵符号一律用黑斜体；计量单位符号、三角函数、公式中的缩写字符、温标符号或数值等一律用正体；下角标若为物理量一律用斜体，若是拉丁、希腊文或人名缩写用正体。

物理量及技术术语全文统一，要采用国际标准。

1.2.4　典型放大电路识读与分析

放大器有交流放大器和直流放大器。交流放大器又可按频率分为低频、中源和高频；接输出信号强弱分成电压放大和功率放大等。此外还有用集成运算放大器和特殊晶体管作器件的放大器。它是电子电路中最复杂多变的电路。但初学者经常遇到的也只是少数几种较为典型的放大电路。

识读放大电路图时按照"逐级分解、抓住关键、细致分析、全面综合"的原则和步骤进行。首先把整个放大电路按输入和输出逐级分开，然后逐级抓住关键进行分析，弄通原理。放大电路有它本身的特点。

（1）有静态和动态两种工作状态，所以有时往往要画出它的直流通路和交流通路才能进行分析。

（2）电路往往加有负反馈，这种反馈有时在本级内，有时是从后级反馈到前级，所以在分析这一级时还要能"瞻前顾后"。在弄通每一级的原理之后就可以把整个电路串通起来进行全面综合分析。

1.2.4.1　小信号电压放大器

低频电压放大器是指工作频率在 20 Hz ~ 20 kHz 之间、输出要求有一定电压值而不要求很强的电流的放大器。

1. 双结型三极管放大电路

三极管具有电流放大作用，属流控型器件。构成放大器时，晶体管工作在放大区，以 NPN 型三极管为例，其极间电压为 $V_{BE}>0$ V（正向偏置），$V_{BC}<0$ V（反向偏置），$I_C = \beta I_B$。由三极管构成的放大电路常见有共射极放大电路、共集放大电路和共基放大电路 3 种。

共射极放大电路，电路图如图 1.2.8 所示。信号由三极管基极和发射极输入，从集电极和发射极输出。因为发射极为共同接地端，故命名共射极放大电路。其主要特点有：输入信号和输出信号反相；有较大的电流和电压增益；一般用作放大电路的中间级。共射极放大器的集电极跟零电位点之间是输出端，接负载电阻。

共集放大电路：电流放大，输出阻抗低，带负载能力强。用于功率电路最后一级的功率放大输出。

共射极放大电路：电压电路放大。用于一般的信号放大电路，主要利用其电压放大能力来进行信号的电压放大（增益）。

共基放大电路：频率响应范围宽。一般使用不多，射频电路应用较多。

如图 1.2.8（a）所示为典型阻容耦合单管分压偏置共射放大器，在工程应用中比较常见。采用 C_b 为输入耦合电容，具有前后级直流静态隔离，静态级间相互影响较小等优点，但电容容抗将随着频率的变化而发生改变，在传输通道中对信号有衰减作用。该电路采用 R_{b1}、R_{b2} 分压偏置基极供电电路，具有工作点稳定，电路调整方便，当更换三极管 VT 后不需要调整静态参数。R_{e1}、R_{e2} 为直流负反馈电阻，稳定放大电路静态工作点，C_e 为交流旁路电容，R_{e1} 为交流负反馈电阻，为提高电路的稳定性与较高的电压增益，在工程应用中要求 $R_{e1} \ll R_{e2}$，R_c 为集电极负载电阻，C_c 为输出耦合电容。

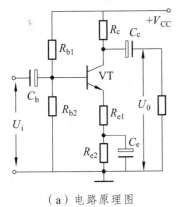
（a）电路原理图

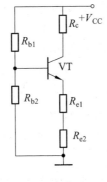
（b）直流等效图

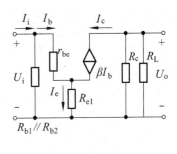
（c）交流微变等效图

图 1.2.8　共射放大器

静态分析就是工作点设置及分析，就是谋求最佳工作点，也叫做临界工作点，其目的是使放大器的不失真输出电压幅度（动态范围）能达到最大。动态分析是用交流等效电路寻求交流电压放大倍数、输入电阻以及输出电阻等技术指标的过程。静态分析为动态分析服务，因为如果静态分析找不到临界工作点和最大不失真输出电压幅度，动态分析获得的电压放大倍数再大，这个放大器都没有价值。

直流通路：将放大电路中的电容视为开路，电感视为短路即得。它又被称为静态分析。

交流通路：将放大电路中的电容视为短路，电感视为开路，直流电源视为短路即得。它又被称为动态分析。

如图 1.2.8（b）所示为分压偏置共射放大器直流通路，通过该等效的分析计算 V_{BEQ} 和 I_{EQ} 并且 I_{CQ}、V_{CEQ}，通过判断 V_{CEQ} 与 V_{BEQ} 的关系可判断该电路的工作状态。

如图 1.2.8（c）所示为分压偏置共射放大器微变等效电路。所谓微变等效是指：把晶体管用一个与之等效的线性电路来代替，从而把非线性电路转化为线性电路，再利用线性电路的分析方法进行分析，转化前提是"微变"，即变化范围很小，小到晶体管的特性曲线在 Q 点附近可以用直线代替。这里的"等效"是指对晶体管的外电路而言，用线性电路代替晶体管之后，端口电压和电流的关系并不改变。通过微变等效电路可分析计算电路的动态技术指标即电压放大倍数 A_u、输入电阻 R_i 和输出电阻 R_o 等。

典型三极管放大电路分析：

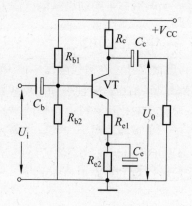

（a）电路原理图

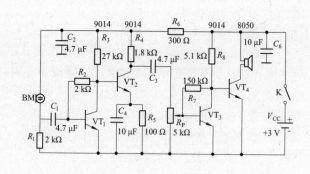

（b）助听器电路原理图

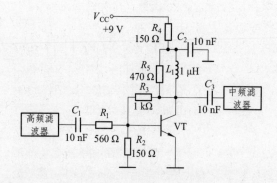

（c）电视机图像预中放电路

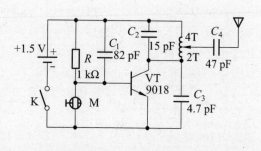

（d）简易无线调频话筒电路

图 1.2.9　典型三极管放大电路

如图 1.2.9（a）所示的为典型阻容耦合分压偏置式共射放大器，电路中 C_b 为输入耦合电容，主要作用是放大器与前级信源直流隔离；R_{b1} 和 R_{b2} 为基极分压偏置电阻，固定放大器静态工作点，在选取合适的阻值比例关系下当三极管 VT 发生改变时不需要从新调整静态基本参数；R_{e1} 和 R_{e2} 为放大器直流负反馈电阻，（所谓反馈是指把输出的变化通过某种方式送到输入端，作为输入的一部分。如果送回部分和原来的输入部分是相减的，就是负反馈。）主要起到稳定静态工作点；R_{e1} 为交流负反馈电阻，起到稳定放大器交流放大倍数、扩展通频带、减小本级放大器引起的非线性失真和改善输入、输出阻抗的作用；C_e 为射级交流旁路电容，较小交流负反馈量，提高放大器放大倍数；R_c 为集电极负载电阻，在不考虑放大器后级输入阻抗的前提下决定放大器放大倍数；C_c 为放大器输出耦合电容，起到与输出后级电路直流隔离的作用。

如图 1.2.9（b）所示的为助听器电路，实际上是一个 4 级低频放大器。VT_1、VT_2 之间和 VT_3、VT_4 之间采用直接耦合方式，VT_2 和 VT_3 之间则用 RC 耦合。为了改善音质，VT_1 和 VT_3 的本级有并联电压负反馈（R_2 和 R_7）。由于使用高阻抗的耳机，所以可以把耳机直接接在 VT_4 的集电极回路内。R_6 和 C_2 是去耦电路，C_6 是电源滤波电容。

如图 1.2.9（c）所示的为电视机图像预中放电路，为补偿无源滤波器件声表面滤波器的插入损耗，在电视机的高频调谐器输出到图像中放级之间加入图像预中放电路，对 38 MHz 图像中频信号进行电压增益放大。

图 1.2.9 中：R_1 为输入阻抗调整电阻，使预中放输入阻抗与高频调谐器匹配；R_3 为电压负反馈元件，调整通带内增益；R_5 为阻尼电阻，用于防止自激；L_1 为集极调谐电感；C_1 为输入耦合，C_2 为输出耦合；R_2 和 R_3 构成静态电压并联负反馈，以稳定静态集流 I_C（约 15 mA）。因为是电压并联负反馈电路，放大器本身输入、输出阻抗低，输入阻抗主要由 R_1 决定。输出阻抗：输出阻抗低，约数十欧姆，可减少外来干扰及声表滤波器阻抗变化的影响。由于输出阻抗低，频带宽，频响平坦。电压负反馈的引入，使输出电压与输入电压保持良好线性关系，而且动态范围有所增大。有利于提高信噪比及减小差拍干扰。

如图 1.2.9（d）所示的为简易无线调频话筒电路，发射频率为 88～108 MHz 范围内的任意频率。振荡频率由三极管 VT 和 L、C_2、C_3 所决定。M 为驻极体话筒，将声音转换为音频信号后加到三极管的基极。由于三极管 VT 的结电容 C_{bc} 会随着声音的强弱而变化，因此，主振荡频率也跟随之变化，从而实现调频发射。可用调频收音机接收，接收距离约为 40 m。VT 应选用高频三极管，其特征频率 f_T 应比工作频率 f_0 高 5～10 倍。在本电路中高频管选用 9018，其特征频率 $f_T = 600$ MHz。

2. 场效应管放大电路

场效应管（Field Effect Transistor，FET），场效应管是利用输入回路的电场效应来控制输出回路电流的一种半导体器件，它仅靠多数载流子导电，又称单极型晶体管。场效应管不但具有双极型晶体管体积小、重量轻以及寿命长等优点，而且具有输入阻抗高、噪声低、热稳定性好、抗辐射能力强以及能耗低等优点。

工作原理（以 N 沟道为例），内部结构原理图如图 1.2.10 所示。为使 N 沟道结型场效应管正常工作，应在栅源之间加负电压，以保证耗尽层反偏；在漏源之间加正电压，以形成"漏极-源极"间流经沟道的 I_D。

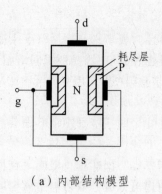

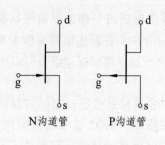

（a）内部结构模型　　　　　　　　　　　（b）电路图符号

图 1.2.10　场效应三极管

"用门极与沟道间的 PN 结形成的反偏门极电压控制导电沟道电流 I_D"。更正确地说，I_D 流经通路的宽度，即沟道截面积，它是由 PN 结反偏的变化，产生耗尽层扩展变化控制的缘故。在 $V_{GS} = 0$ 的非饱和区域，表示的过渡层的扩展因为不很大，根据漏极-源极间所加 V_{DS} 的电场，源极区域的某些电子被漏极拉去，即从漏极向源极有电流 I_D 流动。从门极向漏极扩展的过度层将沟道的一部分构成堵塞型，I_D 饱和。将这种状态称为夹断。这意味着过渡层将沟道的一部分阻挡，并不是电流被切断。

在过渡层由于没有电子和空穴的自由移动，在理想状态下几乎具有绝缘特性，通常电流也难流动。但是此时漏极-源极间的电场，实际上是两个过渡层接触漏极与门极下部附近，由于漂移电场拉去的高速电子通过过渡层。因漂移电场的强度几乎不变产生 I_D 的饱和现象。其次，V_{GS} 向负的方向变化，让 $V_{GS} = V_{GS}$（off），此时过渡层大致成为覆盖全区域的状态。而且 V_{GS} 的电场大部分加到过渡层上，将电子拉向漂移方向的电场，只有靠近源极的很短部分，这更使电流不能流通。

（1）场效应管的分类。

结型场效应管（JFET）因有 2 个 PN 结而得名；绝缘栅型场效应管（JGFET，也叫金属-氧化物-半导体场效应管 MOSFET）则因栅极与其他电极完全绝缘而得名。

根据导电方式的不同，MOSFET 又分增强型和耗尽型。所谓增强型是指，当 $V_{GS} = 0$ 时管子是呈截止状态，加上正确的 V_{GS} 后，多数载流子被吸引到栅极，从而"增强"了该区域的载流子，形成导电沟道。耗尽型则是指，当 $V_{GS} = 0$ 时即形成沟道，加上正确的 V_{GS} 时，能使多数载流子流出沟道，因而"耗尽"了载流子，使管子转向截止。

（2）场效应管的作用。

① 场效应管可应用于放大。由于场效应管放大器的输入阻抗很高，因此耦合电容可以容量较小，不必使用电解电容器。

② 场效应管很高的输入阻抗非常适合作阻抗变换。常用于多级放大器的输入级作阻抗变换。

③ 场效应管可以用作可变电阻。

④ 场效应管可以方便地用作恒流源。

⑤ 场效应管可以用作电子开关。

（3）场效应管主要参数。

① 直流参数。

饱和漏极电流 I_{DSS} 它可定义为：当栅、源极之间的电压等于零，而漏、源极之间的电压大于夹断电压时，对应的漏极电流。

夹断电压 V_P 它可定义为：当 V_{DS} 一定时，使 I_D 减小到一个微小的电流时所需的 V_{GS}。

开启电压 V_T 它可定义为：当 V_{DS} 一定时，使 I_D 到达某一个数值时所需的 V_{GS}。

② 交流参数。

低频跨导 g_m 它是描述栅、源电压对漏极电流的控制作用。

极间电容场效应管三个电极之间的电容，它的值越小表示管子的性能越好。

③ 极限参数。

漏、源击穿电压：当漏极电流急剧上升时，产生雪崩击穿时的 V_{DS}。

栅极击穿电压：结型场效应管正常工作时，栅、源极之间的 PN 结处于反向偏置状态，若电流过高，则产生击穿现象。

场效应管型号命名主要有两种命名方法：

① 第一种命名方法与双极型三极管相同，第三位字母 J 代表结型场效应管，O 代表绝缘栅场效应管。第二位字母代表材料，D 是 P 型硅，反型层是 N 沟道；C 是 N 型硅 P 沟道。例如，3DJ6D 是结型 P 沟道场效应三极管，3DO6C 是绝缘栅型 N 沟道场效应三极管。

② 第二种命名方法是 CS××#，CS 代表场效应管，×× 以数字代表型号的序号，# 用字母代表同一型号中的不同规格。例如 CS14A、CS45G 等。

（4）场效应管（FET）与双极型三极管比较。

① 普通三极管参与导电的，既有多数载流子，又有少数载流子，故称为双极型三极管；而在场效应管中只是多子参与导电，故又称为单极型三极管。因少子浓度受温度及辐射等因素影响较大，所以场效应管比三极管的温度稳定性好、抗辐射能力强且噪声系数很小。在环境条件（温度等）变化很大的情况下应选用场效应管。

② 三极管是电流控制器件，通过控制基极电流到达控制输出电流的目的。因此，基极总有一定的电流，故三极管的输入电阻较低；场效应管是电压控制器件，其输出电流决定于栅源极之间的电压，栅极基本上不取电流，因此，它的输入电阻很高，可达 $10^9 \sim 10^{14}$ Ω。高输入电阻是场效应管的突出优点。

③ 场效应管的漏极和源极可以互换，耗尽型绝缘栅管的栅极电压可正可负，灵活性比三极管强。但要注意，分立的场效应管，有时已经将衬底和源极在管内短接，源极和漏极就不能互换使用了。

④ 场效应管和三极管都可以用于放大或作可控开关。但场效应管还可以作为压控电阻使用，可以在微电流和低电压条件下工作，具有功耗低、热稳定性好、容易解决散热问题和工作电源电压范围宽等优点，且制作工艺简单，易于集成化生产，因此在目前的大规模、超大规模集成电路中，MOS 管占主要地位。

⑤ MOS 管具有很低的级间反馈电容，一般为 5～10 pF，而三极管的集电结电容一般为 20 pF 左右。

⑥ 场效应管组成的放大电路的电压放大系数要小于三极管组成放大电路的电压放大系数。

⑦ 由于 MOS 管的栅源极之间的绝缘层很薄，极间电容很小，而栅源极之间电阻又很大，带电物体靠近栅极时，栅极上感应少量电荷产生很高的电压，就很难放掉，以至于栅源极之

间的绝缘层击穿，造成永久性损坏。因此管子存放时，应使栅极与源极短接，避免栅极悬空。尤其是焊接 MOS 管时，电烙铁外壳要良好接地。

⑧ BJT 是利用小电流的变化控制大电流的变化；JFET 是利用 PN 结反向电压对耗尽层厚度的控制，来改变导电沟道的宽窄，从而控制漏极电流的大小；MOSEFET 是利用栅源电压的大小，来改变半导体表面感生电荷的多少，从而控制漏极电流的大小。

MOSFET 用双极性三极管的代替方法，一般说来，双极性三极管不能直接代替 MOSFET，这是因为它们的控制特性不一样，MOSFET 是电压控制的器件，而双极性三极管是电流控制的器件。MOSFET 的控制电路是电压型的，双极性三极管不能直接代换 MOSFET 的，原驱动 MOSFET 的电路由于驱动电流太小，不足于驱动双极性三极。要想用原电路驱动双极性三极管，必须要在双极性三极管之前加装电流放大装置。基于这个思想，在双极性三极管之前加装电流放大器，把电压驱动改为了电流驱动，即可代换成功。

场效应管的输入阻抗高，对于 N 沟道结型场效应管的源极和漏极可以互换，栅极电压可正可负，在使用中灵活性比晶体管更好。在现代电子产品设计与生产过程中大量使用。其应用电路工作原理分析与双结型三极管分析方法类似。

如图 1.2.11 所示为典型场效应管典型应该用电路。

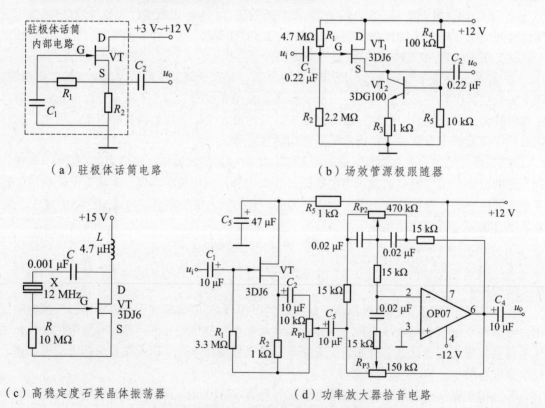

（a）驻极体话筒电路　　　　　　　　　　　（b）场效管源极跟随器

（c）高稳定度石英晶体振荡器　　　　　　　（d）功率放大器拾音电路

图 1.2.11　场效应管常见应用电路

如图 1.2.11（a）所示的是驻极体电容式话筒的内部电路，其中电容 C_1 由膜片经高压电场驻极后产生异性电荷。当膜片受到声波振动时，电容两端的电压发生变化。由于该电压极其微弱，而且电容 C_1 两端的阻抗较高，所以，场效应管 VT 与电容 C_1 配接可以实现阻抗变化并放大微弱信号。在驻极体器件生产中，将场效应管 VT 及其栅极偏置电阻 R_1、 R_2 连同电容 C_1 一起集成安装在话筒内，使用时只需要外加 3 ~ 12 V 的直流电压。

驻极体话筒具有体积小，使用方便，被广泛地应用在计算机、手机、无线话筒和录像机等需要音频采集的设备中。

如图 1.2.11（b）所示的是场效应管与晶体三极管组成的源极跟随器。其中，晶体管 VT_2 及其外围电路构成典型的恒流电路，为场效应管 VT_1 提供恒流源。因此，该源极跟随器具有很高的输出电压摆幅，极高的输入阻抗。

如图 1.2.11（c）所示的为结型场效应管组成的高稳定石英晶体振荡器电路。石英晶体 X 与电容 C 组成串联型谐振回路，振荡频率由石英晶振 X 决定。X 的选用范围很宽，即使将栅极电阻 R 的值取得很大，不会给石英晶体 X 增加负载，减小了负载变化对石英晶体 X 振荡的影响（负载效应），石英晶体的 Q 值可以保持很高，所以，振荡器的频率稳定度很高。在电路中，电感 L 为场效应管的漏极负载。输出电压 u_o 的波形为正弦波。

如图 1.2.11（d）所示的为电唱机与功率放大器相级联的拾音电路。因为电唱机的晶体唱头输出阻抗较高，一般为几百千欧姆，故要求功率放大器电路的输入阻抗很高才能实现阻抗匹配。实践证明，拾音器的输入阻抗要求要大于 500 kΩ 才能满足要求。因此，图 1.2.11（d）所示的是用场效应管接成的源极输出器，其输入阻抗可达到 1 MΩ，而输出阻抗又较低，可与后级集成运算放大器 OP07 构成的音调控制电路实现阻抗匹配。场效应管的噪声系数小，用来拾取晶体唱头输出的微弱信号也十分有利。

3. 小信号集成运算放大电路

集成运算放大器（Integrated Operational Amplifier）简称集成运放，是由多级直接耦合放大电路组成的高增益模拟集成电路。它的增益高（可达 60 ~ 180 dB），输入电阻大（几十千欧至几百万兆欧），输出电阻低（几十欧），共模抑制比高（60 ~ 170 dB），失调与飘移小，而且还具有输入电压为零时输出电压亦为零的特点，适用于正、负两种极性信号的输入和输出。

模拟集成电路一般是由一块厚 0.2 ~ 0.25 mm 的 P 型硅片制成，这种硅片是集成电路的基片。基片上可以做出包含有数十个或更多的 BJT 或 FET、电阻和连接导线的电路。运算放大器除具有同相（+）、反相（−）输入端和输出端外，还有 $+V_{CC}$、$-V_{EE}$ 电源供电端、外接补偿电路端、调零端、相位补偿端、公共接地端及其他附加端等。它的闭环放大倍数取决于外接反馈电阻，这给使用带来很大方便。集成运算放大器内部组成框图如图 1.2.12 所示。

图 1.2.12　集成运算放大器组成框图

在图 1.2.12 中，各部分的作用为：

① 差动输入级。内部电路采用差分结构，使集成运算放大器有尽可能高的输入阻抗及共模抑制比。

② 中间放大级。由多级直接耦合放大器组成，完成运算放大器主增益放大，以获得足够高的电压增益。

③ 输出级。输出级电路一般为互补对称推挽放大器。可使集成运算放大器具有一定电压幅度的输出电压、输出电流和尽可能小的输出阻抗。在输出过载时具有自动保护功能以防止集成运算放大器因过载而损坏。

④ 偏置电路。为各级电路提供合适的静态工作点。在设计生产中为使及集成运算放大器内部各级电路静态工作点稳定，一般采用恒流源偏置电路。

（1）集成运算放大器主要性能指标。

① 输入失调电压 U_{IO}：输入电压为零时，将输出电压除以电压增益，即为折算到输入端的失调电压。是表征运放内部电路对称性的指标。

② 输入失调电压温漂 dU_{IO}/dT：在规定工作温度范围内，输入失调电压随温度的变化量与温度变化量之比值。即 U_{IO} 的温度系数，是衡量运放温漂的重要参数，越小越好。

③ 输入失调电流 I_{IO}：在零输入时，差分输入级的差分对管基极电流之差，用于表征差分级输入电流不对称的程度。

④ 输入失调电流温漂 dI_{IO}/dT：规定工作温度范围内，输入失调电流随温度的变化量与温度变化量之比值。即 I_{IO} 的温度系数，越小越好。

⑤ 输入偏置电流 I_B：运放两个输入端偏置电流的平均值，用于衡量差分放大对管输入电流的大小。

⑥ 最大差模输入电压 U_{Idmax}：运放两输入端能承受的最大差模输入电压，超过此电压时，差分管将出现反向击穿现象。

⑦ 最大共模输入电压 U_{Icmax}：在保证运放正常工作条件下，共模输入电压的最大值。共模电压超过此值时，输入差分对管出现饱和，放大器失去共模抑制能力。

⑧ 开环差模增益 A_{od}：运放在无外加反馈条件下，输出电压的变化量与输入电压的变化量之比。

⑨ 共模抑制比 K_{CMR}：差模电压增益 A_{od} 与共模电压增益 A_{oc} 之比，常用分贝数来表示。$K_{CMR} = 20\lg\ (A_{od}/A_{oc})$，单位为 dB。

⑩ 差模输入电阻 r_{id}：输入差模信号时，运放的输入电阻。

（2）集成运算放大器分类。

集成运算放大器形式多样，按照集成运算放大器主要性能指标可分为通用型运算放大器、高阻型运算放大器、低温漂型运算放大器、高速型运算放大器、功耗型运算放大器和高压大功率型运算放大器等多种。其中：

① 通用型运算放大器

通用型运算放大器就是以通用为目的而设计的。这类器件的主要特点是价格低廉且产品量大面广，其性能指标能适合于一般性使用。例μA741（单运放）、LM358（双运放）、LM324（四运放）及以场效应管为输入级的 LF356 都属于此种。它们是目前应用最为广泛的集成运算放大器。

② 高阻型运算放大器。

这类集成运算放大器的特点是差模输入阻抗非常高，输入偏置电流非常小，一般 r_{id} 为

$10^9 \sim 10^{12}\ \Omega$，输入电流 I_B 为几皮安到几十皮安。实现这些指标的主要措施是利用场效应管高输入阻抗的特点，用场效应管组成运算放大器的差分输入级。用 FET 作输入级，不仅输入阻抗高，输入偏置电流低，而且具有高速、宽带和低噪声等优点，但输入失调电压较大。常见的集成器件有 LF356、LF355、LF347（四运放）及更高输入阻抗的 CA3130、CA3140 等。

③ 低温漂型运算放大器。

在精密仪器和弱信号检测等自动控制仪表中，总是希望运算放大器的失调电压要小且不随温度的变化而变化。低温漂型运算放大器就是为此而设计的。目前常用的高精度、低温漂运算放大器有 OP-07、OP-27、AD508 及由 MOSFET 组成的斩波稳零型低漂移器件 ICL7650 等。

④ 高速型运算放大器。

在快速 A/D 和 D/A 转换器及视频放大器中。要求集成运算放大器的转换速率一定要高，单位增益带宽一定要足够大，像通用型集成运放是不能适合于高速应用的场合的。高速型运算放大器主要特点是具有高的转换速率和宽的频率响应。常见的运放有 LM318 和 mA715 等。

⑤ 低功耗型运算放大器。

由于电子电路集成化的最大优点是能使复杂电路小型轻便，所以随着便携式仪器应用范围的扩大，必须使用低电源电压供电、低功率消耗的运算放大器相适用。常用的运算放大器有 TL-022C 和 TL-060C 等，其工作电压为 $\pm 2 \sim \pm 18$ V，消耗电流为 $50 \sim 250$ mA。目前有的产品功耗已达微瓦级，例如 ICL7600 的供电电源为 1.5 V，功耗为 10 mW，可采用单节电池供电。

⑥ 高压大功率型运算放大器。

运算放大器的输出电压主要受供电电源的限制。在普通的运算放大器中，输出电压的最大值一般仅几十伏，输出电流仅几十毫安。若要提高输出电压或增大输出电流，集成运放外部必须要加辅助电路。高压大电流集成运算放大器外部不需附加任何电路，即可输出高电压和大电流。例如 D41 集成运放的电源电压可达 ± 150 V，μA791 集成运放的输出电流可达 1 A。

（3）集成运算放大器的使用要点。

① 集成运放的电源供给方式。

集成运放有 2 个电源接线端 $+V_{CC}$ 和 $-V_{EE}$，但有不同的电源供给方式。对于不同的电源供给方式，对输入信号的要求是不同的。

a. 对称双电源供电方式：运算放大器多数采用这种方式供电。正电源（$+E$）与负电源（$-E$）分别接于运放的 $+V_{CC}$ 和 $-V_{EE}$ 管脚上。在这种方式下，可把信号源直接接到运放的输入脚上，而输出电压的振幅可达正负对称电源电压，如图 1.2.13（a）所示，$+V_{CC}$ 连接到运算放大器 OP07 的 7 脚电源正上，$-V_{EE}$ 连接到运算放大器 OP07 的 4 脚电源负上。此结构要求信号源输出信号为双极型，同时电源必须是对称双电源。

b. 单电源供电方式：单电源供电是将运放的 $-V_{EE}$ 管脚连接到地上，如图 1.2.13（b）所示。此时为了保证运放内部单元电路具有合适的静态工作点，在运放输入端一定要加入一直流电位。此时运放的输出是在某一直流电位基础上随输入信号变化。静态时，同相端电压经 R_3 和 R_4 分压为 $V_{CC}/2$，运算放大器的输出电压近似为 $V_{CC}/2$，为了隔离掉输出中的直流成分接入电容 C_2。此结构要求信号源输出信号为单极型，同时电源单电源。

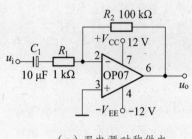

（a）双电源对称供电

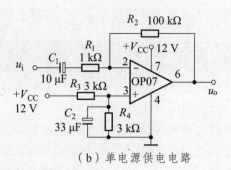

（b）单电源供电电路

图 1.2.13　集成运算放大器供电电路

② 集成运放的调零问题。

由于集成运放的输入失调电压和输入失调电流的影响，当运算放大器组成的线性电路输入信号为零时，输出往往不等于零，将影响运放的精度，严重时会使运放不能正常工作。为了提高电路的运算精度，要求对失调电压和失调电流造成的误差进行补偿，这就是运算放大器的调零。常用的调零方法有内部调零和外部调零，如图 2.1.14 所示。

如图 1.2.14（a）所示为集成运放自带调零端，如集成 OP07 和 μA741 等运放，需在调零端 1 脚与 5 脚之间接电位器 R_P 两端臂上，而电源 $-V_{EE}$ 连接到电位器中心臂上。调零时，将输入端 u_i 短接到地，如虚线所示，调节电位器 R_P 使输出电压 u_o 为零。而对于没有内部调零端子的集成运放，要采用外部调零方法，如图 1.2.14（b）所示为反相比例运放调零电路，在同相端串联电阻 R_2 连接到调零电位器 R_P 中心臂上，调零电位器 R_P 两端臂分别连接到电源上。调零时，输入端 u_i 短接到地，调节调零电位器 R_P，使输出电压 u_o 为零。对于同相比例放大器与之类似。

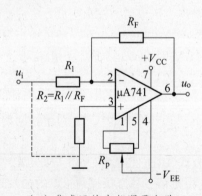

（a）集成运放内部调零电路

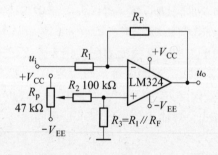

（b）集成运放外部调零电路

图 1.2.14　集成运算放大器调零

③ 集成运放的过载保护电路。

使用集成运方时注意，不能超过运放极限参数值，如电源电压范围，电压极性，最大输入电压范围等参数指标。为防止集成运放超过极限值或使用不当等原因损坏运算放大器，在电路设计中可采用保护措施。如图 1.2.15 所示。如图 1.2.15（a）所示为防止电源接反保护电路，如图 1.2.15（b）所示为防止共模输入信号电压过大，如图 1.2.15（c）所示为防止差模输入电压过大。

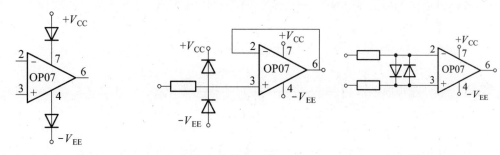

（a）防止电源接反　　　（b）防止共模信号输入过大　　（c）防止差模信号输入过大

图 1.2.15　集成运算放大器保护电路

④ 信号极性转换。

在信号采集处理过程中，常需要将双极型信号（例如 −5 ~ +5 V）转换成单极性信号（例如 0 ~ 5 V），或者将单极性信号转换成双极性信号，可采用如图 1.2.16 所示的由集成运放构成的信号转换电路来实现。

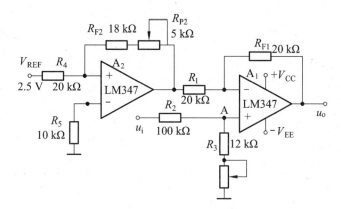

（a）双极性输入—单极性输出

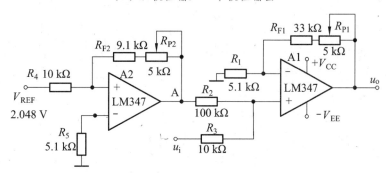

（b）单极性输入—双极性输出

图 1.2.16　信号转换电路

如图 1.2.16（a）所示电路为双极性信号输入转单极性信号输出。图中 R_{P1} 用于调节电路增益，而 R_{P2} 则用于调节输出信号的直流偏置。该电路的特点是直流偏置的调节和增益调节是相互独立的，在调试时彼此相互影响较小，电路调试简单。

电路的输出与输入关系为

$$u_o = \left(1 + \frac{R_{F1}}{R_1}\right)u_A - \frac{R_{F2} + R_{P2}}{R_4}V_{REF}$$

$$= \left(1 + \frac{R_{F1}}{R_2}\right)\frac{R_3 + R_{P1}}{R_2 + R_3 + R_{P1}}u_i - \frac{R_{F2} + R_{P2}}{R_4}V_{REF}$$

按照电路中提供的参数，调节电位器，就可以将输入 – 10 ~ +10 V 的双极性输入信号转换为单极性信号 0 ~ 5 V 的输出。实现将双极性信号转换为单极性信号。

如图 1.2.16（b）所示电路为单极性信号输入转换成双极性信号输出。图中 R_{P1} 用于调节电路增益，而 R_{P2} 则用于调节输出信号的直流偏置。该电路的特点是直流偏置的调节和增益调节是相互独立的，在调试时彼此相互影响较小，电路调试简单。

电路的输出与输入关系为

$$u_o = \left(1 + \frac{R_{F1} + R_{P1}}{R_1}\right)\left(\frac{u_i + u_A}{2}\right)$$

$$= \frac{1}{2}\left(1 + \frac{R_{F1} + R_{P1}}{R_1}\right)\left(u_i - \frac{R_{F2} + R_{P2}}{R_4}V_{REF}\right)$$

按照电路中提供的参数，调节电位器，就可以将 0 ~ 5 V 单极性输入信号转换为双极性信号 – 10 ~ +10 V 的输出。实现将单极性信号转换为双极性信号。

（4）集成运放选用基本原则。

① 若无特殊要求，应尽量选用通用型运放。当一个电路中有多个运放时，建议选用双运放（如 LM358）或四运放（如 LM324 等）。

② 应正确认识和对待各种参数，不要盲目片面追求指标的先进，例如场效应管输入级的运放，其输入阻抗虽高，但失调电压也较大，低功耗运放的转换速率必然也较低。各种参数指标是在一定的测试条件下测出的，如果使用条件和测试条件不一致，则指标的数值也将会有差异。

③ 当用运放作弱信号放大时，应特别致意选用失调以及噪声系数均很小的运放，如 ICL7650。同时应保持运放同相端与反相端对地的等效直流电阻等。此外，在高输入阻抗及低失调、低漂移的高精度运放的印刷底板布线方案中，其输入端应加保护环。

④ 当运放用于直流放大时，必须妥善进行调零。有调零端的运放应按标准推荐的调零电路进行调零；若没有调零端的运放，则可参考图 1.2.14 进行调零。

⑤ 为了消除运放的高频自激，应参照推荐参数在规定的消振引脚之间接入适当电容消振，同时应尽量避免两级以上放大级级连，以减小消振困难。为了消除电源内阻引起的寄生振荡，可在运放电源端对地就近接去耦电容，考虑到去耦电解电容的电感效应，常常在其两端在并联一个容量为 0.01 ~ 0.1 μF 的瓷片电容。

（5）集成运算基本应用。

集成运算放大器应用较为广泛，是目前在电子设计中作信号放大的主要器件，由集成运放构成的电路形式多种多样，其电路功能也不尽相同。较为典型电路主要有反相比例运算放大器、同相比例运算放大器、电压跟随器、差动放大器、加减法器、微分器、积分器、比较器和振荡器等。

小信号差动放大器，常作传感器信号前级放大器。该电路具有双端输入、单端输出以及共模抑制比较高的特点。如图 1.2.17（a）所示电路功能是将来自两个输入信号（如两个传感器）u_1、u_2 的微弱电信号放大至 1 千倍或几千倍。该电路前级采用同相放大器，可获得很高的输入阻抗，后级采用差动放大器可获得较高的共模抑制比，增强电路的抗干扰能力。该电路的放大倍数理论值为：

$$A_{ud} = \frac{U_o}{U_2 - U_1} = \left(1 + \frac{R_3 + R_4}{R^*}\right)\frac{R_8}{R_5} = 4\,641$$

该电路应用较为广泛，可用在差压式流量计等高精度仪表中。将该电路进行简单的改型可集成为专用仪表放大器。市场上测量仪表放大器品种繁多，有通用型如 INAll0、INA114/115 和 INAl31 等；有高精度型如 AD522、AD524 和 AD624 等；有低噪声低功耗型如 INAl02、INAl03 等及可编程型如 AD526。工作原理与图 1.2.17（a）所示电路电路类似，下面介绍高精度型单片集成测量放大器 AD522，电路如图 1.2.17（b）所示。

测量放大器又称数据放大器或仪表放大器。其主要特点是：输入阻抗高、输出阻抗低，失调及零漂很小，放大倍数精度可调，差动输入、单端输出，共模抑制比很高。适用于大的共模电压背景下对缓变微弱的差值信号进行放大，常用于热电偶、应变电桥及生物信号等的放大。

AD522 是美国 AD 公司生产的单片集成测量放大器。用它接成的电桥放大电路如图 1.2.17（b）所示。

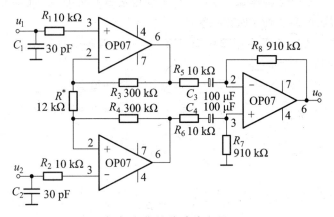

（a）小信号差动放大器

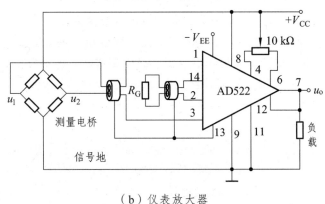

（b）仪表放大器

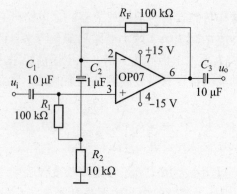

（c）自举式交流电压放大器

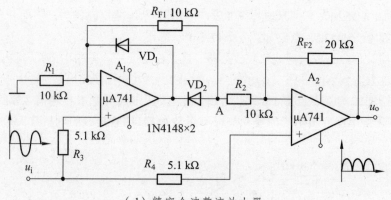

（d）精密全波整流放大器

图 1.2.17 集成运放典型应用电路

其引脚说明如下：

1、3 脚：信号的同相及反相输入端；

2、14 脚：接增益调节电阻；

7 脚：放大器输出端；

8、5、9 脚：分别为 $V+$、$V-$ 及地端；

4、6 脚：接调零电位器；

11 脚：参考电位端，一般接地；

12 脚：用于检测；

13 脚：接输入信号引线的屏蔽网，以减小外电场的干扰。

为提供放大器偏置电流的通路，信号地必须与电源地端 9 脚相连。负载接于 11 与 7 脚之间，同时 11 脚必须与 9 脚相连，以使负载电流流至地端。

放大器的放大倍数为 $A_u = 1 + 2\dfrac{100}{R_G}$，$R_G$ 单位为 $k\Omega$。

在放大电路中若只放大交流信号，可采用由集成运放构成的交流信号放大器，为提高交流放大器的输入阻抗，可采用如图 1.2.17（c）所示的自举式交流电压放大器。交流信号 u_i 通过耦合电容进入到集成运放 OP07 同相端，经过放大器反馈后落在电阻 R_2 上，则反馈电压

$$U_{R2} = \frac{R_2}{R_2 + R_F} U_o$$

因为同相比例运算放大器放大倍数 $A_u = 1 + \left(R_F / R_2 \right)$，得

$$U_o = \left(1 + \frac{R_F}{R_2} \right) U_i$$

根据运算放大器特性可得与上面两式可得，运算放大器同相端电压与 V_{R2}、u_i 相等，因此电阻 R_1 两端的电压相等，且相位相同，故 R_1 为自举电阻。流经 R_1 的电流可近似为零，从而大大提高了交流放大器的输入阻抗。其输入阻抗为

$$R_i = (R_1 /\!/ r_{ic})(1 + A_u F)$$

其中 F 为反馈系数，$F = R_2 / (R_2 + R_F)$。

如图 1.2.17（d）所示为同相输入精密全波整流电路，常作为交流信号检测处理。在整流电路中，由于二极管的伏安特性在小信号时处于截止或特性曲线的弯曲部分，一般利用二极管的单向导电性来组成整流电路，在小信号检波时输出端将得不到原信号（或使原信号失真很大）。如果把二极管置于运算放大器组成的负反馈环路中，就能大大削弱这种影响，提高电路精度。

它的输入电压 u_i 与输出电压 u_o 有如下关系：

当 $u_i > 0$，$u_i = u_o$；当 $u_i < 0$，$u_i = -u_o$。

图中 A_1 组成同相放大器，A_2 组成差动放大器，u_i 都加在运放的同相输入端，具有较高的输入电阻。

当 $u_i > 0$ 时，二极管 VD_1 导通，VD_2 截止，此时 A_1 构成电压跟随器，有同相端电压与反相端、输入电压相同，此电压通过 R_{F1} 和 R_2 加到 A_2 的反相端；而 A_2 的同相端输入电压也为 u_i，所以 A_2 的输出电压 u_o 为：

$$u_o = \left(1 + \frac{R_{F2}}{R_{F1} + R_2} \right) u_i - \frac{R_{F2}}{R_{F1} + R_2} u_i = u_i$$

当 $u_i < 0$ 时，二极管 VD_1 截止，VD_2 导通，此时 A_1 构成同相电压放大器，此时 A_1 输出电压即 A 点电压为：

$$u_A = \left(1 + \frac{R_{F1}}{R_1} \right) u_i$$

而差动放大器 A_2 的输出电压为：

$$u_o = \left(1 + \frac{R_{F2}}{R_2} \right) u_i - \frac{R_{F2}}{R_2} u_A = \left(1 + \frac{R_{F2}}{R_2} \right) u_i - \frac{R_{F2}}{R_2} \left(1 + \frac{R_{F1}}{R_1} \right) u_i = -u_i$$

上述分析表明，在输出端可得到单向整流电压，实现了全波整流。

1.2.4.2 功率放大器

1. 功率放大器分类

（1）按晶体管集电极电流导通时间的长短不同分类。

能把输入信号放大并向负载提供足够大的功率的放大器叫功率放大器。例如收音机的末级放大器就是功率放大器。功率放大器有多种工作方式，根据晶体管集电极电流导通时间的长短不同，一般分为甲（A）类、乙（B）类、甲乙（AB）类、丙类（C）和丁（D）类等。

① 甲类功放（又称 A 类功放）。

甲类功放输出级中晶体管永远处于导通状态即线性放大状态，也就是说不管有无信号输入它们在静态偏置电路作用下都保持传导电流，在线性工作区域内，使输入信号放大并流入负载。

在对称甲类功率放大器中，当无讯号时，两个晶体管各流通等量的电流，因此在输出中心点上没有不平衡的电流或电压，故无电流输入扬声器。当信号趋向正极，线路上方的输出晶体管容许流入较多的电流，下方的输出晶体管则相对减少电流，由于电流开始不平衡，于是流入负载如扬声器且推动扬声器发声。

甲类功放的工作方式具有最佳的线性，每个输出晶体管均放大讯号全波，完全不存在交越失真（Switching Distortion），即使不施用负反馈，它的开环路失真仍十分低，因此被称为是声音最理想的放大线路设计。但这种设计有利有弊，甲类功放最大的缺点是效率低，因为无信号时仍有满电流流入，电能全部转为高热量。当信号电平增加时，有些功率可进入负载，但许多仍转变为热量。

② 乙类功放（又称 B 类功放）。

乙类功放放大的工作方式是当无讯号输入时，输出晶体管不导电，所以不消耗功率。当有讯号时，每对输出管各放大一半波形，彼此一开一关轮流工作完成一个全波放大，在两个输出晶体管轮换工作时便发生交越失真，因此形成非线性。纯乙类功放较少，因为在讯号非常低时失真十分严重，所以交越失真令声音变得粗糙。乙类功放的效率平均约为 75%，产生的热量较甲类功放低，容许使用较小的散热器。

③ 甲乙类功放（又称 AB 类功放）。

与前两类功放相比，甲乙类功放可以说在性能上的妥协。甲乙类功放通常有两个偏压，在无讯号时也有少量电流通过输出晶体管。它在讯号小时用甲类工作模式，获得最佳线性，当讯号提高到某一电平时自动转为乙类工作模式以获得较高的效率。普通机 10 W 的甲乙类功放大约在 5 W 以内用甲类工作，由于聆听音乐时所需要的功率只有几瓦，因此甲乙类功放在大部分时间是用甲类功放工作模式，只在出现音乐瞬态强音时才转为乙类。这种设计可以获得优良的音质并提高效率减少热量，是一种颇为合乎逻辑的设计。有些甲乙类功放将偏流调得甚高，令其在更宽的功率范围内以甲类工作，使声音接近纯甲类机，但产生的热量亦相对增加。

④ 丙类功放（又称 C 类功放）。

它是一种失真非常高的功放，只适合在通讯用途上使用。丙类机输出效率特高，但不适用于 HI-FI 放大。丙类功放作为本教学重点学习。

⑤ 丁类功放（又称 D 类功放）。

这种设计亦称为数码功放。丁类功放放大的晶体管一经开启即直接将其负载与供电器连接，电流流通但晶体管无电压，因此无功率消耗。当输出晶体管关闭时，全部电源供应电压即出现在晶体管上，但没有电流，因此也不消耗功率，故理论上的效率为百分之百。丁类功放放大的优点是效率最高，供电器可以缩小，几乎不产生热量，因此无需大型散热器，机身体积与重量显著减少，理论上失真低且线性佳。

各类功率放大器特性比较如表 1.2.2 所示。表中，通常把一个信号周期内集电极电流导通角的一般称为半导通角，简称导电角或通角。

表 1.2.2 各类功率放大器特性比较

工作状态	导电角	理想效率	负载	应用
甲类	$\theta = 180°$	$\eta = 50\%$	电阻	低频
乙类	$\theta = 90°$	$\eta = 78.5\%$	电阻	低频，高频
甲乙类	$90° < \theta < 180°$	$50\% < \eta < 78.5\%$	电阻	低频
丙类	$\theta < 90°$	$\eta > 78.5\%$	选频回路	高频
丁类	开关状态	$\eta = 90\% \sim 100\%$	选频回路	高频

甲、乙、丙三种工作状态时的集电极电压、电流波形图如图 1.2.18 所示。

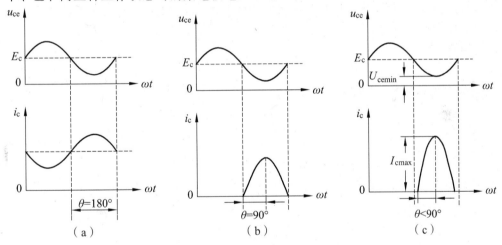

（a）　　　　　　　（b）　　　　　　　（c）

图 1.2.18　集电极电压、电流波形图

（2）按功率放大器与音箱的配接方式。

① 定压式功放。为了远距离传输音频功率信号，减少在传输线上的能量损耗，该方式以较高电压形式传送音频功率信号。一般有 75 V、120 V 和 240 V 等不同电压输出端子供使用者选择。使用定压功放要求功放和扬声器之间使用线性变压器进行阻抗匹配。

② 定阻式功放。功率放大器以固定阻抗形式输出音频功率信号，也就是要求音箱按规定的阻抗进行配接，才能得到额定功率的输出分配。通常除远距离扩声外，剧院、歌舞厅等大多数扩声系统均使用定阻功放。

（3）按功率放大器的使用元件。

① 电子管功率放大器。特色：音色柔和、富有弹性和空间感强等优点。

② 晶体管功率放大器。具有体积小、功率大和耗能少等特点，技术参数指标很高，具有良好的瞬态特性等优点。它有分立式的电路结构。

③ 集成电路功率放大器。目前专业音频功率放大器几乎都采用集成功率放大模块做功放的输出级。

④V-MOS 功率放大器。采用场效应管制作的功放具有噪声低、动态范围大以及无需保护等特点，且具有和电子管相似的音色。其电路简单，而性能却十分优越。

（4）按晶体管功率放大器的末级电路结构。

① OTL 电路。OTL 电路为单端推挽式无输出变压器功率放大电路，通常采用单电源供电。与采用输出变压器的功放电路相比，具有体积小、重量轻和制作方便等优点，性能也较好。

② OCL 电路。OCL 电路的最大特点是电路全部采用直接耦合方式，中间既不要输入和输出变压器，也不要输出电容，通常采用正、负对称电源供电。该电路克服了 OTL 电路中输出电容的不良影响，如低频性能不好、放大器工作不稳定以及输出晶体管和扬声器受浪涌电流的冲击等。

③ BTL 电路。BTL 电路的特点是把负载扬声器跨接在两组性能相同、输出信号相位相反的单端推挽功率放大电路之间，这样在较低的电源电压下能得到较大的输出功率。通常采用单组电源供电。

2. 功率放大器的技术指标

（1）输出功率。

衡量放大器输出功率的指标有最大不失真连续功率、音乐功率和峰值功率等几种不同的指标。目前公认的指标是"最大不失真连续功率"，又叫 RMS 功率，正弦波功率或平均值功率等。它是指放大器配接额定负载时（通常 $R_L = 8\,\Omega$），在总的谐波失真系数小于 1%，负载两端测出 1 kHz 的正弦波电压的平方，除以负载电阻而得出。即

$$P_{RMS} = U_I^2 / R_L$$

（2）转换效率。

功率放大电路的最大输出功率与电源所提供的功率比称为转换效率。电源提供的功率为直流功率，其值等于直流电源输出电流平均值及其电压之积。

（3）信噪比。

信噪比是指信号与噪声的比值，常用符号 S/N 来表示，它等于输出信号电压与噪声电压之比，用 dB 表示，即

$$\frac{S}{N} = 20\lg\frac{U_o}{U_i}(dB)$$

放大器本身噪声大小，还可以用噪声系数来衡量，它的定义是：

$$N = \frac{输入端性噪声比}{输出端性噪比} = \frac{S_i/N_i}{S_o/N_o}$$

（4）频率响应。

频率响应即有效频率范围，它是用来反映放大器对不同频率信号的放大能力。放大器的输入信号是由许多频率成分组成的复杂信号，由于放大器存在着阻抗与频率有关的电抗元件及放大器本身的结电容等，使放大器对不同频率信号的放大能力也不相同，从而引起输出信号的失真。频率响应通常用增益下降 3 dB 以内的频率范围来表示。一般的高保真放大器为了能真实地反映各种信号，其频率响应通常应达到几赫兹到几十千赫兹宽度。如图 1.2.19 所示。

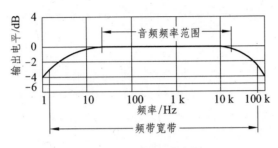

图 1.2.19　频率响应图

理想的频率响应在通频带内是平直的，即放大器的输出电平沿频率坐标的分布近似于一条直线。直线平直，说明放大器对各频率分量的放大能力是均匀的，虽然人的听觉范围是 20 Hz ~ 20 kHz，但为了改善瞬态响应和如实地反映各种声频信号的特点，对放大器往往要求有更宽的频率带宽，例如，从 10 Hz ~ 100 kHz 频带内不均匀度应小于 10 dB。总之，功率放大器频带越宽越好。

（5）放大器的失真。

音频信号经过放大器之后，不可能完全保持原来的面貌，这就称为失真。失真的种类很多，除了上述的频率失真以外，还有谐波失真、相位失真、互调失真和瞬态失真等。其中最主要的是谐波失真。

① 谐波失真。

谐波失真是指信号经放大器放大后输出的信号比原有声源信号多出了额外的谐波成分。它是由放大器的非线性引起的。其定义为

$$HD = \frac{\sqrt{U_{2f_0}^2 + U_{3f_0}^2 + \cdots}}{U_{1f_0}} \times 100\%$$

式中，U_{1f_0} 为输出信号基波电压的有效值；U_{2f_0}、U_{3f_0} 为输出信号的二、三次谐波电压的有效值；HD 为总的谐波失真系数。

二次谐波失真波形如图 1.2.20 所示。谐波失真系数越小越好，它说明了放大器的保真度越高。高保真放大器的谐波失真应小于 10%。

（a）输入正弦波信号　　　　　（b）二次谐波信号　　　　　（c）合成信号

图 1.2.20　二次谐波失真波形

虽然各声道谐波失真量不同，但大体规律是相同的。频率在 1 kHz 附近，谐波失真量最小；高于或低于 1 kHz 时，谐波失真量最大；在 1 kHz 以上时，谐波失真随频率的增高明显急剧增大。

② 相位失真。

相位失真是指音频信号经过放大器以后，对不同频率信号产生的相移的不均匀性，以其在工作频段内的最大相移和最小相移之差来表示。相位失真与瞬态响应及瞬时互调失真都有着密切的关系。对于高保真放大器，要求其相位失真在 20 kHz 范围内应小于 5%。

③ 互调失真。

互调失真也是非线性失真的一种。声音信号是由多频率信号复合而成的，这种信号通过非线性放大器时，各个频率信号之间便会相互调制，产生新的频率分量，形成所谓的互调失真。因此，在选用放大器时，一定要注意放大器的非线性指标，尽量选用线性好的放大器，从而克服互调失真的影响。

④ 瞬态互调失真。

瞬态互调失真是指晶体管放大器由于采用了深度大回环负反馈而带来的一种失真。由于深反馈信号跨越了两级以上的放大电路，而两级间存在着电容 C，当放大器输入一个持续时间非常短的瞬态脉冲信号时，由于电容 C 充电带来的滞后作用，使输出端不能及时得到应有的输出电压，输入端也不能及时得到应有的负反馈。在此瞬间，输出级瞬时严重过载，输出信号的波峰将被消去，从而引起失真。

（6）动态范围。

放大器的动态范围通常是指它的最高不失真输出电压与无信号时的输出噪声电压之比，用 dB 来表示。而信号源的动态范围是指信号中可能出现的最高电压与最低电压之比，用 dB 来表示。显然，放大器的动态范围必须大于输入信号源的动态范围，才能获得高保真的放大效果。动态范围越大，放大器的失真越小。

（7）分离度。

立体声的分离度即左右声道串通衰减，是指放大器中左、右两个声道信号相互串扰的程度，单位为 dB。如果串扰量大，亦即分离度低，则会出现声场不饱满，立体感将被减弱等现象，重放音乐的效果差。

（8）阻尼系数。

阻尼系数是指放大器对负载进行电阻尼的能力，是衡量放大器内阻对扬声器所起阻尼作用大小的一项性能指标。大功率音箱低音单元工作在低频大振幅状态时（尤其是谐振频率附近），扬声器本身的机械阻尼已无法消除音箱所产生的共振，从而使音箱的瞬态特性变坏，音质出现拖泥带水，层次不清和透明度降低等现象。为了消除这些现象，可以利用减小放大器的内阻，使扬声器共振时音圈产生的感生电动势短路，由此产生的短路电流能抑制扬声器的自由振动，从而起到阻尼作用。

我们把功率放大器的额定负载阻抗 R_i 与输出内阻 R_o 之比称为阻尼系数，用 F_d 表示：

$$F_d = R_i/R_o$$

阻尼系数的大小会影响扩音设备重放的音质。阻尼系数越大，对扬声器的抑制能力就越强。高保真扩音机的阻尼系数应在 10 以上。但 F_d 值也不是越大越好，而是要适当。不同的

扬声器有着不同的 F_d 最佳值，一般都在 15 ~ 100。

3. 变压器耦合甲类功率放大器（甲类单管功率放大器）

甲类功率放大器与一般放大器所不同的是其负载不是直接接在晶体管的集电极上，而是通过变压器接入的。电路如图 1.2.21 所示。甲类功率放大器的电路结构和工作原理比较简单，我们主要讨论甲类功率放大器的效率。由于单管甲类功率放大器电源供给的电流是以静态电流 I_{CQ} 为中心上下变化的，其平均值为 I_{CQ}，电源电压为 V_{CC}，所以电源提供的功率为 $V_{CC} \cdot I_{CQ}$，最大的正弦波功率则为 $V_{CC} \cdot I_{CQ}/2$，其放大器的效率为

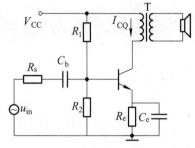

图 1.2.21　甲类功率放大器

$$\eta = \frac{\frac{1}{2} I_{CQ} \cdot V_{CC}}{I_{CQ} \cdot V_{CC}} \times 100\% = 50\%$$

以上所述是理想情况下的值。实际上，由于下列原因，其效率不可能这样高。

（1）变压器的损耗。变压器初、次级各有导线电阻，它们要损耗能量；变压器的初级磁力线也不可能完全耦合到次级，存在有一定的漏磁，因此也要产生一些损耗。

（2）晶体管饱和压降也不可能为零，多少都会有一定的功率损耗。

（3）为稳定工作点，发射极引入串联负反馈电阻 R_e。R_e 也要消耗一定的能量，同时晶体管集电极到发射极之间的电压也要降低。

考虑到以上因素的影响，甲类功率放大器实际效率只能达到 30% 多一点。所以，甲类功放的效率是比较低的。另外，像其他放大器一样，甲类功率放大器也同样存在有各种失真：

（1）输出特性非线性引起的失真。放大器在小信号工作时，问题不大；但当大信号工作时，晶体管输出特性的非线性失真就不可忽视了。解决的办法应该是选用电流放大系数 hfe 线性较好的功率管和合理安排设计负载线，使其在大信号工作时，非线性失真减小。

（2）输入电阻和信号源内阻引起的失真。晶体管输入电阻随信号大小变化也略有变化，由此会引起输出信号的失真；信号源内阻大也会引起失真。克服的办法是合理设计电路，尽量采用电阻较大的扬声器。

（3）削波失真。当输出信号超出一定范围时，晶体管进入饱和区或截止区，晶体管失去放大作用而出现削波失真。所以在设计功率放大器时，必须留有充分的功率裕量，以减小削波失真。

（4）输出变压器引起的失真。这种失真主要是因变压器铁芯的 H-B 曲线的非线性引起的。所以，现在人们更喜欢使用无输出变压器的 OTL、OCL 放大器。

当然，甲类功放也有它的优点，它有比较好的表现力，音色细腻，平滑流畅，不存在开关失真和交越失真。

4. 乙类推挽功率放大器

从功率消耗的角度来说，单管放大器的效率是比较低的。如果将输入信号一分为二，分别由两只功率管来放大。其中一只管子专门放大波形的上半周，另一只管子放大波形的下半

周，然后将上下两半周信号分别加到负载上去，使之合成为一个波形，这样就可以兼顾功耗与波形失真的问题，如图 1.2.22 所示。

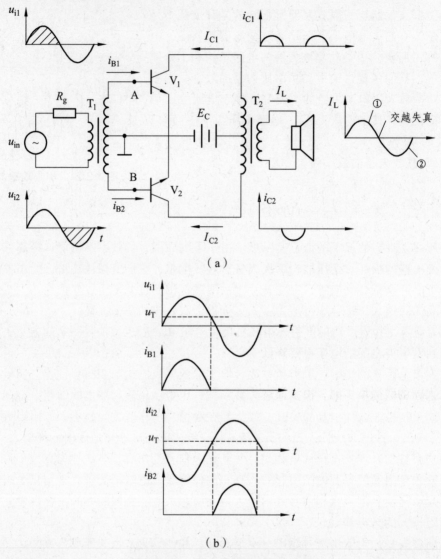

图 1.2.22　乙类推挽功率放大器

信号通过输入变压器 T_1，转换成为两个幅度相等，极性相反的信号，两只晶体管分别将其放大，然后在 T_2 上合成。这里信号的正负半周之间出现了无信号的过渡区，这样输出的合成信号就与原输入信号之间产生了失真，这种失真称为交越失真。交越失真是乙类推挽功率放大器较为明显的问题。另外，由于输入、输出都用了变压器耦合，这样会使放大器体积、重量都较大，而且其漏电感、分布电容及杂散磁场等，都会对信号产生干扰和影响，损耗增大，效率降低。所以，目前的功率放大器大都采用无输出变压器的电路，即 OTL 电路。

5. OTL 功率放大器

OTL 功率放大电路属于互补推挽电路的一种，基本工作原理电路如图 1.2.23 所示。

46

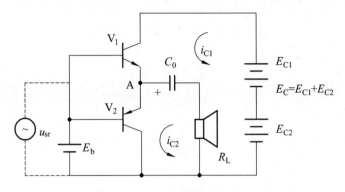

图 1.2.23　OTL 功率放大电路

在这个电路中，两个不同极性的三极管组成了互补推挽功放电路。输入信号 u_{sr} 加于电路输入端，即两互补管的基极。对于 u_{sr} 的正半周 V_1（NPN）管导通而 V_2 管截止，产生电流 i_{C1} 从左向右流经负载 R_L；对于 u_{sr} 的负半周，V_1 截止而 V_2 导通，产生电流 i_{C2} 从右向左流经负载 R_L，从而在负载 R_L 上得到一个完整的放大了的输出信号。V_1、V_2 分别在输入信号的作用下，轮流导通和截止，使电路处于推挽工作状态，C_0 则分别工作在充电和放电的状态。由于这个充放电时间很短，且 C_0 的容量很大，所以 C_0 上的电压基本保持不变。

C_0 的选择往往与扬声器 R_L 的阻抗和放大器的工作下限频率 f_L 有关，一般要求：

$$C_0 \geqslant \frac{10^6}{2\pi f_L R_L} \quad (\mu F)$$

当放大器的级数增多时，由于各级对低频的衰减会增加，C_0 的值还要取大一些，一般为 $470 \sim 2\,200\ \mu F$。

上述分析是假设互补管基极接有偏置电压 U_b 的条件下进行的。而实际电路中，还增加了自举电路、复合管及各种补偿电路等，如图 1.2.24 所示为 OTL 功率放大电路，输出功率 20 W。

该电路为一典型的 OTL 放大器的实际电路。图中 V_7、V_8 为前置激励级，$V_{10} \sim V_{13}$ 构成准互补复合输出级，工作接近于乙类状态。V_9 用来为输出级提供稳定的静态偏置，以减小交越失真。该电路的特点：

（1）通过 R_{31} 从输出中点 O 经 V_{11} 的发射极引入 100% 的直流负反馈信号，能使输出中点的电压稳定。

（2）利用 V_9 作恒压偏置，既能使输出级获得稳定的静态偏置，又能得到适当的补偿。

（3）V_{12}、V_{13} 的基极各串了一个电阻（R_{39}、R_{41}），可改善大功率管的输入特性，降低失真。

另外，R_{26} 可调节功放级输出端 O 点的直流电压，使 O 点电压为电源电压的一半。R_{34} 决定了 V_{12}、V_{13} 的集电极静态电流的大小。通常该电流为 $10 \sim 20$ mA，或控制 V_9 集电极与发射极之间的电压为 1.8 V 左右。R_{30} 可调节整个放大器的增益，使之达到指标。R_{34} 可调节功率输出级的交越失真，使交越失真达到最低程度。R_{37} 可调节两只功率输出管的平衡，使输出波形达到正负半周相等。

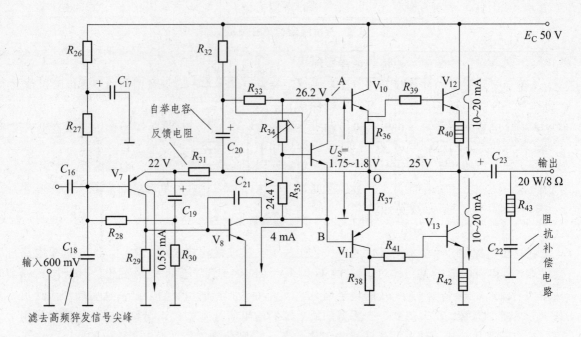

图 1.2.24　20 W OTL 功放电路

6. OCL 功率放大器

OTL 电路比变压器耦合电路有了很大的改进，但从高保真的角度看，仍有许多不足之处。主要表现为瞬态互调失真大，开环增益指标差，稳定性不好，谐波失真大以及有残留交流声等。这些缺点是由于电路中的电抗元件和电路的不对称引起的。

为了避免 OTL 电路中输出电容如图 1.2.24 中所示 C_{23} 对电路造成的不良影响，现在，在音频功率放大器中普遍采用无输出电容电路，即 OCL 电路，又称直接耦合互补倒相功率放大器。其基本电路模型如图 1.2.25 所示。

该电路采用对称的正、负两组电源供电，使两只互补功放管能够轮流工作。其工作原理与 OTL 电路的相同。省去输出耦合电容以后，OCL 电路输出的中点电位不再是 $E_C/2$，而是零电位。因为这时输出与扬声器是直接耦合，若输出级中点电位不为零的话，将有直流流入扬声器，使音圈偏离中点，产生额外的失真，严重者将烧坏扬声器。所以 OCL 电路的中心点必须确保直流零电位。

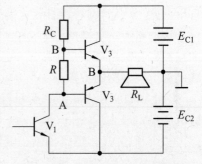

图 1.2.25　OCL 功放电路模型

同时，由于电路采用了正、负两组电源供电，省去了输出电容，使低频端没有了衰减，低频端可以一直延伸到 10Hz 以下，其电声指标大大超过了 OTL 电路。

由于 OCL 电路各级晶体管间均采用直接耦合，温度的变化，电源电压的波动，都会产生零点漂移现象，使 OCL 电路输出端中点产生偏离，使电路性能恶化，因此，OCL 电路往往在前级采用温度稳定性较好的差动放大电路来克服零点漂移现象的产生，如图 1.2.26 所示。

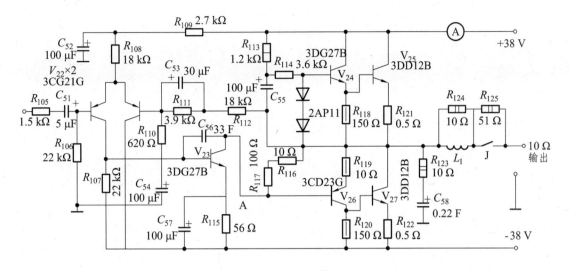

图 1.2.26　OCL 功放电路

OCL 电路减少了一个输出电容，使低频响应和失真度有了改进，但其他电容的影响仍然和 OTL 电路一样，其中反馈电容（如 C_{53}）对稳定性的影响更大，在开、关机瞬间会造成中点电位瞬间偏离零点，产生一个强冲击电流。为防止此冲击电流烧坏扬声器，有的电路增加了延时通断继电器。

OCL 电路的电源对称性比 OTL 电路的好，噪声和交流声极小，但激励电平仍是不平衡的。需从以下几个方面改进其电声性能：

（1）尽量减小大环路负反馈量，而增大每一级的内部反馈量。

（2）用特征频率 f_T 为几百到几千兆赫兹的超高频中功率管作末前级和前级电压放大，这样就有可能去掉中和电容或减小中和电容的数值，以减小瞬态互调失真的发生。

（3）提高电路的对称性，如前级用甲类或推挽放大，平衡激励，采用全互补输出管等。

（4）设法使电抗元器件减至最少，必须存在的电感元件要加均衡补偿。

（5）必要时限制前级的高频通带，使功放级的频响范围宽于前级放大器的频响范围。

7. DC 功率放大器

针对 OTL 和 OCL 电路的缺点，近年来在大功率放大器中较多采用全对称的 OCL 电路，亦称 DC 电路，DC 电路是在 OCL 电路基础上改进而成的，DC 是表示该电路的低频响应可以一直扩展到"直流"的意思，把 OCL 电路的输入放大级改成互补差分放大器，以实现全对称的平衡激励，输出电路仍用 OCL 的形式，就成了 DC 放大器，如图 1.2.27 所示。

DC 电路由于去掉了输出电容、自举电容和反馈电容，使这些电容的不良影响随之消除，其瞬态指标比 OCL 电路高。如果把四个互补差分管集成在一块硅片上，并选用对称性良好的激励管和输出管，性能还可以进一步提高。

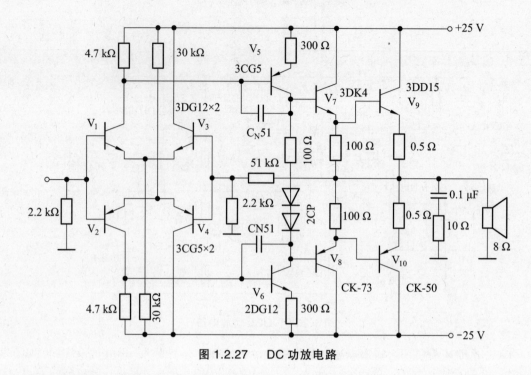

图 1.2.27 DC 功放电路

8. BTL 功率放大电路

BTL 电路是一种平衡式无变压器电路。该电路在电源电压、负载不变的情况下，使输出功率提高到 OCL 电路的 4 倍，而且由于良好的平衡性和对称性，其失真度和稳定性都获得进一步的改善，如图 1.2.28 所示。

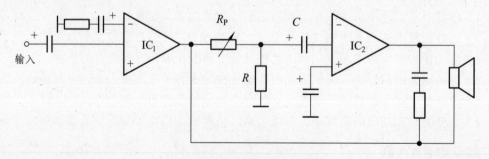

图 1.2.28 自倒相 BTL 电路

它利用 IC_1 的输出信号，经过电位器 R_P 和 R 分压，由 C 耦合至 IC_2 的反相输入端。调节 R_P 使两个集成电路的输出电压相等。BTL 电路的缺点是输出端不能接地，给电路测试带来困难。

BTL 电路与 DC 或 OCL 电路相比具有下列优点：

（1）由于电路的高度对称性以及共模反馈的引入，同相干扰基本抵消，偶次谐波减到了最低程度，交流声极小，失真度低。

（2）电源利用率高，输出功率大。

（3）扬声器中心始终保持零电位，电冲击比其他无变压器电路小得多。

（4）共模抑制比很高，使稳定性有较大的提高。

9. 超甲类功率放大器

超甲类功率放大器是指无截止状态的功率放大器，是为完全消除甲乙类和乙类的交越失真而出现的一种新型功率放大器。它能使放大器兼有甲类不截止和乙类效率高的优点。采用的关键技术是动态偏置，即在无信号或信号小时，偏置电压小，静态电流也小；当信号增大时，随着偏置电压增大，管子的 I_{CO} 也随着增大。当 I_{CO} 上升到相当于甲类状态时，管子的截止角就会等于零。

如果随着输入信号发生变化，做到晶体管总不截止，这样推挽管正负两半周的合成就如同甲类放大器一样，总是在不截止的状态下进行的。因此，也就不会产生交越失真和开关失真。末级实现超甲类偏置后，失真显著减小。同时，为发挥其特点，对前置级的要求更高，前置级应具有低噪声和高稳定性等特点。OCL 超甲类放大器如图 1.2.29 所示。

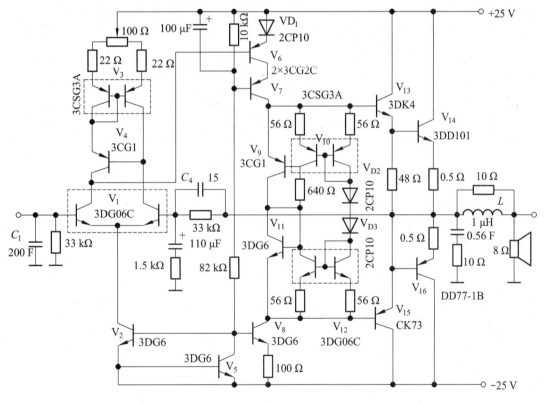

图 1.2.29　超甲类 OCL 放大器

1.3　情境决策与实施

根据实用低频功率放大器设计任务要求分析可知，该电路在设计中主要为低频模拟系统，适用于"自底向上"设计思想与设计流程，在设计过程中主要包含系统方案论证与选取、单元电路设计与参数工程近似计算以及电路装配调试等步骤。

1.3.1 低频功率放大器参考方案论证与选取

根据低频功率放大器设计任务要求和给定条件，分析所要设计电路应完成的功能，并将总体功能分解成若干单元，分清主次和相互间关系，形成若干单元功能模块组成的总体方案。

结合任务书基本要求与发挥要求。该命题给定的条件为输入信号为正弦波，信号幅度为 5~70 mV，输出等效阻抗值为标准 8 Ω，实现并制作具有微弱信号放大能力的低频功率放大器。从给定条件和实现结构分析可见设计需求简单理解为类似音频功率放大器设计，即正弦波输入信号为音频信号，等效负载电阻为 8 Ω 的标准扬声器。对于音频功率放大器教学过程中经典范例较多，所涉及的知识范围也较窄，设计难度相对较低。

在主要技术指标中额定输出功率要求为 $P_{OR} \geqslant 10$ W。在设计中我们就必须要关注整机增益为多少，即放大器放大了多少倍。在任务书中对于直流供电电压没做相应的要求，分析计算整机增益相对较为灵活。选定设计输出功率为 $P_O = 15$ W，负载等效电阻要求为 8 Ω，可计算输出正弦波幅值为

$$V_{om} = \sqrt{2 \cdot P_O \cdot R} = \sqrt{2 \times 15 \times 8} = 15.4919 \approx 15.5 \text{ V}$$

输入信号为正弦波 5~70 mV，计算整机增益取最小极限值电压 5 mV，那么整个放大器的信号放大通道的电压增益为

$$A_u = \frac{V_{omax}}{V_{imin}} = \frac{15.5}{5 \times 10^{-3}} = 3\,300 = 20\lg 3\,300 = 70.37 \text{ dB}$$

带宽要求 ≥50~10 000 Hz，其响应频率在音频 20 Hz~20 kHz 范围内，而对于典型音频功率放大器，在设计过程中根据适用不同人群人耳对高低音频响应进行了优化，其响应频率一般为 200 Hz~10 kHz。由于放大器存在着阻抗与频率有关的电抗元件及放大器本身的结电容等，使放大器对不同频率信号的放大能力也不相同，从而引起输出信号的失真。对于带宽要求是此任务的一个设计难点，特别是低频响应频率 $f_L = 50$ Hz，对后面的电路设计如耦合方式选择和滤波特性参数设置等带来了一定的难度。

此任务目标明确，设计重点与难点均为功率放大器，在方案论证中以功率放大器为重点论述几种常见实现方案。

1.3.1.1 甲类功率放大器方案

甲类功放输出级中晶体管永远处于导通状态即线性放大状态，甲类功放的工作方式具有最佳的线性，每个输出晶体管均放大讯号全波，完全不存在交越失真（Switching Distortion），即使不施用负反馈，它的开环路失真仍十分低，因此被称为是声音最理想的放大线路设计。

使用甲类功率放大器方案系统框图如图 1.3.1 所示。在本方案中电源降压变压器选用具有多绕组输出音频功率放大器使用的环形变压器，输出交流 ±12 V、28 V 三个绕组，其中 ±12 V 绕组经整流、滤波稳压形成直流电压 ±12 V 供功率放大器前级所有电路使用，交流 28 V 整流、滤波后供功放级使用。在本设计方案中功放级为高电压、大电流，对变压器交流 28 V

输出电流要求相对较高，要求变压器输出功率相对较大。

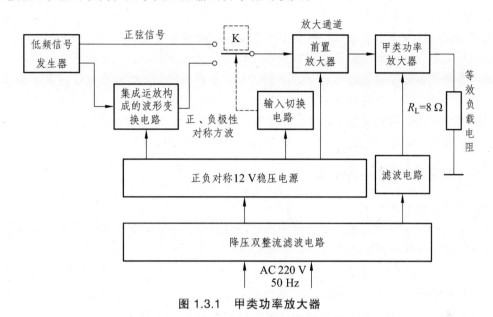

图 1.3.1　甲类功率放大器

低频信号发生器在本设计任务中没作设计要求，采用低频函数信号发生器作为信号源能满足需要。

输入切换电路采用单刀双置开关完成输入信号切换。

对于功率放大器通过分析计算整机增益极限要求 ≥70.37 dB，电压放大倍数相对较高，而对于功率放大为大电流、高输出电压，放大器件自身放大倍数相对较低，为满足要求，功率放大器分为前置低放与功放两部分组成。前置低放主要完成电压增益放大，甲类功放级主要完成电流增益放大。两部分共同实现总功率放大。

甲类功率放大原理如图 1.3.2 所示，图中，u_{in} 为前置低频信号放大器输出信号，R_s 前置低频信号放大器输出电阻，C_b 为极间耦合电容，T 为输出变压器。该电路原理较为简单，分析方法与小信号低频放大器类似，在此不再分析。

甲类功放是重播音乐的理想选择，它能提供非常平滑的音质，音色圆润温暖，高音透明开扬等优点。但这种设计有利有弊，甲类功放最大的缺点是效率低，理论效率极限为 50%，考虑其他各级的功率损耗，实际效率更低，因为无信号时仍有满电流流入，电能全部转为高热量。当信号电平增加时，有些功率可进入负载，但许多仍转变为热量。而在本设计任务中要求其效率 ≥55%，不能满足任务需求。

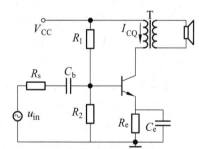

图 1.3.2　变压器输出甲类功率放大器

1.3.1.2　集成功率放大器方案

使用集成功率放大器，系统结构框图如图 1.3.3 所示。框图结构与甲类功率放大器基本相同，主要不同点在于功率放大器选用集成功放来实现。

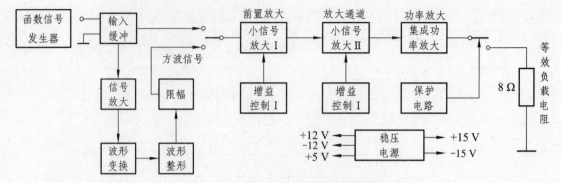

图 1.3.3　集成功率功率放大器框图

音频功率放大器应用较为广泛，优质集成音频功率放大器选择较多。例如而今市面上常见的 Hi-Fi 集成功放，主要是以下 3 家公司的产品：

美国国家半导体公司(NSC)，代表产品有 LM1875、LM1876、LM3876、LM3886 和 LM4766等；荷兰飞利浦公司（PHILIPS），代表产品是 TDA15XX 系列，比较著名的是 TDA1514 及TDA1521 等；意-法微电子公司(SGS)，比较著名的是 TDA20XX 系列及 DMOS 管的 TDA7294、TDA7295 和 TDA7296 等。NSC 公司与 SGS 公司的产品音色中性偏暖，飞利浦公司的产品则较为明亮。

集成功放使用的外围元件不多，应精选优质品。耦合电容以 MKP 为佳，不宜使用电解，较大容量的旁路电容可使用钽电解，小电容使用 CBB 或 MKP。电阻尽量使用五环金属膜的，功率不能小于 1/4 W，有条件使用的 1/2 W。在装机前应对元件进行检查，注意误差与配对性。不要盲目追求进口补品，补品元件性价比低，况且假货很多。

功放线路布局要遵循 3 个原则：① 一点接地。集成电路地、输入地及输出地都要单独接到滤波电容地的"一点"上，不要任意搭接，以免引入噪声。② 大小信号分离。即输入信号应远离输出信号及电源，具体设计印板时，有两种方法，一种是信号单一流向法，即信号自印板一端输入，另一端输出；另一种是地线隔离法，即大小信号间用地线隔离。③ 传输屏蔽。传输小信号的线一定要用屏蔽线，并将屏蔽层单端接地。其他方面，如元件对称布局，加大地线面积，增加大电流铜箔宽度（甚至上锡等）也对减小噪声有利。

由于当今数字音源的输出电压摆幅已足以达到大部分集成功放的输入灵敏度，所以，应用中前级只需起缓冲、音量控制与音色调配的作用。常用的前级有 2 类，一类是运放型前级，它的指标较高，音质较好，但须用优质电位器；另一类是由专用音量音调集成电路构成的前级，如 LM1036 和 LM4510、TDA1524 等，它们成本低廉，简单易制，使用普通电位器不影响音质，效果也令人满意，使用集成音频功率放大器电路结构简单，调试方便，使用范例参数可直接查找器件手册。

例如 LM3886 集成功放，封装及内部电路如图 1.3.4 所示。M3886TF 是美国 NS 公司推出的新型的大功率音频放大集成电路，在额定工作电压下最大可达 68 W 的连续不失真平均功率，同样具有比较完善的过压过流过热保护功能，最可贵的是它具有自动抗开关机时的电流冲击的功能，使扬声器能够安全的工作。

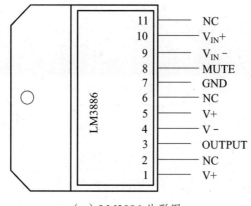

（a）LM3886 外形图

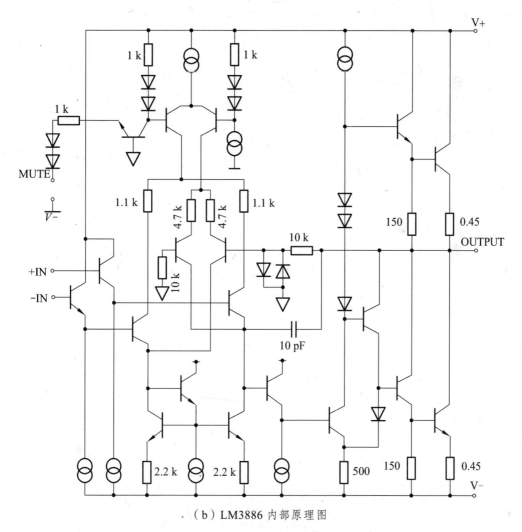

（b）LM3886 内部原理图

图 1.3.4　LM3886 集成功率放大器

LM3886 主要电气参数为：LM3886 在 V_{CC}、V_{EE} 为 ±28 V、4 Ω负载时能达到 68 W 的连续平均功率，在 V_{CC}、V_{EE} 为 ±35 V，8 Ω负载时能达到 50W 的平均功率，具有较宽的电源电压范围为 20～94 V 其主要参数如表 1.3.1 所示。

表 1.3.1　LM3886 主要参数

参数	最小值	典型值	最大值	单位
电源电压（双电源）	±10	±15	±42	V
静态电流（$P_o = 0$ W）	30	50	85	mA
输出功率	60	68	135	W
增益带宽	2	8		MHz
开环电压增益	90	115		dB
转换速率	8	19		V/μs
信噪比	92.5	110		dB
输出电流		7	11.5	A
THD +N	0.03	0.05	0.06	%

由 LM3886 集成音频功率放大器构成的电路较多，典型电路如图 1.3.5 所示，此图为 LM3886 生产厂商提供的典型应用电路，使用时根据设计任务需求修改元器件参数即可。

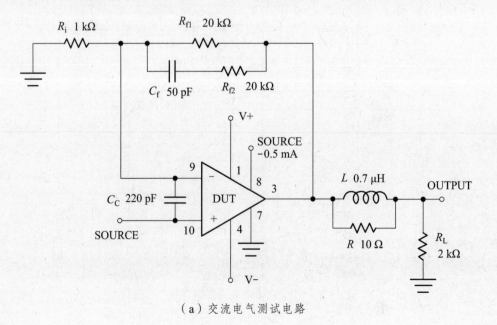

（a）交流电气测试电路

56

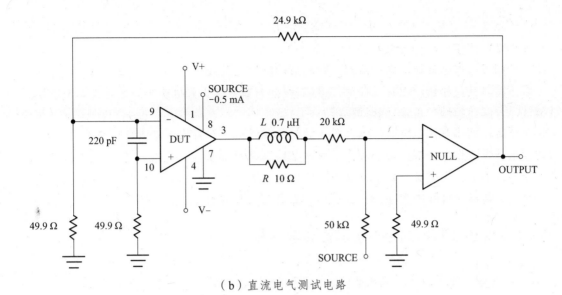

（b）直流电气测试电路

图 1.3.5　LM3886 典型应用电路

1.3.1.3　OCL 互补推挽功率放大器方案

所谓的 OCL 电路是无输出电容直接耦合的功放电路，由 1 只 PNP 三极管和 1 只 NPN 三极管组成的互补推挽放大电路，他的输出级直接与负载耦合，OTL 电路则是在输出级加上 1 只电解电容，OCL 电路中 NPN 在上 1 PNP 在下，当输入的信号为正弦波的上半周时 NPN 管导通放大，PNP 截止，下半周时相反，这种电路的难点在于两个输出波形的衔接问题，不然的话它会出现失真。

同时，由于电路采用了正、负 2 组电源供电，省去了输出电容，使低频端没有了衰减，低频端可以一直延伸到 10 Hz 以下，其电声指标大大超过了 OTL 电路。

由于 OCL 电路各级晶体管间均采用直接耦合，温度的变化，电源电压的波动，都会产生零点漂移现象，使 OCL 电路输出端中点产生偏离，使电路性能恶化，因此，OCL 电路往往在前级采用温度稳定性较好的差动放大电路来克服零点漂移现象的产生。

1.3.1.4　方案比较与选取

本情境任务实现的核心是功率放大器的设计，通过情境咨询典型放大电路分析与识读中介绍，实现低频功率放大器方案较多，经典电路选择余地较大，本文中只简单论述了实现的 3 种方案。

在这 3 个方案中，方案一功放的核心是采用甲类功率放大器，具有电路结构简单、信号失真度小以及保真度较高等优点，但其缺陷是成本较高、发热量较大、成品体积大且效率较低，其中最主要的是效率较低，实际中采用甲类功率放大器，其效率在 30% 左右，远低于课题任务效率要求的 55% 以上。在本设计中不选用。

方案二选用 OCL 互补推挽功率放大器，由于电路采用了正、负 2 组电源供电，省去了输出电容，使低频端没有了衰减，低频端可以一直延伸到 10 Hz 以下，在设计中只要合理处理前置放大器的频率响应，其通频带指标将远优于任务要求。采用推挽方式，其效率设计合理的情况下可达70%以上，电路失真相对较小，适用于本系统设计，但电路相对较为复杂，在电路调试、参数测试以及元器件参数调整时容易导致电路损坏。

方案三选用集成音频功率放大器作放大核心电路，由于集成音频功率放大器型号较多，性能优越，设计结构合理，集成器件选择余地较大（如使用方案论证中的 LM3886 或者 LM1875 均可实现），外围电路简单，调试方便，且一般集成功放都能达到技术指标要求。

在本设计中选用方案三来实现低频功率放大器的设计。

1.3.2 单元电路范例设计与参数工程近似计算

在电路设计中，首选的设计方法是靠经验和示范电路。但是，经验和示范电路仅仅是在一定范围内有效的，当外部环境和前级带载能力发生了变化、输出端拉动的负载发生了变化、器件的封装形式发生了变化或电源供应发生了变化等，都会带来对原电路的影响。通过工程计算，将对电路工作状态可能产生影响的关键因素考虑进去，通过严密的容差设计逻辑推理，将器件选型的参数圈定在可控的范围，并发现可能引起问题的关键参数点，实现对所设计电路的余量和风险受控于最佳的状态。将数学与电路设计结合好了，才是一位优秀的工程师。

1.3.2.1 功率放大器设计与参数计算

通过分析比较，在方案论证中选取使用低频集成功率放大器作为功放电路设计的核心，集成功放器件选型主要需注意以下几点：器件性能参数必须满足设计指标要求；外围电路结构简单；性价比要高；具有一定的保护措施；工作稳定性好；通用性强等。常用的集成功率放大器主要有 LM3886、LM386-4、LM2877、TDA1514A 和 TDA1556 等，通过查阅相关器件厂家 PDF 文件，其主要参数如表 1.3.2 所示。

表 1.3.2 常见集成运算放大器主要参数

型号	LM386-4	LM2877	TDA1514A	TDA1556	LM1875
电路类型	OTL	OTL（双）	OCL	BTL（双）	
电源电压范围/V	5.0~18	6.0~24	±10~±30	6.0~18	15~60, ±30
静态电流/mA	4	25	56	80	50
输入阻抗/kΩ	50		1000	120	
输出功率/W	1 $V_{CC}=16$ V $R_L=32$ Ω	4.5	48 $V_{CC}=\pm23$ V $R_L=4$ Ω	22 $V_{CC}=14.4$ V $R_L=4$ Ω	30
电压增益/dB	26~46	70（开环）	89（开环） 30（闭环）	26（闭环）	26（开环）
频带宽/kHz	300 （1、8开路）		0.02~25	0.02~15	
增益带宽积/kHz		65			
总谐波失真/%	0.2%	0.07%	−90 dB	0.1%	0.015%
市场售价/元	4	12	24	14	8

由主要参数如表 1.3.2 所示，LM386-4、LM2887 集成功放输出功率较小，不能满足设计任务要求，不能选用；TDA1514A、TDA1556 外围电路较为复杂，电路参数设置不当容易产生自激，且成本相对较高，性价比相对较差，不能选用；LM1875 采用 TO-220-5 封装结构，形如一只中功率管，如图 1.3.6 所示。体积小巧，外围电路简单且输出功率较大，该集成电路内部设有过载过热及感性负载反向电势安全工作保护。

LM1875 是一款功率放大集成块。是美国国半公司研发，它在使用中外围电路少，而且有完善的过载保护功能。它为 5 针脚形状：1 针脚为信号正极输入，2 针脚为信号负极输入，3 针脚接地，4 针脚电源正极输入，5 针脚为信号输出。

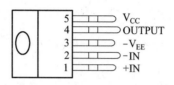

Package	Ordering Info	NSC Package Number
For straight Leads	LM1875T SL108949	TO5A
For Stagger Bend	LM1875T LB03	TO5D
For 90' Stagger Bend	LM1875T LB05	TO5E
For 90' Stagger Bend	LM1875T LB02	TA05B

（a）LM1875 外形图与封装

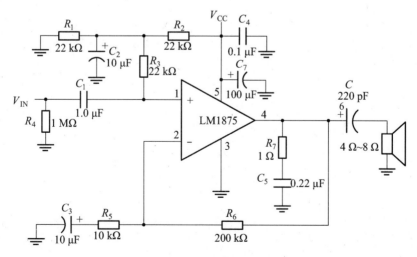

（b）标准范例应用

图 1.3.6 LM1875 集成功率放大器

根据任务要求，对 LM1875 厂家提供的标准范例应用电路进行调整修改得到功率放大器原理电路图，如图 1.3.7 所示。

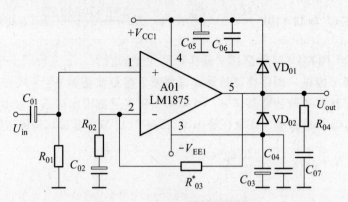

图 1.3.7　LM1875 功率放大器

电路中，R_{02}、R_{03} 组成反馈网络；C_{02} 为低频滤波电容，与 LM1875 可形成有源滤波，滤除输出低频噪声；R_{01} 为输入接地电阻，防止输入开路时引起的感应噪声；C_{01} 为输入耦合电容；VD_{01}、VD_{02} 为保护二极管；R_{04}、C_{07} 组成 RC 滤波网络，是输出退耦电路，防止产生高频自激；C_{03}、C_{04}、C_{05} 和 C_{06} 为电源退耦电容，为负载器件的蓄能电容，避免由于电流的突变而使电压下降，相当于滤除纹波，另一方面旁路掉该器件的高频噪声。

LM1875 通过表 2.1.1 可知其开环增益为 26 dB，即电压放大倍数为 20 倍，要求负载等效电阻 8 Ω 输出功率为 $P_O \geqslant 10$ W，则输出最大不失真电压 V_{om} 为

$$V_{om} = \sqrt{2R_L \cdot P_o} = \sqrt{2 \times 8 \times 10} = 12.65 \ (\text{V})$$

因 LM1875 输出为推挽状态，输出管工作在甲乙类，管压降工程近似取值为 2 V，则单边供电电压为

$$V_{CC} = V_{om} + 2 = 12.65 + 2 = 14.65 \ (\text{V})$$

负电源 V_{EE} 与之相同。取电源电压为 ±15 V 即可满足功率输出要求。

输出最大不失真电流 I_{cm} 为

$$I_{cm} = \sqrt{2P_o / R_L} = \sqrt{2 \times 10 / 8} = 1.581 \ (\text{A})$$

最大不失真输出功率 P_{on} 为

$$P_{on} = 2V_{CC} \cdot I_{cm} / \pi = 2 \times 15 \times 1.581 / \pi = 15.1 \ (\text{W})$$

其效率为

$$\eta = (P_o / P_{on}) \times 100\% = (10/15.1) \times 100\% = 66.2\%$$

通过本级指标计算，可得到对前级信号输入幅值要求，即前置放大器输出幅度要求参数指标。功放输出最大不失真为 12.65 V，可计算得到双电源供电情况下输出峰-峰值电压

$V_{\text{op-p}}$ 为

$$V_{\text{op-p}} = 12.65 \times 2 = 25.3 \text{ V}$$

LM1875 功率放大器开环增益为 26 dB，在本电路中结为闭环状态，电压增益大小由 R_{02}、R_{03} 组成的反馈系数决定，调整 R_{02}、R_{03} 关系可改变输出大小。计算时取电压增益为 10，则输入信号的峰-峰值电压为

$$V_{\text{ip-p}} = V_{\text{op-p}} / A_{\text{u}} = 2.53 \text{ V}$$

1. 主要电路元件参数近似计算

电压增益开环状态为 26 dB，即放大倍数 20 倍，闭环状态放大倍数取中间值为 10 倍，R_{02}、R_{03} 电阻阻值比例关系为 10 倍关系，为保证高输入阻抗，R_{02} 直接取值为 2 kΩ，则 R_{03} 阻值为 20 kΩ。由于集成功放 LM1875 器件个体差异，在安装调试时为保证最大不失真输出功率满足任务要求和功率裕量，R_{03} 选择为 47 kΩ 的 3296 精密可调电位器进行调整，达到指标后更换为 E24 系列固定电阻。

C_{03}、C_{04}、C_{05} 和 C_{06} 为电源退耦电容，其中 C_{03}、C_{05} 为低频退耦，主要目的是低频纹波滤波电容，其估算公式为

$$C = I_C t / \Delta V_{\text{ip-p}}$$

式中，$\Delta V_{\text{ip-p}}$ 为直流稳压电源输出纹波电压峰-峰值，由于功率放大器输出电流随输入信号变化较大，电源电压变化率较高，其值大小由电源供电的纹波电压与稳压系数决定，在一般功放设计中不稳压，$\Delta V_{\text{ip-p}}$ 其值也就相对较大；t 为电容 C 的放电时间，$t = T/2 = 0.01 \text{ s}$；I_C 为滤波电容 C 的放电电流，一般取值为 $I_C = I_{\text{omax}}$，其耐压值应大于 $\sqrt{2}V_{\text{CC}}$。在本电路中可通过仿真软件测试参数后代入公式计算结果为 $C_{03} = C_{05} \approx 220 \text{ μF}$，$C_{03}$、$C_{05}$ 电容在工程中取值为 220 ~ 1 000 μF 均可。

C_{04}、C_{06} 为电源噪声滤波电容，工程中一般取值为 0.1 μF。

C_{01} 为输入耦合电容，其取值比较关键，它将决定功率放大器能否响应指标中频带要求，特别是低频响应，耦合电容工程近似计算公式为

$$C_{01} \geqslant (3 \sim 10) \frac{1}{2\pi f_L (R_s + R_i)}$$

式中，f_L 为通频带的下限频率，在本任务中为 50 Hz；R_s 为前置放大器输出阻抗 R_o，在前置放大中采用集成运算放大器作前置放大，其输出阻抗又反馈电阻决定，其值相对较小；R_i 为本级功率放大器输入阻抗，集成运放自身阻抗较高，可近似等于 R_{01}。

R_{01} 直接取值为 10 kΩ，将参数代入可计算 C_{01} 的容量。

$$C_{01} \geqslant (3 \sim 10) \frac{1}{2\pi f_L (R_s + R_i)} = (3 \sim 10) \frac{1}{2 \times \pi \times 50 \times 10 \text{ k}\Omega} = 0.95 \sim 3.18 \text{ μF}$$

工程取值为 $C_{01} = 10 \text{ μF}$。

2. 主要元件参数（见表 1.3.3）

表 1.3.3 功率放大器电路元器件参数及功能

序号	元器件代号	名称	型号及参数	功能
1	A_{01}	集成功率放大器	LM1875	功率放大
2	C_{04}、C_{06}	电源噪声滤波电容	独石电容 0.1 μF	电源退耦滤波
3	C_{03}、C_{05}	电源滤波电容	电解 220 μF/25 V	
4	C_{10} C_{10} C_{01}	输入耦合电容	电解 10 μF/25 V	输入回路
5	R_{01}	输入接地电阻	1/8 W-10 K	
6	R_{02}	负反馈电阻	1/8 W-5 K	负反馈网络
7	R_{03}	负反馈电阻	1/8 W-20 K，以实调为准	
8	C_2	低频旁路电容	电解 47 μF/25 V	
9	VD_{01}、VD_{02}	保护二极管	肖特基或 1N4007	保护电路
10	R_{04}	RC 阻尼回路	220 Ω	防止高频自激
11	C_{07}	RC 阻尼回路	独石电容 0.1 μF	
12	$+V_{CC1}$	电源正	+15 V	电源供电
13	$-V_{EE1}$	电源负	-15 V	

1.3.2.2 前置放大器设计与主要参数计算

前置放大器作为低频功率放大器主电压增益放大级，通过前面的分析计算整个电路的主增益应该大于 70.37 dB，而由 LM1875 构成的功率放大器增益较低，其开环增益为 26 dB，为稳定输出，电路连接为闭环状态，其放大倍数取中间值为放大 10 倍。即要求前置放大器输出信号的峰-峰值电压应大于 2.53 V，而输入信号最小幅值为 5 mV，要求前置放大器放大倍数为

$$A_{u} = \frac{2.53/2}{5} \times 1\,000 = 253$$

放大倍数相对较大，采用单级放大器来实现的话容易导致电路自激，抗干扰性能差，电路稳定性与可靠性不高。在设计中为避免这种情况出现，采用多级前置放大器逐级放大来实现。

前置放大器为低频小信号放大器，实现的电路方式较多，如采用三极管、场效应管构成的多级分离放大电路或采用集成运算放大器构成的反相或同相比例运算放大器电路等均可以实现。在设计过程中为简化电路设计并提高电路的可靠性与稳定性，建议使用集成运算放大器构成前置放大。集成运算放大器选择较多，可使用 OP07、LM324、NE5532、μA741 和 LF347

等集成运放。常见集成运放参数指标如表 1.3.4 所示。

表 1.3.4 常用集成运算放大器主要参数

芯片型号		μA741（单）	OP07C	NE5532（双）	LF347（四）	LM324（四）
电源 电压	双电源	±3～±18 V	±3～±18 V	±3～±20 V	±1.5～±18 V	±18 V
	单电源	—	—	—	—	3～32 V
输入失调电压 V_{IO}		1.0 mV	250 μV	0.5 mV	5 mV	2 mV
输入失调电流 I_{IO}		20 μA	8 nA	10 nA	25 pA	5 nA
输入偏置电流 I_{IB}		80 nA ±	±9 nA	200 nA	50 pA	45 nA
开环电压增益 A_{uO}		$2×10^5$	$4×10^5$	$5×10^4$ $R_L = 600\ Ω$	$1×10^5$	$1×10^5$
输入电阻 r_{id}		2.0 MΩ	33 MΩ	0.3 MΩ	10^{12} Ω	—
单位增益带宽 BW_G		1 MHz	0.6 MHz	10 MHz $R_L = 600\ Ω$	4 MHz	1 MHz
转换速率 S_R		0.5 V/μs	0.3 V/μs	9 V/μs	13 V/μs	—
共模抑制比 K_{CMR}		90 dB	120 dB	100 dB	100 dB	85 dB
功率消耗		60 mW	150 mW	780 mW	570 mW	1 130 mW
输入电压范围		±13 V	±14 V	±电源电压	±15 V	−0.3～32 V
类型		通用型	低噪声	低噪声	高阻型 JFET	通用型
市场售价/元		1.20	1.35	1.50	2.68	0.70

比较表 1.3.4 参数指标，选择 NE5532 集成运算放大器作为前置放大器件，是一种双运放高性能低噪声运算放大器。相比较大多数标准运算放大器，如 1458，它显示出更好的噪声性能，提高输出驱动力和相当高的小信号和电源带宽。这使该器件特别适合应用在高品质和专业音响设备，仪器和控制电路和电话通道放大器。如果噪音非常最重要的，因此建议使用低噪声集成运算放大器 5532A，它能保证噪声电压指标。

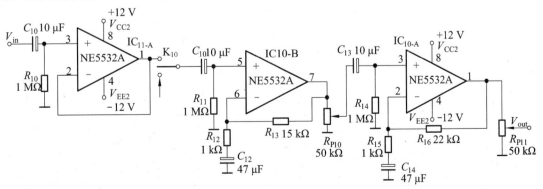

图 1.3.8 前置低频电压放大器

前置放大器电路采用 NE5532A 集成运放构成的同相比例放大器完成主增益放大，电路如图 1.3.8 所示，主要由三级放大器组成。由 IC_{11-A} 构成同相跟随器，降低输出阻抗，提高带负载能力增大输入阻抗，减少对函数发生器的影响；IC_{10-A}、IC_{10-B} 构成同相比例运算放大器，完成电压增益放大，电路结构与原理与由 LM1875 构成的功率放大类似，分析及计算方法基本相同，在此不在进行描述。

前置放大器电源供电选用 ±12 V，其目的是与 LM1875 供电分离，防止在功率放大器大电流输出的情况下，导致电源电压下降，影响前置放大器工作，减小噪声系数，提高电路的稳定性。

对于放大器 IC_{10-B}，作为电压增益第一级放大，要求在输入信号最强时输出不失真，任务要求是 5 ~ 700 mV 的输入电压，即输入为 700 mV 时，输出 $V_{om} \leqslant 11$ V（NE5532 供电电压选用的为 ± 12 V，电路处于放大状态，输出与电源电压间有 1 V 以上的压降）。可以得到放大器 IC_{10-B} 的电压放大倍数为

$$A_{uIC10-B} = \frac{V_{omax}}{V_{inmax}} = 11/0.7 = 15.7$$

取 $A_{uIC10-B}$ 的电压放大倍数为 15 倍。

当输入信号最小时，输入信号幅值为 5 mV，其峰-峰值为 10 mV，理想输出无衰减的情况下为

$$V_{oIC10-B} = A_{uIC10-B} \cdot V_{iminp-p} = 15 \times 10 = 150 \text{ mV}$$

对于放大器 IC_{10-A} 计算类似，即 LM1875 功率放大器要求输入信号幅度峰-峰值大于 2.53 V（前面已计算），考虑到元器件的误差影响，取峰-峰值电压为 3.0 V，而输入信号最小值为 150 mV，可计算第二级电压放大器放大倍数为

$$A_{uIC10-A} = \frac{V_{op-p}}{V_{inp-p}} = \frac{3}{0.15} = 20$$

根据电压放大倍数、响应频率即可计算电路反馈元件参数值。计算方法与功率放大器类似。

1.3.2.3　波形变换电路设计与主要参数计算

按任务要求，将外供 1 000 Hz 正弦波信号输入，转换形成正负对称方波信号，对于此任务电路设计相对较为简单，在本任务中的波形变换实质就是过零电压比较器的应用。作为比较器实现的电路很多，例如采用集成运算放大器或专用集成比较器等均可以实现。注意当使用集成运放构成电压比较其时，建议电路具有施密特特性，且在比较器后级加上跟随电路，以保证信号的对称性、可靠性和稳定性。

电压比较器可将模拟信号转换成二值信号，即只有高电平和低电平 2 种状态的离散信号。因此，可用电压比较器作为模拟电路与数字电路的接口电路。

常用集成电压比较器参数如表 1.3.5 所示。

表 1.3.5 常见集成运算放大器主要参数

型号	工作电源	正电源电流/mA	负电源电流/mA	响应时间/ns	输出方式	类型	售价
AD790（单）	+5 V、±15 V	10	5	45	TTL/CMOS	通用	
LM119（双）	+5 V、±15 V	8	3	80	集电极开路	通用	
LM193（双）	2～36 V ±1～±18 V	2.5		300	集电极开路	通用	
MC1414（双）	+12 V 和 −6 V	18	14	40	TTL、带通	通用	
MXA900（四）	+5 V、±5 V	25	20	15	TTL	高速	
AD9696（单）	+5 V、±5 V	32	4	7	互补 TTL	高速	
TA8504（单）	−5 V		37	2.6	互补 ECL	高速	
TCL374（四）	2～18 V	0.75		650	漏极开路	低功耗	
LM339（四）	2～36 V ±1～±18 V	1.3		300	集电极开路	通用	

为提高抗干扰性，减小阈值电压附近的微小变化引起的输出电压跃变，在设计中选用集成运放构成的简单的过零电压比较器，信号输入为前置放大器电路中 $IC_{11\text{-}A}$ 输出端，输出接前置放大器电路中的开关 K_{10}，为较小整机电路成本，集成运放使用 NE5532 在前置放大中没用的那一部分，电路如图 1.3.9 所示。

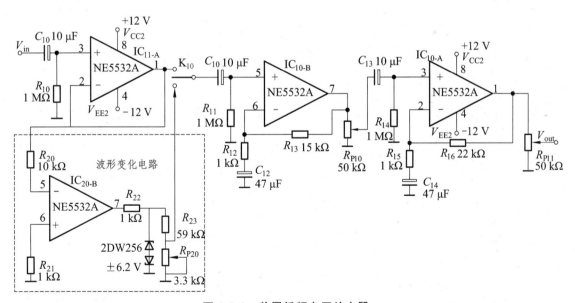

图 1.3.9 前置低频电压放大器

2DW256 是稳压值为 6.2 V 的精密稳压管。所谓精密，是两支稳压管反向串联，一支正向使用，一支反向使用，这样可以补偿稳压管的温度系数，使其接近于零。

电路为典型的过零电压比较器，工作原理及计算较为简单。

1.3.2.4　其他电路及分析

在范例设计的功率放大器、前置低频放大器和波形变换电路设计中，电源主要用到的为两种电源，即±15V双电源供 LM1875 功率放大其使用与 ±12 V 供其他所有电路使用。采用分离设计的目的是由于功率放大器 LM1875 满载输出峰值电流较大，导致电源浪涌值较高，容易导致电源电压瞬间电压变低，使前置低频放大器和波形变换电路等电路工作可靠性变差。

在一般功率放大器中，功放输出瞬态峰值电流大，单持续时间较短，稳压效果不明显。所以功放输出级电源一般不稳压，直接将 220 V 交流电压经降压整流滤波后直接得到，但滤波电容取值要相对较大。

电源稳压电路如图 1.3.10 所示。分析计算方法在电源类电子产品设计中进行介绍。

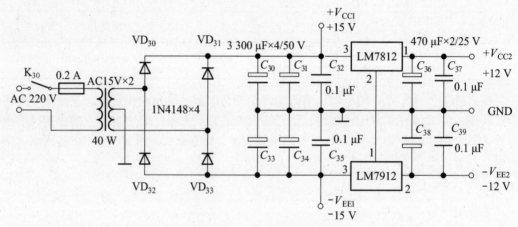

图 1.3.10　电源稳压电路

1.3.3　情境实施

根据情境任务与目标要求,对教学班级进行分组成立开发团队完成低频功率放大器设计、制作与调试。为有效地掌控团队进度，根据"自底向上"设计思想与设计流程下达任务书，按时高质量地完成设计开发任务。

1.3.3.1　低频功率放大器系统框架设计任务单

工作任务描述：根据低频功率放大器设计目标、技术指标要求和给定条件，分析设计目标。分组并协同查阅有关的资料，通过研讨、比较及其技术指标分析，选择最佳方案完成低频功率放大器系统框架设计。工作任务如表 1.3.6 所示。

表 1.3.6 系统框架设计工作任务单

学习情景	放大类电子产品设计与实现		情境载体	低频功率放大器设计与实现
工作任务	低频功率放大器方案论证与选取		参考学时	90 分钟
班　级		小组编号	成员名单	
任务目标	支撑知识	1. "自底向上" 传统电子系统设计基本方法； 2. 信息检索、收集和处理基本方法； 3. 典型小信号放大电路工作原理基本分析方法； 4. 典型功率放大器电路工作原理基本分析方法。		
	专业技能	1. 能读懂课题任务需求，根据技术参数会分解其技术指标； 2. 会合理的运用各类资源完成系统方案设计； 3. 会分析典型功率放大电路，根据其工作特性选择合适的电路系统； 4. 电路系统成本估算。		
工作任务	1. 阅读低频功率放大器系统方案论证与选取，总结方案论证设计的基本方法； 2. 读懂技术参数要求含义，找出 "显性" 和 "隐性" 指标，写出任务设计的重点与难点； 3. 查阅 5 篇以上的关于低频功率放大器设计的网络或纸质文档，写出其设计要点； 4. 对查阅的技术资源进行技术参数分析，探讨其工作特性； 5. 根据查阅资源，结合小组特点与实践教学条件选择并完成方案论证与方案设计； 6. 根据设计框架，分解单元技术指标； 7. 写出低频功率放大器实施计划书。			
提交成果	1. 系统设计思路、设计方案； 2. 相关技术文档。			
完成时间及签名				

1.3.3.2　单元电路选取与参数工程计算

工作任务描述：根据低频功率放大器设计方案及其分解单元模块技术指标，按实施计划书分配方案、协同查阅相关的资源，查找低频功率放大器典型应用电路，分析并选取最优电路，通过计算、调整单元电路参数，完成低频功率放大器单元电路设计。工作任务如表 1.3.7 所示。

表 1.3.7　单元电路选取与参数工程计算工作任务单

学习情景	放大类电子产品设计与实现		情境载体	低频功率放大器设计与实现
工作任务	单元电路选取与参数工程计算		参考学时	180 分钟
班　　级		小组编号	成员名单	
任务目标	支撑知识	1. 小信号典型低频线性放大电路分析与参数计算； 2. 放大接口电路信号处理； 3. 典型功率放大电路原理分析与参数计算； 4. 元器件厂家 PDF 文件阅读及器件参数指标分析和选型； 5. 低频放大器元器件参数工程计算及取值舍入。		
	专业技能	1. 能对典型放大电路的工作原理、性能指标及特征特点分析； 2. 会合理的选用参考电路； 3. 会根据设计指标要求修改参考电路及其元器件参数； 4. 会阅读厂家器件 PDF 文档，比较性能特点，合理的对器件进行选型； 5. 会在设计中插入可调元件，简化电路元件参数计算。		
工作任务	1. 阅读典型放大电路识读与分析； 2. 根据设计框图完成单元电路设计分工； 3. 利用网络或纸质文档每个单元电路查阅 5 篇以上的案例电路，分析案例电路结构及其特点； 4. 小组讨论并选取合适的参考案例电路，简述选取的原因； 5. 根据单元电路设计指标要求，修改参考电路； 6. 单元电路元器件参数工程计算； 7. 利用网络或纸质文档，查阅元器件参数，并合理地选择元器件； 8. 完成单元电路设计。			
提交成果	1. 单元电路设计图、原理分析、参数计算和器件选型文档； 2. 相关技术文档。			
完成时间及签名				

1.3.3.3　电路仿真测试与修订

工作任务描述：根据低频功率放大器设计电路及其元件参数，绘制电路原理图，标注测试点，完成相关虚拟测量仪器仪表连接，当设计系统电路涉及单片机、FPGA 等可编程系统时，完成软件程序编写与软件系统联调设置。根据设计任务技术指标要求，调整电路元器件参数及程序算法，完成系统仿真测试及电路软硬件优化设计。工作任务如表 1.3.8 所示。

表 1.3.8　电路仿真测试与修订工作任务单

学习情景	放大类电子产品设计与实现		情境载体	低频功率放大器设计与实现
工作任务	单元电路与系统仿真测试		参考学时	90 分钟
班　级		小组编号	成员名单	
任务目标	支撑知识	1. Proteus 或 Multisim 虚拟实验室软件基本操作； 2. 基于 Proteus 或 Multisim 虚拟实验室软件的电路原理图绘制； 3. 测量误差与测量实验数据处理方法； 4. 基于 Proteus 或 Multisim 虚拟软件电路参数调试与修改； 5. 技术参数测试与实验数据分析。		
	专业技能	1. 会 Proteus 或 Multisim 软件基本操作； 2. 会利用 Protcus 或 Multisim 软件实现电路仿真验证； 3. 会利用软件系统提供的虚拟仪器、仪表实现技术指标或参数测试； 4. 会处理测量误差； 5. 会根据测量参数实现电路参数调试与修改。		
工作任务	1. 熟悉 Proteus 或 Multisim 虚拟实验室软件； 2. 在软件中完成每个单元电路原理图绘制； 3. 在软件中完成每个单元电路原理仿真与技术参数测试； 4. 完成单元电路元器件参数修改； 5. 在软件中完成系统统调； 6. 输出仿真文件。			
提交成果	1. 输出仿真文件； 2. 相关技术文档。			
完成时间及签名				

1.3.3.4　基于万能电路板的低频功率放大器电路装配

工作任务描述：根据低频功率放大器仿真调试后的优化设计电路，列出元件清单，领取元器件（注：当库房没有相同型号元器件时，需查阅元件手册，找相关器件代换或修改设计电路），对领取元器件进行筛选、测试并完成装配预处理；根据设计原理图在多孔板上完成设计电路整机装配，并预留测试点。工作任务如表 1.3.9 所示。

表 1.3.9 基于万能电路板的低频功率放大器电路装配工作任务单

学习情景	放大类电子产品设计与实现		情境载体	低频功率放大器设计与实现
工作任务	低频功率放大器电路装配		参考学时	90分钟
班 级		小组编号	成员名单	
任务目标	支撑知识	1. 电子元器件识别； 2. 万用表、集成电路测试仪、晶体管图示仪、数字电桥等仪器及其焊接、装配工具正确使用； 3. 电子元器件检测与筛选； 4. 电子产品基本焊接与拆焊； 5. 电路装配基本原则。		
	专业技能	1. 能识别元器件、知道元器件相关标示符的含义； 2. 能对常用仪器、仪表及其工具正确操作； 3. 会利用万用表、集成电路测试仪、晶体管图示仪、数字电桥等完成元器件参数测试，并对元器件进行品质筛选； 4. 会利用成型工具或自制工具根据原理图对元件成行处理； 5. 正确使用恒温焊台、热风枪、吸锡泵等常用焊接工具。 6. 会根据在万能电路板上完成电路装配。		
工作任务	1. 提交元件清单，对比实训室元件库提供元器件表找出已有元器件，没有的查阅元器件手册，找出代换元器件； 2. 领取元器件，完成出库管理相关手续； 3. 测试并筛选元器件； 4. 完成元器件成型处理； 5. 完成电路装配、焊接； 6. 焊接输入、输出及其测试点导线焊接。			
提交成果	1. 电路板成品； 2. 相关技术文档。			
完成时间及签名				

1.3.3.5 单元电路与系统硬件调试

工作任务描述：根据低频功率放大器整机装配电路、设计技术指标及其测试参数特性，设计参数测试方法。完成设计电路整机测试，对测试数据进行分析处理，当呈现数据偏差较大时分析产生的原因后进行修订或重新设计，直到达到任务书技术指标要求。工作任务如表1.3.10所示。

表 1.3.10　系统调试工作任务单

学习情景	放大类电子产品设计与实现		情境载体	低频功率放大器设计与实现
工作任务	单元电路与系统调试		参考学时	90 分钟
班　　级		小组编号	成员名单	
任务目标	支撑知识	1. 电路基本调试方法； 2. 示波器、功率表、函数信号发生器、相位失真仪、毫伏表等测量仪器正确使用； 3. 功率放大器参数基本测试方法； 4. 电路故障基本维修方法； 5. 测量数据处理。		
	专业技能	1. 会针对电不同电路工作特性选择合适的电路调试方法； 2. 能正确利用示波器、功率表、函数信号发生器、相位失真仪、毫伏表等完成电路技术参数测试； 3. 能根据测试数据判定电路工作状态，对工作不正常的电路进行电路参数调试； 4. 当电路出现故障，能根据故障现象判断故障范围，并对其进行维修； 5. 会正确处理测量数据。		
工作任务	1. 功放末级电源、负载、信号发生器及其测量仪器仪表连接； 2. 波形、电压和电流等参数指标测试； 3. 调试调整元件，使电路工作在最佳工作状态； 4. 前置放大电源、负载、信号发生器及其测量仪器仪表连接； 5. 前置放大参数测试与调整； 6. 波形变换电路电源、负载、信号发生器及其测量仪器仪表连接； 7. 前置放大参数测试与调整； 8. 系统统调； 9. 故障维修。			
提交成果	1. 电路测试报告； 2. 相关技术文档。			
完成时间及签名				

1.4 情境评价

1.4.1 考核评价标准

展示评价内容包括：

（1）小组展示制作产品；

（2）教师根据小组展示汇报整体情况进行小组评价；

（3）在学生展示汇报中，教师可针对小组成员分工、对个别成员进行提问，给出个人评价；

（4）组内成员自评与互评；

（5）评选制作之星。

过程考核评价标准如表1.4.1所示。

表1.4.1 过程考核评价标准

项目编号	考核点及占项目分比例	建议考核方式	评价标准			成绩比例
			优	良	及格	
1	1. 资讯成果（20%）	教师评价+小组互评	通过资讯，熟练掌握单项技能与功能单元电路调试。小组方案思路清晰，方法正确，思考问题周到。	通过资讯，掌握单项技能与功能单元电路调试。小组方案思路清晰，方法正确。	通过资讯，了解单项技能与功能单元电路调试。小组方案思路清晰，方法正确，无明显缺陷。	40%
	2. 实施（30%）	教师评价+小组互评	正确操作相应仪器、工具等，书面记录完整、正确，产品制作质量好，完全满足要求。	正确操作相应仪器、工具等，书面记录较正确，产品制作质量好。	无重大操作损失，产品质量基本满足要求。	
	3. 检查与产品上交（20%）	教师评价+作品展评	项目检查过程、结论正确，流畅表达产品使用说明。	项目检查过程、结论较正确，较流畅表达产品使用说明。	项目检查过程、结论无重大失误现象，基本能将产品使用说明表达清楚。	
	4. 项目公共考核点（30%）		详见表1.4.2			

项目公共考核评价标准如表1.4.2所示。

表 1.4.2 项目公共考核评价标准

项目公共考核点	建议考核方式	评价标准		
		优	良	及格
1. 工作于职业操守（30%）	教师评价+自评+互评	安全、文明工作，具有良好的职业操守。	安全、文明工作，职业操守好。	没出现违纪现象
2. 学习态度（30%）	教师评价	学习积极性高，虚心好学。	学习积极性高。	没有厌学现象
3. 团队合作精神（20%）	互评	具有良好的团队合作净胜，热心帮组小组其他成员。	具有良好的团队合作净胜，能帮助小组其他成员。	能配合小组完成项目任务。
4. 交流及表达能力（10%）	互评+教师评价	能用专业语言正确流利地展示项目成果。	能用专业语言正确地阐述项目。	能用专业语言正确地阐述项目，无重大失误。
5. 组织协调能力（10%）	互评+教师评价	能根据工作任务对资源进行合理分配，同时正确控制、激励和协调小组活动过程。	能根据工作任务对资源进行较合理分配，同时较正确地控制、激励和协调小组活动过程。	能根据工作任务对资源进行分配，同时控制、激励和协调小组活动过程，无重大失误。

1.4.2 展示评价

在完成情景任务后，需要撰写技术文档，技术文档中应包括：

（1）产品功能说明；
（2）电路整体结构图及其电路分析；
（3）元器件清单；
（4）装配线路板图；
（5）装配工具、测试仪器仪表；
（6）电路制作工艺流程说明；
（7）测试结果；
（8）总结。

1.5 小 结

1.5.1 测量误差的分类

根据测量误差的性质、特点及其产生原因，可将测量误差可分为系统误差、随机误差和粗大误差 3 类。

1. 系统误差

在相同条件下，对同一被测量进行无限多次测量所得的误差的绝对值和符号均保持不变，或在条件变化时按照某种确定的规律变化的误差称为系统误差。

2. 随机误差

在相同条件下，对同一被测量进行无限多次测量所得的误差的绝对值和符号以不可预定方式变化，或在条件变化时误差的绝对值和符号无规律变化的误差称为随机误差，又称为偶然误差。

3. 粗大误差

指明显超出统计规律预期值的误差。又称为疏忽误差、过失误差或简称粗差。

4. 数据舍入规则

数字舍入规则：若舍去部分的数值，大于保留部分末位的半个单位（即5），则末位数加1；若舍去部分的数值，小于保留部分末位的半个单位（即5），则末位数减1；若舍去部分的数值，等于保留部分末位的半个单位（即5），则末位凑成偶数，即当末位为偶数时则末位不变，当末位是奇数时则末位加1。

1.5.2 电子系统"自底向上"设计思想与设计流程

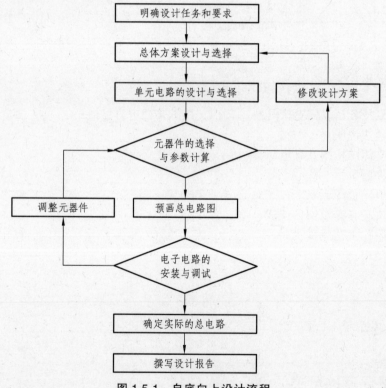

图 1.5.1 自底向上设计流程

传统的电子系统设计采用"Bottom-up"（自底向上）设计方法，设计的一般过程如图1.5.1所示。它是综合运用电子技术理论知识的过程，必须从实际出发，通过市场调查、查阅有关资料、方案的比较与选择、电路参数的计算及元器件的选型等环节，设计出一个有市场需求的、性能优越的且质价比高的模拟电路产品。由于电子元器件参数的离散性，还涉及设计者的工程经历，理论上设计出来的产品，可能存在这样或那样的缺陷，这就要求通过实验、调试来发现和解决设计中存在的缺陷，使设计方案逐步完善，以达到设计要求。

项目二　控制类电子产品设计

控制类电子产品设计，是以电子电路信息采集、处理为核心，并根据设计需求输出控制指令并实现对象控制功能的电子产品。控制类电子产品按照电子线路的工作原理，可分为简单的模拟电子电路控制、逻辑电路控制以及计算机控制（含单片机）3大类，计算机控制（含单片机）需要的不仅是硬件，而且需要程序软件，也叫程序控制。

通过控制系统可以按照所期望的工作方式保持或改变机器、机构或其他设备的可控变化量，使被控制对象趋于某种需要的稳定状态。

例如，假设有一个汽车的驱动系统，汽车的速度是其加速器位置的函数，通过控制加速器踏板的压力可以保持所希望的速度（或可以达到所希望的速度变化）。这个汽车驱动系统（加速器、汽化器和发动机车辆）便组成一个控制系统。

控制系统已被广泛应用于人类社会的各个领域。例如，工业锅炉控制系统在工业方面，对于冶金、化工以及机械制造等生产过程中遇到的各种物理量，包括温度、流量、压力、厚度、张力、速度、位置、频率和相位等，都有相应的控制系统。在此基础上通过采用数字计算机还建立起了控制性能更好和自动化程度更高的数字控制系统，以及具有控制与管理双重功能的过程控制系统。

在现代控制类电子产品中已经离不开微控制器、可编程逻辑器件和 EDA 设计工具。本项目载体选用全国大学生电子设计竞赛 2003 年赛题（第六届）简易电动车为情境载体，通过完成简易电动车设计与制作，学习和掌握控制类电子产品设计必备的知识。

2.1　情境任务及目标

2.1.1　简易智能电动车设计任务书

2.1.1.1　设计任务

设计并制作一个简易智能电动车，其行驶路线示意图如图 2.1.1 所示。

2.1.1.2　设计要求

1. 基本要求

（1）电动车从起跑线出发（车体不得超过起跑线），沿引导线到达 B 点。在"直道区"铺设的白纸下沿引导线埋有 1～3 块宽度为 15 cm 且长度不等的薄铁片。电动车检测到薄铁片

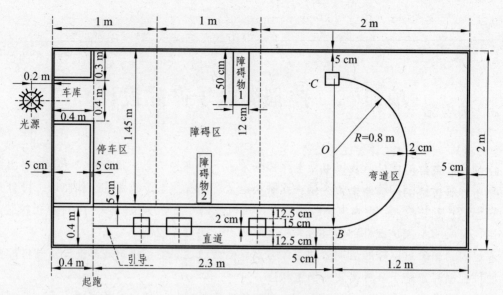

图 2.1.1　行驶路线示意图

时需立即发出声光指示信息，并实时存储、显示在"直道区"检测到的薄铁片数目。

（2）电动车到达 B 点以后进入"弯道区"，沿圆弧引导线到达 C 点（也可脱离圆弧引导线到达 C 点）。C 点下埋有边长为 15 cm 的正方形薄铁片，要求电动车到达 C 点检测到薄铁片后在 C 点处停车 5 s，停车期间发出断续的声光信息。

（3）电动车在光源的引导下，通过障碍区进入停车区并到达车库。电动车必须在两个障碍物之间通过且不得与其接触。

（4）电动车完成上述任务后应立即停车，但全程行驶时间不能大于 90 s，行驶时间达到 90 s 必须立即自动停车。

2. 发挥部分

（1）电动车在"直道区"行驶过程中，存储并显示每个薄铁片（中心线）至起跑线间的距离。

（2）电动车进入停车区域后，能进一步准确驶入车库中，要求电动车的车身完全进入车库。

（3）停车后，能准确显示电动车全程行驶时间。

（4）其他。

3. 说　明

（1）跑道上面铺设白纸，薄铁片置于纸下，铁片厚度为 0.5～1.0 mm。

（2）跑道边线宽度 5 cm，引导线宽度 2 cm，可以涂墨或粘黑色胶带。示意图中的虚线和尺寸标注线不要绘制在白纸上。

（3）障碍物 1、2 可由包有白纸的砖组成，其长、宽、高约为 50 cm×12 cm×6 cm，两个障碍物分别放置在障碍区两侧的任意位置。

（4）电动车允许用玩具车改装，但不能由人工遥控，其外围尺寸（含车体上附加装置）

的限制为：长度≤35 cm，宽度≤15 cm。

（5）光源采用 200 W 白炽灯，白炽灯泡底部距地面 20 cm，其位置如图 2.1.1 所示。

（6）要求在电动车顶部明显标出电动车的中心点位置，即横向与纵向两条中心线的交点。

2.1.2 情境教学目标

通过以"全国大学生电子设计竞赛 2003 年赛题（第六届）简易电动车"赛题为情境载体，实现实用简易电动车设计与制作，初步掌握控制类电子产品设计开发方法，达到以下几个目标。

2.1.2.1 知识目标

（1）熟悉"自顶向下"（即传统电子线路设计）数字系统设计方法；

（2）了解 SOC 片上系统设计概念及其基本应用；

（3）掌握中小规模纯数字系统设计步骤；

（4）单片机与可编程逻辑器件子系统设计步骤及其模数混合系统设计方法；

（5）掌握典型数字系统电路识读与分析；

（6）掌握典型接口电路识读与分析；

（7）掌握软硬件系统联调方法；

（8）熟悉常用控制类电子元器件基本参数特性及元件选型。

2.1.2.2 能力目标

（1）能熟练操作万用表、函数信号发生器、示波器、电子电压表及稳压电源等常用电子仪表；

（2）能熟练使用常用电子产品装配工具完成电路的安装与维修；

（3）能根据电路基本工作原理与技术指标参数选择合适的测试方法进行电路的数据测试；

（4）能合理地运用测量数据进行电路优化设计；

（5）能根据模数混合系统的设计步骤，制订开发计划，完成系统设计；

（6）会根据任务技术指标要求查阅并选择合适的典型电路；

（7）能熟练查阅常用电子元器件和芯片的规格、型号以及使用方法等技术资料。

2.1.2.3 素质目标

（1）具有良好的职业道德、规范操作意识；

（2）具备良好的团队合作精神；

（3）具备良好的组织协调能力；

（4）具有求真务实的工作作风；

（5）具有开拓创新的学习精神；

（6）具有良好的语言文字表达能力。

2.2　简易智能电动车设计情境资讯

2.2.1　电子系统"自顶向下"设计思想与设计流程

2.2.1.1　自顶向下（Top－down）设计方法

现代电子系统的设计采用"Top－down"（自顶向下）设计方法，设计步骤如图2.2.1所示。

在"Top－down"（自顶向下）的设计方法中，设计者首先需要对整个系统进行方案设计和功能划分，拟定采用一片或几片专用集成电路ASIC来实现系统的关键电路，系统和电路设计师亲自参与这些专用集成电路的设计，完成电路和芯片版图，再交由IC工厂投片加工，或者采用可编程ASIC（例如CPLD和FPGA）现场编程实现。

首先采用可完全独立于目标器件芯片物理结构的硬件描述语言，在系统的基本功能或行为级上对设计的产品进行描述和定义，结合多层次的仿真技术，确保设计的可行性与正确性的前提下，完成功能确认。

然后利用EDA工具的逻辑综合功能，把功能描述转换成某一具体目标芯片的网表文件，输出给该器件厂商的布局布线适配器，进行逻辑映射及布局布线，再利用产生的仿真文件进行包括功能和时序的验证，以确保实际系统的性能。

图2.2.1　"Top-down"（自顶向下）设计方法的设计步骤

在"Top-down"（自顶向下）的设计中，行为设计确定该电子系统或VLSI芯片的功能、性能及允许芯片面积和成本等。结构设计根据系统或芯片的特点，将其分解为接口清晰、相互关系明确、结构简单的子系统，组合形成系统总体结构。在系统总体结构中可能包括信号处理、算术运算单元、控制单元、数据通道、各种算法状态机等。逻辑设计把结构转换成逻辑图，设计中尽可能采用规则的逻辑结构或采用经过考验的逻辑单元或信号处理模块。电路设计将逻辑图转换成电路图，一般都需进行硬件仿真，以最终确定逻辑设计的正确性。版图设计将电路图转换成版图，如果采用可编程器件就可以在可编程器件的开发工具时进行编程制片。

1. 设计的层级划分与层级设计步骤

采用"Top-down"（自顶向下）设计方法，一般都可以将整个设计划分为系统级设计、子系统级设计、部件级设计和元器件级设计4个层次。对于每一个层次都可以采用如图2.2.2所示的3步进行考虑。

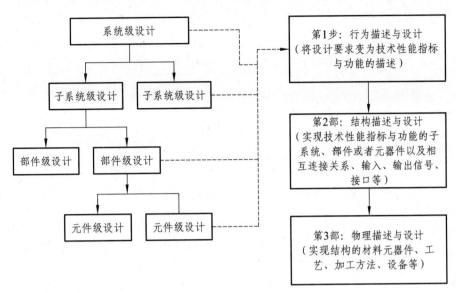

图 2.2.2　层级划分与层级设计步骤

　　例如设计一个数字控制系统，行为描述与设计完成传递函数和逻辑表达式，结构描述与设计完成逻辑图和电路图，物理描述与设计确定使用的元器件、印制板设计及安装方法等。

2. 采用自顶向下的设计方法的优点

（1）自顶向下设计方法是一种模块化设计方法，符合常规的逻辑思维习惯。

（2）高层设计同器件无关，可以完全独立于目标器件的结构。

（3）采用硬件描述语言，设计易于在各种集成电路工艺或可编程器件之间移植。

（4）适合多个设计者同时进行设计。

3. 在设计中采用"Top-down"（自顶向下）设计方法必须注意的问题

　　（1）在设计的每一个层次中，必须保证所完成的设计能够实现所要求的功能和技术指标。注意功能上不能够有残缺，技术指标要留有余地。

　　（2）注意设计过程中问题的反馈。解决问题采用"本层解决，下层向上层反馈"的原则，遇到问题必须在本层解决，不可以将问题传向下层。如果在本层解决不了，必须将问题反馈到上层，在上一层中解决。完成一个设计，存在从下层向上层多次反馈修改的过程。

　　（3）功能和技术指标的实现采用子系统和部件模块化设计。要保证每个子系统和部件都可以完成明确的功能，达到确定的技术指标。输入输出信号关系应明确、直观、清晰。应保证可以对子系统和部件进行修改，调整以及替换。

　　（4）软硬件协同设计，充分利用微控制器和可编程逻辑器件的可编程功能，在软件与硬件利用之间寻找一个平衡。软件/硬件协同设计的一般流程如图 2.2.3 所示。

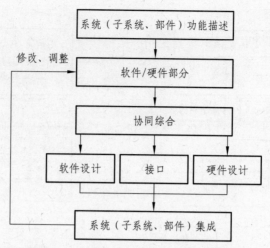

图 2.2.3　软件/硬件协同设计的一般流程

2.2.1.2　SOC 片上系统

SOC 的定义多种多样，由于其内涵丰富且应用范围广，很难给出准确定义。一般说来，SOC 称为系统级芯片，也有称片上系统，意指它是一个产品，是一个有专用目标的集成电路，其中包含完整系统并有嵌入软件的全部内容。同时它又是一种技术，用以实现从确定系统功能开始，到软、硬件划分，并完成设计的整个过程。

SOC 就是一个小系统，如果说 CPU（MCU）是大脑，那么 SOC 就是包括大脑、心脏、眼睛和手的系统。国内外学术界一般倾向将 SOC 定义为：在单一硅片上集成数字和模拟混合电路、信号采集和转换（A/D、D/A）、存储器、MPU、MCU、DSP 以及 I/O 等多种功能的模块，甚至包括相应的嵌入式软件（包含嵌入式操作系统、嵌入式网络协议栈和嵌入式应用软件等）实现系统的功能，这样就可以将原来需要几片、几十乃至几百片 IC 电路组成的印制电路板全部集成在一个芯片上，因此，它又称为片上系统。

单片机和 SOC 的区别：

微控制器（MCU），是以前的一种做法，类似于单片机，只是集成了一些更多的功能模块，它本质上仍是一个完整的单片机，有处理器，有各种接口，所有的开发都是基于已经存在的系统架构，应用者要做的就是开发软件程序和加外部设备。

SOC 是个整体的设计方法概念，它指的是一种芯片设计方法，集成了各种功能模块，每一种功能都是由硬件描述语言设计程序，然后在 SOC 内由电路实现的；每一个模块不是一个已经设计成熟的 ASIC "器件"，只是利用芯片的一部分资源去实现某种传统的功能。这种功能是没有限定的，可以是存储器，当然也可以是处理器。如果 SOC 系统目标就是处理器，那么做成的 SOC 就是一个 MCU；如果要做的是一个完整的带有处理器的系统，那么 MCU 就是整个 SOC 中的一个模块。

SOC 可以做成批量生产的通用器件，如 MCU；也可以针对某一对象专门设计，可以集成任何功能，不像 MCU 那样有自身架构的限定。它的体积可以很小，特殊设计的芯片可以根据需要减小体积、降低功耗，在比较大的范围内不受硬件架构的限制（当然，它也是会受芯片自身物理结构的限制，如晶圆类型和大小等）。

SOC 的一大特点就是其在仿真时可以连同硬件环境一起仿真，仿真工具不只支持对软件程序的编译调试，同时也支持对硬件架构的编译调试，如果不满意硬件架构设计，想要加一个存储器，或是减少一个接口都可以通过程序直接更改，这一点，MCU 的设计方法是无法实现的，MCU 的方法中，硬件架构是固定的，是不可更改的，多了只能浪费，少了也只能在软件上想办法或是再加，存储空间不够可以再加，如果是接口不够则只能在软件上想办法复用。仿真之后可以通过将软、硬件程序下载到 FPGA 等逻辑器件上进行实际硬件调试，真实的进行器件测试。如果硬件调试成功后直接投片生产成"固定结构的芯片"，则其为普通的 SOC；如果其硬件就是基于 FPGA 的，也就是说它是用 FPGA 作为最终实现，它在以后也可以随时进行硬件升级与调试的，我们就叫它为 SOPC 的设计方法，所以说 SOPC 是 SOC 的一种解决方案。SOPC 设计灵活、高效，且具有成品的硬件可重构特性（SOC 在调试过程中也可硬件重构），它的适用性可以很广，针对不同的对象，它可以进行实时的结构调整，如减少程序存储空间或增加接口数目等，这一附加价值是任何固定结构 IC 所无法具备的，但它的价格可能会比批量生产的固定结构 IC 要贵得多。

2.2.1.3　中小规模纯数字系统设计步骤

数字电子电路系统设计的一般流程如图 2.2.4 所示。

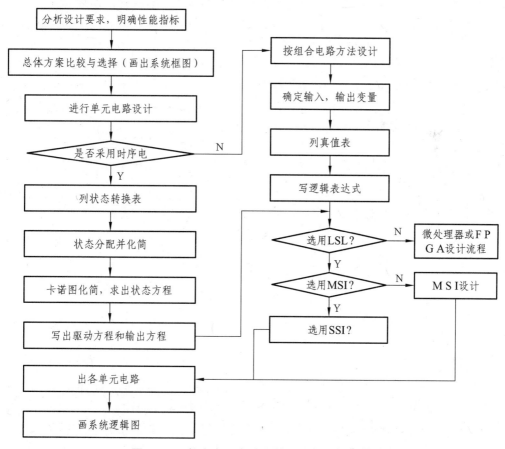

图 2.2.4　数字电子电路系统设计的一般流程

（1）分析设计要求，明确性能指标。

具体设计之前，必须仔细分析设计要求、性能指标、功能指标及应用环境等。理清设计要求的电路类型、输入信号如何获得、输出执行装置是什么、工作电压、电流参数以及主要性能指标等。然后查找相关的资料和手册，选择电路使用的主要集成芯片和其他电子元器件。广开思路，构思出各种总体方案，绘制电子系统结构框图。

（2）确定总体方案。

对各种方案进行比较，在能完成课题要求的功能和性能指标的前提下，以电路的先进性、结构的繁简、成本的高低、制作的难易及功能的可扩展性等多方面作综合比较，最后确定一种可行方案。

（3）设计各单元电路（子系统）。

将总体方案化整为零，分解成若干单元电路（或子系统），然后逐个进行设计。每一个单元电路（或子系统）均能归结为组合逻辑电路或时序逻辑电路2大类：

① 组合逻辑电路设计的步骤是：真值表→逻辑函数→化简→逻辑电路图。构成电路的元器件可以是各种逻辑门或其他中、小规模集成电路。

② 时序逻辑电路的设计，方法之一是按时序逻辑电路设计的表格法或卡诺图得到电路的驱动方程和输出方程，以触发器和门电路为构件画出具体电路原理图；方法之二是将现有的中规模集成电路芯片作适当的组合，适当增添元器件或连线，实现设计任务的功能要求。

在设计时，应尽可能选用合适的现成电路，选用芯片时应优先选用中、大规模集成电路。这样做不仅能简化设计，而且有利于提高系统的可靠性。

（4）设计控制电路（MCU）。

电路系统的清零、复位、安排各单元电路（或称子系统）的时序先后及启动、停止等功能由控制电路来完成，控制电路在整个系统中起核心和控制作用。设计时最好先画出时序图，再根据控制电路的任务和时序关系来构思电路并选用合适的器件，使其达到功能要求。

（5）组成系统。

各单元电路完成以后，要绘制总体电路原理图。通常是按照信号的流向采用左进右出，或下进上出的规律，合理布局摆布各部分电路，并标出必要的说明文字，如图 2.2.5 所示的整点报时数字钟电路原理总图。

（6）安装调试和测试数据，并针对各项性能指标要求反复修改，直至完善。

（7）撰写数字电子系统的设计报告。

2.2.1.4 单片机与可编程逻辑器件子系统设计步骤

作为控制器，单片机与可编程逻辑器件应用非常普遍，其设计过程如图 2.2.6 所示，可以分为明确设计要求、系统设计、硬件设计与调试、软件设计与调试以及系统集成等步骤。

明确设计要求，确定系统功能与性能指标。一般情况下，单片机与可编程逻辑器件最小系统是整个系统的核心，需要确定最小系统板的功能和输入输出信号特征等；需要考虑与信号输入电路、控制电路及显示电路、键盘等电路的接口和信号关系。

软件开发工具需要与所选择的硬件配套，软件设计需要对软件功能进行划分，需要确定数学模型，算法、数据结构及子程序等程序模块。

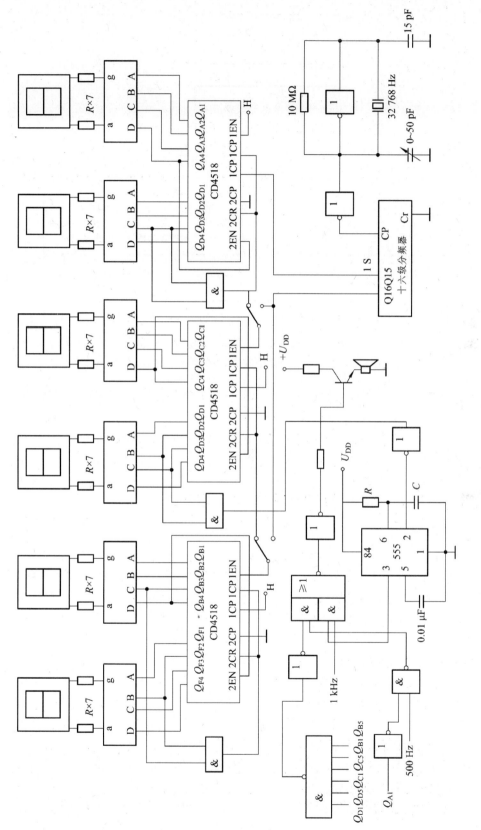

图 2.2.5　整点报时数字钟电路原理总图

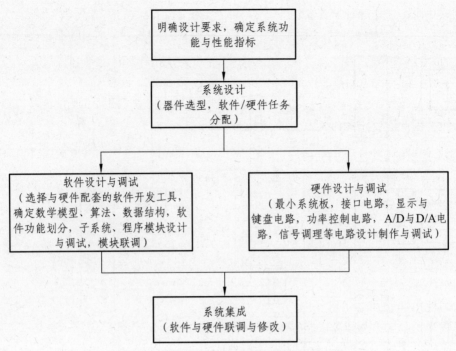

图 2.2.6　单片机与可编程逻辑器件设计过程

系统集成完成软件与硬件联调与修改。在软件与硬件联调过程中，需要认真分析出现的问题，软件设计人员与硬件设计人员需要进行良好的沟通，一些问题如非线性补偿、数据计算和码型变换等用软件解决问题会容易很多。采用不同的硬件电路，软件编程将会完全不同，在软件设计与硬件设计之间需要寻找一个平衡点。

2.2.1.5　面向 FPGA/CPLD 的 EDA 系统设计步骤

1. EDA 基本概念

现在电子系统设计依靠手工已经无法满足设计要求，设计工作需要在计算机上采用 EDA 技术完成。EDA 技术以计算机硬件和系统软件为基本工作平台，采用 EDA 通用支撑软件和应用软件包，在计算机上帮助电子设计工程师完成电路的功能设计、逻辑设计、性能分析、时序测试直至 PCB（印刷电路板）的自动设计等。在 EDA 软件的支持下，设计者完成对系统功能的进行描述，由计算机软件进行处理得到设计结果。利用 EDA 设计工具，设计者可以预知设计结果，减少设计的盲目性，极大地提高设计的效率。

EDA 主要涉及电路和系统、数据库、图形学、图论和拓扑逻辑、计算数学以及优化理论等多学科，EDA 软件的技术指标有自动化程度、功能完善度、运行速度、操作界面、数据开放性和互换性（不同厂商的 EDA 软件可相互兼容）等。

EDA 技术包括电子电路设计的各个领域，即从低频电路到高频电路、从线性电路到非线性电路、从模拟电路到数字电路以及从分立电路到集成电路的全部设计过程，涉及到电子工程师进行产品开发的全过程，以及电子产品生产的全过程中期望由计算机提供的各种辅助工作。

狭义的 EDA 技术，就是以大规模可编程逻辑器件为设计载体，以硬件描述语言为系统逻辑描述的主要表达方式，以计算机、大规模可编程逻辑器件的开发软件及实验开发系统为设计开发工具的 EDA 技术。

广义的 EDA 技术，除了狭义的 EDA 技术外，还包括计算机辅助分析 CAA 技术（如 PSPICE，EWB 和 MATLAB 等），印刷电路板计算机辅助设计 PCB-CAD 技术（如 PROTEL 和 ORCAD 等）。在广义的 EDA 技术中，CAA 技术和 PCB-CAD 技术不具备逻辑综合和逻辑适配的功能，因此它并不能称为真正意义上的 EDA 技术。

2. EDA 技术的基本特征

采用 HDL 硬件描述语言，基于开发软硬件系统，具有系统级仿真和综合能力的基本特征。主要表现在以下几个方面：

（1）并行工程和"自顶向下"设计方法。

并行工程是一种系统化的、集成化的、并行的产品及相关过程的开发模式（相关过程主要指制造和维护）。这一模式使开发者从一开始就要考虑到产品生存周期的质量、成本、开发时间及用户的需求等等诸多方面因素。"

（2）硬件描述语言（HDL）。

硬件描述语言突出优点是：语言的公开可利用性、设计与工艺的无关性、宽范围的描述能力、便于组织大规模系统的设计；便于设计的复用和继承等。与原理图输入设计方法相比较，硬件描述语言更适合规模日益增大的电子系统。硬件描述语言使得设计者在比较抽象的层次上描述设计的结构和内部特征，是进行逻辑综合优化的重要工具。目前最常用的 IEEE 标准硬件描述语言有 VHDL 和 Verilog-HDL。

（3）逻辑综合与优化。

逻辑综合功能将高层次的系统行为设计自动翻译成门级逻辑的电路描述，做到了设计与工艺的独立。优化则是对于上述综合生成的电路网表，根据布尔方程功能等效的原则，用更小且更快的综合结果替代一些复杂的逻辑电路单元，根据指定的目标库映射成新的网表。

（4）开放性和标准化。

EDA 系统的框架是一种软件平台结构，它为不同的 EDA 工具提供操作环境。框架提供与硬件平台无关的图形用户界面以及工具之间的通信、设计数据和设计流程的管理，以及各种与数据库相关的服务项目等。一个建立了符合标准的开放式框架结构 EDA 系统，可以接纳其他厂商的 EDA 工具一起进行设计工作。框架作为一套使用和配置 EDA 软件包的规范，可以实现各种 EDA 工具间的优化组合，将各种 EDA 工具集成在一个统一管理的环境之下，实现资源共享。

EDA 框架标准化和硬件描述语言等设计数据格式的标准化可集成不同设计风格和应用的要求导致各具特色的 EDA 工具在同一个工作站上。集成的 EDA 系统不仅能够实现高层次的自动逻辑综合、版图综合和测试码生成，而且可以使各个仿真器对同一个设计进行协同仿真，进一步提高了 EDA 系统的工作效率和设计的正确性。

（5）库（Library）。

库是支持 EDA 工具完成各种自动设计过程的关键。EDA 设计公司与半导体生产厂商紧密合作、共同开发了各种库，如逻辑模拟时的模拟库、逻辑综合时的综合库和版图综合时的版图库和测试综合时的测试库等等，这些库支持 EDA 工具完成各种自动设计。

3. EDA 设计基本步骤

面向 FPGA/CPLD 的 EDA 系统设计步骤主要针对的是狭义的 EDA 技术。其设计流程主要包含源程序的编辑和编译、逻辑综合和优化、目标器件的布线/适配、目标器件的编程/下载、硬件仿真/硬件测试等步骤，如图 2.2.7 所示。

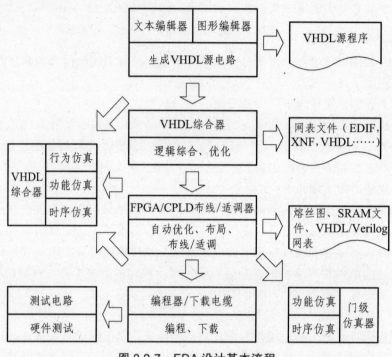

图 2.2.7　EDA 设计基本流程

（1）源程序的编辑和编译。

常用的源程序输入方式有 3 种：

① 原理图输入方式：利用 EDA 工具提供的图形编辑器以原理图的方式进行输入。原理图输入方式比较容易掌握，直观且方便。

② 状态图输入方式：以图形的方式表示状态图进行输入。当填好时钟信号名和状态转换条件、状态机类型等要素后，就可以自动生成 VHDL 程序。这种设计方式简化了状态机的设计，比较流行。

③ VHDL 软件程序的文本方式：最一般化且最具普遍性的输入方法，任何支持 VHDL 的 EDA 工具都支持文本方式的编辑和编译。

（2）逻辑综合和优化。

逻辑综合，就是将电路的高级语言描述转换成低级的，可与 FPGA/CPLD 或构成 ASIC 的门阵列基本结构相映射的网表文件。

逻辑映射的过程，就是将电路的高级描述，针对给定硬件结构组件，进行编译，优化、转换和综合，最终获得门级电路甚至更底层的电路描述文件。

而网表文件就是按照某种规定描述电路的基本组成及如何相互连接的关系的文件。

（3）目标器件的布线适配。

所谓逻辑适配，就是将由综合器产生的网表文件针对某一具体的目标器件进行逻辑映射操作。其中包括底层器件配置、逻辑分割、逻辑优化、布线与操作等，配置于指定的目标器件中，产生最终的下载文件，如 JEDEC 格式的文件。

（4）目标器件的编程/下载。

如果编译、综合、布线/适配、行为仿真、功能仿真以及时序仿真等过程都没有发现问题，即满足原设计的要求，则可以将由 FPGA/CPLD 布线/适配器产生的配置/下载文件通过编程器或下载电缆载入目标芯片 FPGA 或 CPLD 中。

（5）设计过程中的有关仿真。

设计过程中的仿真有 3 种。

① 行为仿真：该仿真只是根据 VHDL 的语义进行的，与具体电路没有关系。

② 功能仿真：就是将综合后的 VHDL 网表文件再送到 VHDL 仿真器所进行的仿真。

③ 时序仿真：该仿真已将器件特性考虑进去，因此可以得到精确的时序仿真结果。

（6）硬件仿真/硬件测试。

所谓硬件仿真，就是在 ASIC 设计中，常利用 FPGA 对系统的设计进行功能检测，通过后再将其 VHDL 设计以 ASIC 形式实现，这一过程称为硬件仿真。

所谓硬件测试，就是针对 FPGA 或 CPLD 直接用于应用系统的设计中，将下载文件下载到 FPGA 后，对系统的设计进行的功能检测，这一过程称为硬件测试。

注意：VHDL 仿真器和 VHDL 综合器对设计的理解常常是不一致的，固需要硬件仿真和测试。

2.2.1.6　数字/模拟子系统设计步骤

数字/模拟子系统的设计过程其步骤大致分为：明确设计要求，确定设计方案和进行电路设计制作、调试等步骤。

数字子系统多采用单片机或者大规模可编程逻辑器件实现，模拟子系统也是作品的重要组成部分，设计制作通常包含有模拟输入信号的处理，模拟输出信号、与数字子系统、单片机及可编程器件子系统之间的接口等电路。

1. 明确设计要求

（1）对于数字子系统，需要明确的设计要求有：

① 子系统的输入和输出？数量？

② 信号形式？模拟？TTL？CMOS？

③ 负载？微控制器？可编程器件？功率驱动？输出电流？

④ 时钟？毛刺？冒险竞争？

⑤ 实现器件？

（2）对于模拟子系统，需要明确的设计要求有：

① 输入信号的波形和幅度、频率等参数？

② 输出信号的波形和幅度、频率等参数？

③ 系统的功能和各项性能指标？如增益、频带、宽度、信噪比和失真度等？

④ 技术指标的精度和稳定性？

⑤ 测量仪器？

⑥ 调试方法？

⑦ 实现器件？

2. 确定设计方案

对于数字电路占主体的系统，我们的建议是采用单片机或者可编程逻辑器件，不要大量地采用中、小规模的数字集成电路，中、小规模数字集成电路制作作品时非常麻烦，可靠性也差。

模拟子系统的设计方案与所选择的元器件有很大关系。

（1）根据技术性能指标和输入输出信号关系等确定系统方框图。

（2）在子系统中，合理的分配技术指标，如增益、噪声和非线性等。将指标分配到方框图中的各模块，技术参数指标要定性和定量。

（3）要注意各功能单元的静态指标与动态指标、精度及其稳定性，应充分考虑元器件的温度特性、电源电压波动、负载变化及干扰等因素的影响。

（4）要注意各模块之间的耦合形式、级间的阻抗匹配、反馈类型、负载效应、电源内阻、地线电阻及温度等对系统指标的影响。

（5）合理地选择元器件，应尽量选择通用、新型且熟悉的元器件。应注意元器件参数的分散性，设计时应留有余地。

要事先确定参数调试与测试方法、仪器仪表、调试与测试点以及相关的数据记录与处理方法。

3. 设计制作

设计主要包括电路设计与印制板设计。

（1）电路设计：电路设计建议根据所确定的设计方案，选择好元器件，按照技术指标要求，参考元器件厂商提供的设计参考（评估板）以及参考资料提供的电路，完成设计。

（2）印制板设计：PCB 设计时应遵守 PCB 设计的基本规则，注意数字电路与模拟电路的分隔、高频电路与低频电路的分隔以及电源线与接地板的设计等问题。元器件布置不以好看为要求，而以满足性能指标为标准，特别是在高频电路设计时要注意。为了方便测试，PCB 设计时应设置相关的测试点。

（3）EDA 工具的使用：在设计过程中，EDA 工具是必不可少的。对于数字子系统，采用单片机或者可编程逻辑器件，配套的开发工具是不可缺少的；对于模拟子系统，仿真软件可以选择 Multisim（或 EWB）、PSPICE 或 Systemview 等；如果设计中用到了在系统可编程模拟器件（ispPAC），配套的开发工具也是不可缺少的，如 PAC-Designer；印制板设计可以采用 Protel 等计算机绘图排版软件。

2.2.2　典型数字系统电路识读与分析

一个完整的数字系统往往由输入电路、输出电路、控制电路、时钟电路和若干子系统等 5 个部分组成。如图 2.2.8 所示。各个部分具有相对的独立性，在控制电路的协调和控制下完成各自的功能，其中控制电路是整个系统的核心。当然并不是每一个数字系统都严格具有 5 个组成部分。

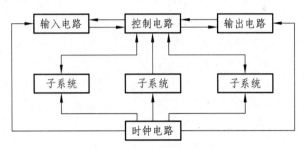

图 2.2.8　数字电子电路系统的组成

（1）输入电路：输入电路的任务是将各种外部信号变换成数字电路能够接收和处理的数字信号。外部信号通常可以分成模拟信号和开关信号 2 大类。如声、光、电、温度、湿度、位移和压力等非电量变换成电参数后都属于模拟量。而晶体管的导通和截止，开关的闭合与断开以及继电器的得电与失电等都属于开关量。这些信号都必须先通过输入电路变换成数字电路能够接收的二进制逻辑电平。

（2）输出电路：输出电路是将经过数字电路运算、变换和处理之后的数字信号变换成模拟信号或开关信号去驱动执行机构。当然，在输出电路和执行机构之间常常还需要设置功放电路，以提供负载所需要的电压和电流。

（3）时钟电路：时钟电路（矩形波发生器）产生系统工作的同步时钟信号，使整个系统在时钟信号的作用下，按步骤有顺序地完成各种操作。

（4）控制电路：控制电路将外部输入信号以及各子系统送来的信号进行综合和分析，发出控制命令去管理输入、输出电路及各个子系统，使整个系统同步协调，有条不紊地工作。

（5）子系统：对二进制信号进行算术运算和逻辑运算及实现信号变换和传送等功能的电路称为子系统，每个子系统完成一项相对独立的任务，即某种局部的工作。子系统又常称为单元电路。

根据数字电路系统所完成任务的性质来划分，可将数字电路系统划分为数字测量系统、数字控制系统和数字通信系统 3 种类型。

在现代的数字系统中，已不再局限于《数字电子线路》课程教学中的基于中小规模集成的数字系统，已经离不开微控制器、可编程逻辑器件和 EDA 设计工具，掌握先进的系统设计方法可以获得事半功倍的效果。

2.2.2.1 中小规模集成数字电路识读与分析

观察自然界中各种物理量时可发现，尽管它们的性质各不相同，但就其变化规律的特点而语，可分为离散变化与连续变化两种物理量。

离散变化这一类物理量的变化在时间上和数量上均是离散的，即在变化时在时间上是不连续的，总是发生在一系列离散瞬间，同时，它们的数值大小和每次的增减变化都是某一最小单位的整数倍，而小于这个最小数值没有任何物理意义。这一类物理量叫数字量，把表示数字量的信号叫数字信号，并且把工作在数字信号下的电子电路叫做数字电路。

这种电路同时又被叫做逻辑电路，那是因为电路中的"1"和"0"还具有逻辑意义，例如逻辑"1"和逻辑"0"可以分别表示电路的接通和断开、事件的是和否或者逻辑推理的真和假等等。电路的输出和输入之间是一种逻辑关系。这种电路除了能进行二进制算术运算外还能完成逻辑运算和具有逻辑推理能力，所以才把它叫做逻辑电路。

逻辑分为正逻辑与负逻辑2种。正逻辑：用高电平表示逻辑"1"，用低电平表示逻辑"0"；负逻辑：用低电平表示逻辑"1"，用高电平表示逻辑"0"。正负逻辑之间存在着简单的对偶关系，例如正逻辑与门等同于负逻辑或门等。

在数字系统的逻辑设计中，若采用 NPN 晶体管和 NMOS 管，电源电压是正值，一般采用正逻辑。若采用的是 PNP 管和 PMOS 管，电源电压为负值，则采用负逻辑比较方便。除非特别说明，数字系统中一律采用正逻辑。

数字逻辑电路的第一个特点是为了突出"逻辑"两个字，使用的是独特的图形符号。数字逻辑电路中有门电路和触发器2种基本单元电路，它们都是以晶体管和电阻等元件组成的，但在逻辑电路中我们只用几个简化了的图形符号去表示它们，而不画出它们的具体电路，也不管它们使用多高电压，是 TTL 电路还是 CMOS 电路等。按逻辑功能要求把这些图形符号组合起来画成的图就是逻辑电路图，它完全不同于一般的放大振荡或脉冲电路图。

1. TTL 与 CMOS 集成门电路主要参数及使用规则

数字电路其核心为集成电路的应用，数字集成电路按制造工艺分为两大类，即采用双结型和单结型两种，双结型为 TTL 工艺，单结型为 COMS 工艺。

（1）TTL 门电路主要参数与使用规则。

① TTL 门电路主要参数。

a. 输出高电平 V_{OH} 和输出低电平 V_{OL}。

V_{OH} 是指输入端有一个或几个是低电平时的输出电压值。V_{OL} 是指输入端全为高电平且输出端接有额定负载时的输出电压值。如图 2.2.9（a）所示。TTL 与非门产品规定，当 $V_{CC}=$ 5 V 时，$V_{OH} \geqslant 2.4\ V$，$V_{OL} \leqslant 0.4\ V$，便认为产品合格。

b. 开门电平 V_{ON} 和关门电平 V_{OFF}。

V_{ON} 是指保持输出低电平所允许的输入高电平的下限值。TTL 产品规定 $V_{ON} \leqslant 0.2\ V$。

V_{OFF} 是指保持输出高电平所允许的输入低电平的上限值。TTL 产品规定 $V_{OFF} \geqslant 0.8\ V$。

c. 输入低电平噪声容限 V_{NL} 和输入高电平噪声容限 V_{NH}。

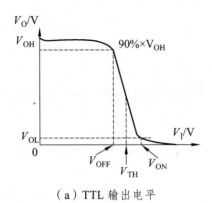

（a）TTL 输出电平

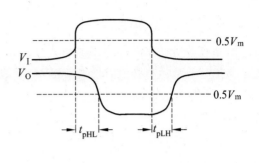

（b）传输时延特性曲线

图 2.2.9 TTL 集成器件特性曲线

在数字系统中，门电路的输入通常是同类门的输出。但有时会有噪声电压叠加在输入信号上。当噪声电压超过一定限度时，就会破坏与非门的正常逻辑关系。把不致影响输出逻辑状态所允许的噪声电压幅度的界限，叫做 TTL 与非门输入端的噪声容限。

当输入低电平（$V_{IL} = V_{OH}$）时，只要噪声电压与输入低电平叠加后的数值小于 V_{OFF}，输出仍为高电平。该噪声电压的极限值即为输入低电平噪声容限 V_{NL}。即

$$V_{NL} = V_{OFF} - V_{OL}$$

V_{NL} 越大，表明输入低电平时抗正向干扰能力越强。

当输入高电平（$V_{IH} = V_{OH}$）时，只要噪声电压（负向）与输入高电平叠加后的数值大于 V_{ON}，输出仍为低电平。该噪声电压的极限值即为输入高电平噪声容限 V_{NH}。即

$$V_{NH} = V_{OH} - V_{ON}$$

V_{NH} 越大，表明输入高电平时抗负向干扰能力越强。

当电源电压供电为 5 V 时，一般 TTL 与非门的数据为 $V_{OH} = 2.4$ V，$V_{OL} = 0.4$ V，$V_{OFF} = 0.9$ V，$V_{ON} = 1.5$ V，则

$$V_{NL} = 0.9 \text{ V} - 0.4 \text{ V} = 0.5 \text{ V}$$

$$V_{NH} = 2.4 \text{ V} - 1.5 \text{ V} = 0.9 \text{ V}$$

d. 扇出系数 N。

扇出系数是指一个与非门能够带同类与非门的最大数目，它表示与非门带负载的能力。TTL 与非门产品规定值为 $N \geqslant 8$。

e. 平均传输延迟时间 t_{pd}。

TTL 与非门工作时，由于晶体管工作状态的变化，如由导通到截止，或由截止到导通，均需要一定的时间，因此，输出脉冲波形相对输入脉冲波形存在一定的时间延迟。从输入脉冲上升沿的 50% 处到输出脉冲下降沿的 50% 处的时间间隔，称为输出从高电平跃变为低电平的传输延迟时间 t_{PHL}。从输入脉冲下降沿的 50% 处到输出脉冲上升沿的 50% 处的时间间隔，称为输出从低电平跃变为高电平的传输延迟时间 t_{PLH}。如图 2.2.9（b）所示。t_{PHL} 和 t_{PLH} 的平均值称为平均传输延迟时间 t_{pd}，即

$$t_{pd} = (t_{PHL} + t_{PLH})/2$$

t_{pd} 是表示门电路开关速度的参数。TTL 与非门的 t_{pd} 一般为几纳秒至几十纳秒。

f. 静态功耗 P_D。

与非门空载时电源总电流 I_{CC} 与电源电压 V_{CC} 的乘积，即

$$P_D = I_{CC} \cdot V_{CC}$$

式中，I_{CC} 为与非门的所有输入端悬空、输出端空载时，电源提供的电流，一般情况下，$I_{CC} \leqslant 10 \, \text{mA}$，$P_D \leqslant 50 \, \text{mW}$。

② TTL 器件的使用规则。

a. 电源电压 V_{CC}：只允许在 +5（1±10%）V 的范围内，超过该范围可能会损坏器件或使逻辑功能混乱。

b. 电源滤波：TTL 器件的调整切换，会产生电流的跳变，幅度约 4～5 mA。该电流在公共走线上的压降会引起噪声干扰，因此，要尽量缩短地线以减小干扰。可在电源端并接一个 100 μF 的电容作为低频滤波，以及一个 0.01～0.1 μF 的电容作为高频滤波。

c. 输出端的连线：不允许输出端直接接电源或地。对于 100 pF 以上的容性负载，应串接几百欧的限流电阻。除集电极开路（OC）门和三态（TS）门外，其他门电路的输出端不允许并联使用。

d. 输入端的连接：输入端可以串入一只 1～10 kΩ 电阻与电源连接或直接接电源电压来获得高电平输入。直接接地为低电平输入。或门和或非门等 TTL 电路的多余输入端不能悬空，只能接地，与门和与非门等 TTL 电路的多余输入端可以悬空，但因悬空时对地呈现的阻抗很高，易受干扰，所以要将它们直接接电源电压或与其他输入端并联使用，以增加电路的可靠性能。

③ TTL 集成电路的特点。

a. 输入端一般有钳位二极管，减少了反射干扰的影响；

b. 输出电阻低，增强了带容性负载的能力；

c. 有较大的噪声容限；

d. 采用 +5 V 的电源供电。

（2）CMOS 门电路主要参数与使用规则。

① CMOS 门电路主要参数。

a. 电源电压 +V_{DD}。

CMOS 门电路的电源电压 +V_{DD} 的范围较宽，一般在 +5～+15 V 范围内均可正常工作，并允许电压波动 ±10%。

b. 静态功耗 P_D。

CMOS 的 P_D 与工作电源电压 +V_{DD} 的高低有关，由于 COMS 是压电控制器件，具有较高的阻抗，与 TTL 器件相比，P_D 的大小一般为微毫瓦级。

c. 输出高电平 V_{OH} 与输出低电平 V_{OL}。

$V_{OH} \geqslant V_{DD} - 0.5 \, \text{V}$ 为逻辑"1"，$V_{OL} \geqslant V_{SS} + 0.5 \, \text{V}$ 为逻辑"0"，其中 $V_{SS} = 0 \, \text{V}$。

d. 扇出系数 N。

CMOS 电路具有极高的输入阻抗，极小的输入短路电流 I_{IS}，一般 $I_{IS} \leq 0.1~\mu A$。输出端灌电流 I_{OL} 比 TTL 电路小得多，在 +5V 电源电压下，一般 $I_{OL} \leq 500~\mu A$。但是，如果以这个电流来驱动同类门电路，其扇出系数将非常大。因此，在工作频率较低时，扇出系数不受限制。但工作在高频状态时，由于后级门电路的电容称为主要的负载，扇出系数将受到限制，一般为 10~20。

e. 平均传输延迟时间 t_{pd}。

CMOS 电路的平均传输延迟时间比 TTL 电路长得多，通常 t_{pd} 为 200 ns 左右。

f. 输入低电平噪声容限 V_{NL} 和输入高电平噪声容限 V_{NH}。

CMOS 器件的噪声容限通常以电源电压 $+V_{DD}$ 的 30% 来估算。

② CMOS 器件的使用规则。

a. 电源电压：电源电压不能接反，规定 $+V_{DD}$ 接电源正极，$-V_{SS}$ 接电源负极或直接接地，一般情况下直接接地。

b. 输出端的连接：输出端不允许直接接电源正极或接地，除三态门外，不允许两个器件的输出端并联使用。

c. 输入端的连接：输入端的信号电压 V_I 应为 $-V_{SS} \leq V_I \leq +V_{DD}$，超过该范围会损坏器件内部的保护二极管或绝缘栅极，使用时输入端串接一只限流电阻，阻值一般为几十千欧姆。所以多余的输出端不能悬空。工作频率不高时允许输入端并联使用。

③ CMOS 电路特点。

a. CMOS 集成电路采用场效应管，且都是互补结构，工作时两个串联的场效应管总是处于一个导通，另一个截止，电路静态功耗理论上为零。实际上，由于存在漏极电流，CMOS 电路尚有微量静态功耗。

b. CMOS 集成电路工作电压范围宽，CMOS 集成电路供电简单，供电电源体积小，基本上不需稳压。

c. CMOS 集成电路逻辑摆幅大，CMOS 集成电路的逻辑高电平和逻辑低电平分别接近电源高电位 V_{DD} 及电源低电位 V_{SS}。

d. CMOS 集成电路抗干扰能力强，CMOS 集成电路的电压噪声容限的典型值为电源电压的 45%，保证值为电源电压的 30%。

（3）TTL 和 CMOS 器件的性能比较。

① TTL 是电流控制器件，CMOS 是电压控制器件。

② TTL 电路的速度快，传输延迟时间短（5~19 ns），但功耗大。MOS 电路的速度慢，传输延迟长（25~50 ns），但功耗低。CMOS 电路的传输与输入信号的脉冲频率有关，频率越高，芯片集越热。

③ TTL 门电路中输入端负载特性。

TTL 门电路输入端悬空时相当于接高电平。这时可以看作是输入端接一个无穷大的电阻。在 TTL 门电路输入端串联 10 kΩ电阻后在输入低电平，输入端呈现的是高电平而不是低电平。由 TTL 门电路的输入负载特性可知，只有在输入端串联电阻小于 910 Ω时，输入的低电平才能识别。CMOS 门电路就不用考虑这些。

2. 基本门电路识读与分析

（1）门电路构成振荡器电路。

振荡器电路如图 2.2.10（a）所示。电路组成最简单的脉冲振荡器。为显示直观，将振荡频率选得较低，并增加三极管驱动发光二极管 LED 闪光，以准确判断出振荡状态。电路中的振荡频率 $f = \dfrac{1}{2}RC$。当电阻 R 的单位用 Ω 而电容 C 的单位用 F 时，所得频率 f 的单位为 Hz。由此，电路的振荡频率 $f = 0.5$ Hz。输入端的电阻 R_S 为补偿电阻，主要用于改善由于电源电压变化而引起的振荡频率不稳定。一般取 $R_S > 2R$。

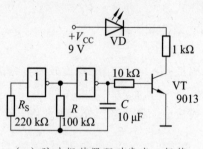 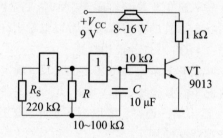

（a）脉冲振荡器驱动发光二极管　　　　　（b）脉冲振荡器驱动扬声器

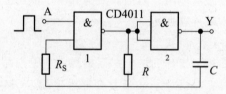 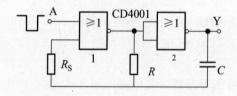

（c）与非门构成的可控脉冲振荡器　　　　　（d）或非门构成的可控脉冲振荡器

图 2.2.10　脉冲振荡器

改变如图 2.2.10（a）中的 R 或 C 的数值，振荡频率会相应地发生变化。应注意：当振荡频率高于 20 Hz 时，发光二极管 LED 的闪动就不明显了，这是由于人眼的惰性所致；此时可以用扬声器代替发光二极管，电路图 2.2.10（b）所示。改变电阻 R 的数值，可明显听出扬声器音调的变化。

图 2.2.10（a）和（b）中的"非"门可使用 CD4069，使用其中的任意 2 个"非"门即可。要注意电源输入 $+V_{DD}$ 和 $-V_{SS}$ 一定要接上，电源可使用各种电池或直流稳压电源，一般选 6～9 V。

除了利用非门组成振荡器之外，利用与非门和或非门也同样可以组成相同的振荡器。实际上把与非门和或非门的各输入端并接在一起就成了非门，而且利用其中的某个输入端，还可组成可控振荡器，如图 2.2.10（c）、（d）所示。在图 2.2.10（c）中，2 个与非门组成振荡器，但仅当与非门 1 的输入 A 为高电平时，电路才振荡；当 A 为低电平时，电路停振。所以，A 点输入电平的高低可控制振荡器的工作与否。在图 2.2.10（d）中，2 个或非门组成振荡器，但只有当或非门 1 的输入 A 为低电平时，电路才能振荡；当 A 为高电平时电路停振，所以也组成一个可控振荡器。

（2）由门电路构成放大器电路。

利用 CMOS 非门的电压转移特性中间部分存在一个线性放大区，利用这个特性可组成模拟信号放大器。

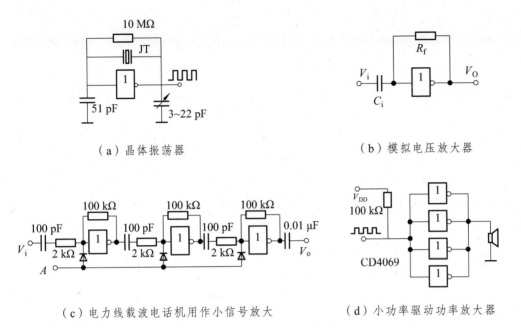

（a）晶体振荡器　　　　　　　　　　（b）模拟电压放大器

（c）电力线载波电话机用作小信号放大　　　（d）小功率驱动功率放大器

图 2.2.11　由门电路构成的放大器电路

振荡器振荡必须满足振幅平衡条件与相位平衡条件，即电路必须具备放大能力、正反馈和选频网路 3 个部分，如图 2.2.11（a）所示，晶体振荡器主要作用是选频，并与电路构成正反馈，构成选频器，非门电路电压转移特性中间部分存在一个"线性放大区"，利用该区域构成增益放大，形成振荡电路，在该电路中，非门电路主要起到放大作用。

模拟放大器的电路如图 2.2.11（b）所示。电阻 R_f 为自给偏置电阻，使 CMOS 反相器工作在线性放大区。这种放大器的特点是电路简单，免调试，放大倍数不易作得过大。如果电路主体采用 CMOS 数字电路，而且又有多余的非门的话，利用这种放大电路对一些小信号进行处理。当然这种电路不宜用来放大保真度高的信号。

如图 2.2.11（c）所示是某型号电力线载波电话机用作小信号放大的实际电路。电路由 3 级非门放大器串接而成。此放大器还受控于 A 点输入的电平。当 A 点输入低电平时，电路起正常的放大作用；当 A 点输入高电平时，3 个非门均输出低电平，电路失去放大作用。

虽然单个 CMOS 非门输出的电流很小，不能用作功率放大器. 但若干个非门并接在一起，就有了一定的负载能力。如图 2.2.11（d）所示是 4 个非门并接在一起推动扬声器直接放音的例子。应注意此时的音源信号应是脉冲波形。此种功放不能用作高保真放大，而且在此电路设计中，正好有几个非门闲置未用，才采用此电路。若单纯为此而多增加一片 CD4069，则得不偿失，不如利用三极管做末级功放。如图 2.2.11（d）所示的 100 kΩ 电阻为上拉电阻，静态时使各个"非"门输出为低，不致使门电路遭到损坏。

（3）逻辑应用。

短路、断路防盗报警器电路如图 2.2.12（a）所示。R_1 作为传感头，可密封或与磁控开关结合固定在被监控物品上。正常状态下，HF_1 的输入端电平均为 $\dfrac{R_2+R_3}{(R_1+R_2+R_3)}V_{DD}=\dfrac{3}{5}V_{DD}>\dfrac{1}{2}V_{DD}$，故 HF_1 输出低电平，HF_2 的输入端电平约为 $\dfrac{R_3}{(R_1+R_2+R_3)}V_{DD}=\dfrac{2}{5}V_{DD}<\dfrac{1}{2}V_{DD}$，故 HF_2 输出高电平，HF_3 输出低电平。注意以上计算忽略了或非门的输入电流。由于 HF_4 的两个输入端均为低电平，故 HF_4 输出高电平，三极管 VT_1 截止，报警片 9561 无工作电压不工作。也可用发光二极管代替。

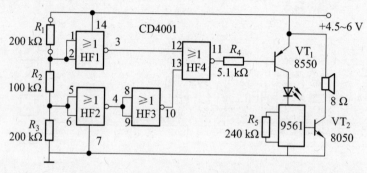

（a）或非门构成的短路、断路防盗报警器

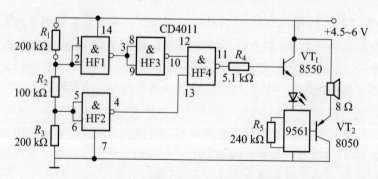

（b）与非门构成的短路、断路防盗报警器

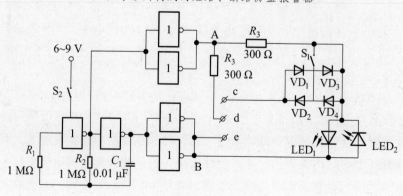

（c）晶体管在线测试仪

96

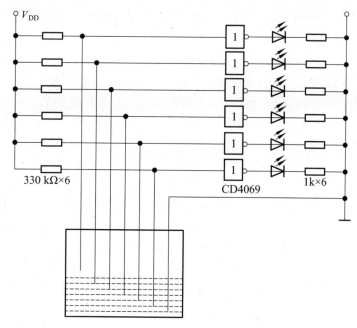

（d）小功率驱动功率放大器

图 2.2.12　门电路逻辑应用

当 R_1 短路时，HF_2 输出端电平变为 $\dfrac{R_2+R_3}{(R_1+R_2+R_3)}V_{DD}=\dfrac{3}{5}V_{DD}>\dfrac{1}{2}V_{DD}$，故 HF_2 输出低电平，HF_3 输出高电平，使 HF_4 输出变低，VT_1 导通，报警片 9561 得电工作，扬声器发出警报声。当 R_1 开路时，HF_1 输入端变为低电平，输出变为高电平，如前所述，使 HF_4 输出变低，电路同样报警。

实际上，利用四 2 输入与非门 CD4011 也可以组成如图 2.2.12（b）和图 2.2.12（a）所示相似的短路、断路防盗报警器。详细工作原理请自行分析。

晶体管在线测试仪电路如图 2.2.12（c）所示。非门 1、2 组成脉冲方波振荡器，振荡频率可在几十~几百赫兹之间选择。非门和非门 2 的输出方波信号相位正好相反，所以非门 3、4 输出端 A 和非门 5、6 输出端 B 也分别输出相位相反的方波信号。非门 3、4 和非门 5、6 输入、输出分别并接在一起，目的是增强输出能力，为被测晶体管提供足够的基极电流和集电极电流，使其强迫饱和。当未接被测管时，由于 A、B 两点分别输出相位正好相反的方波信号，故 LED_1、LED_2 交替闪光，因方波振荡频率较高，故人眼实际观看起来是 2 只发光管均点亮。当接入一个好的 NPN 型三极管时，在 A 点电平高、B 点电平低状态下，三极管饱和导通，LED_1 两端的电压为三极管的炮和压降加上 2 只二极管的正向压降，总共约有 1.6 V 左右，而发光二极管点亮则至少需要 1.8 V 电压。所以，LED_1 熄灭；当 A 点电平低、B 点电平高时，三极管截止，LED_2 点亮，LED_1 由于加的是负偏压仍然熄灭。由此判定，当"LED_1 灭、LED_2 亮"时，表明被测管是一只好管且为 NPN 型管。同理，当接入一个好的 PNP 型三极管时，则是 LED_1 亮、LED_2 灭。除此而外的其他任何显示都应视为被测管已损坏。例如：被测管 CE 结开路时，LED_1、LED_2 均点亮；被测管 CE 结短路时，LED_1、LED_2 均不亮等。

由于电路中基极偏流电阻 R_3 取得较小，故可以克服被测管各管脚之间的在线电阻而使被测管强迫饱和，这是晶体管在线测试仪的基本工作原理。二极管 $VD_1 \sim VD_4$ 的作用是防止误判，若被测管 BE 结或 BC 结短路，其另一个 PN 结就相当于 1 个二极管，若不设 $VD_1 \sim VD_4$，必会造成某一 LED 熄灭，从而造成误判。设置 $VD_1 \sim VD_4$ 后，3 个二极管的压降足以使 LED 点亮，从而避免了误判。S_1 是三极管—二极管测试转换开关：合上 S_1，可在线测试二极管。若二极管为好管，则 LED_1、LED_2 必为 1 亮 1 灭，否则判为坏管。其原理与上述类似。S_1 打开时可测试三极管。本仪器还可在线测试 V-MOS 管、场效应管或单双向可控硅等，读者可自行分析。若用此仪器判别未焊接在板子上的二极管或三极管等，可靠性就更高。

如图 2.2.12（d）所示是某型号电热水器的水位指示电路，核心器件是一片 CMOS 六非门 CD4069。当水箱中无水时，6 个非门均由 330 kΩ 电阻偏置至高电平，所以输出均为低电平，发光二极管 $LED_1 \sim LED_6$ 均不亮。当水位高于非门 1 的输入探针时，由于水的导电作用（自来水的电阻一般在 50 ~ 100 kΩ 之间），使非门 1 输入变为低电平，所以其输出变为高电平，驱动 LED_1 点亮。依次类推，当水位逐渐升高时，$LED_1 \sim LED_6$ 依次点亮，指示出水位的高低。

3. 集成定时器 555 电路识读与分析

555 定时器是电子工程领域中广泛使用的一种中规模集成电路，它将模拟与逻辑功能巧妙地组合在一起，具有结构简单、使用电压范围宽、工作速度快、定时精度高以及驱动能力强等优点。元件封装及其内部原理图如图 2.2.13 所示。555 定时器配以外部元件，可以构成多种实际应用电路。广泛应用于产生多种波形的脉冲振荡器、检测电路、自动控制电路、家用电器以及通信产品等电子设备中。

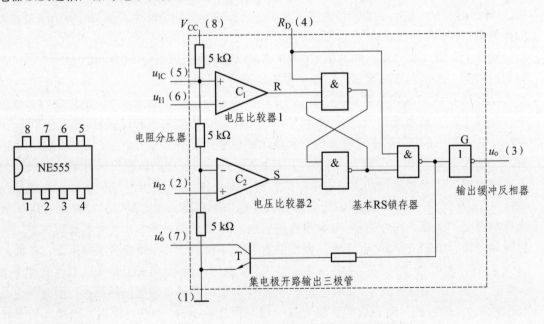

（a）555 外形图　　　　　　　　（b）555 内部电路结构图

图 2.2.13　555 时基集成电路

555 时基集成电路各管脚的作用：脚（1）是公共地端为负极；脚（2）为低触发端 $\overline{TR}$，低于 $\frac{1}{3}V_{CC}$ 电压以下时即导通；脚（3）是输出端 uO，电流可达 200 mA；脚（4）是强制复位端 $\overline{R_D}$，不用可与电源正极相连或悬空；脚（5）是用来调节比较器的基准电压，简称控制端 VCO，不用时可悬空，或通过 0.01 μF 电容器接地；脚（6）为高触发端 TH，也称阈值端，高于 $\frac{2}{3}V_{CC}$ 电源电压发上时即截止；脚（7）是放电端 DISC；（8）是电源正极 VCC。555 时基集成电路管脚分布及内部电路结构如图 2.2.12（b）所示；其功能表如表 2.2.1 所示。

表 2.2.1　555 功能表

输入			输出	
R_D	u_{i1}	u_{i2}	u_o	T_D
0	x	x	低	导通
1	$>\frac{2}{3}V_{CC}$	$>\frac{1}{3}V_{CC}$	低	导通
1	$<\frac{2}{3}V_{CC}$	$>\frac{1}{3}V_{CC}$	不变	不变
1	$<\frac{2}{3}V_{CC}$	$<\frac{1}{3}V_{CC}$	高	截止
1	$>\frac{2}{3}V_{CC}$	$<\frac{1}{3}V_{CC}$	高	截止

常见典型 555 应用电路如图 2.2.14 所示。

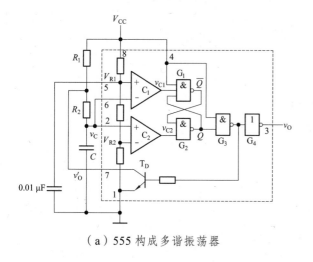

（a）555 构成多谐振荡器

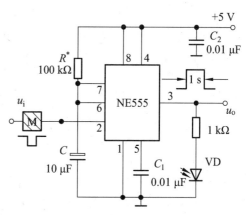

（b）单稳态构成的触摸开关

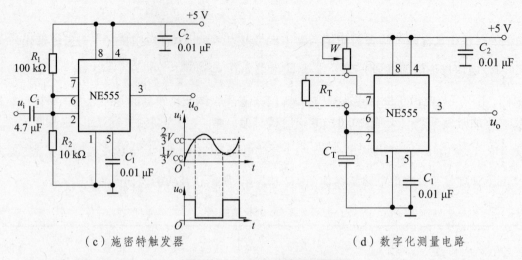

（c）施密特触发器 （d）数字化测量电路

图 2.2.14 555 时基集成电路

多谐振荡器是一种自激振荡电路。因为没有稳定的工作状态，多谐振荡器也称为无稳态电路。由 555 构成的多谐振荡器如图 2.2.14（a）所示。

其工作原理：在刚接同电源时，由于电容 C 两端的电压不能突变，使集成电路 555 的 2 脚电压为 0 V，这一低电压加到电压比较器 C_2 的同相输入端，使电压比较器 C_2 输出低电平，该低电平加到与非门 G_2 的一个输入端，这样，输出端 Q 输出高电平，即多谐振荡器输出电压 u_0 为高电平，通电之后，直流电压 V_{CC} 通过电阻 R_1 和 R_2 对电容 C 充电，由于电容 C 的充电要有一个过程，在 C 两端的电压没有充到一定程度时，电路保持输出电压 u_0 为高电平状态，这是一个暂稳态。随着对电容 C 充电的进行（C 的充电电压极性为上正下负），当 C 上的电压达到一定程度时，集成电路 555 的 6 脚电压为高电平，该高电平加到内电路中的电压比较器 C_1 的反相输入端，使比器器 C_2 输出低电平，该低电平加到与非门 G_1 的一个输入端，使 RS 触发器翻转，即为 Q 端输出低电平，即 u_0 为低电平，Q 非为高电平，从图中所示波形中可看出，此时 u_0 已从高电平翻转到低电平。Q 非为高电平后，该高电平经过电阻 RS 加到 T_D 基极，使 T_D 饱和导通，由于 T_D 导通后集电极和发射极之间的内阻减小，这样电容 C 上充到的上正下负电压开始放电，其放电回路是：C 的上端——R_2——集成电路 555 的 7 脚——T_D 集电极——T_D 发射极——地端——C 的下端，在这放电的过程中，多谐振荡器保持 u_0 为低电平状态，随着 C 的放电，C 上的电压在下降，当 C 上的电压下降到一定程度时，使集成电路的 2 脚电平很低，即电压比较器 C_2 的同相输入端电压很低，使比较器 C_2 输出低电压，该低电压加到与非门 G_2 的一个输入端，使 RS 触发器再次翻转，翻转到 Q 为高电平的暂稳态，即 u_0 为高电平，由于 Q 为高电平，Q 非为低电平，使 T_D 管的基极电压很小，T_D 截止，电容 C 停止放电，改变为 +V 通过电阻 R_1 和 R_2 对电容 C 充电，这样电路进入第 2 个周期，如此反复达到振荡器的作用。

555 构成的单稳态触发器的应用比较多，电路如图 2.2.14（b）所示为 555 构成的单稳态触摸开关。电路中 M 为触摸金属板或者导线。无触法脉冲输入时（即手不接触金属板 M），555 的输出电压 u_0 为低电平"0"，发光二极管 VD 不亮。当用手触摸金属片 M 时，相当于在 555 集成器件 2 脚端输入一个负脉冲，555 的内部比较器 C_2 翻转，使输出 u_0 变为高电平"1"，发光二极管亮，直至电容 C 充电到等于 $\frac{2}{3}V_{CC}$ 为止。当 $>\frac{2}{3}V_{CC}$，二极管不亮，停止发光。二极管的发光时间由 RC 充电时间常数即延时脉冲宽度 t_W 决定：

$$t_W = RC \cdot \ln3 \approx 1.1RC = 1.1\ \text{s}$$

触摸开关可用于触摸报警、触摸报时或触摸控制等。

在波形整形及信号转换过程中常用到施密特触发器，其电路如图 2.2.14（c）所示。将 555 定时器的阈值输入端 6 和 2 相连即构成施密特触发器。施密特触发器也有 2 个稳定状态，但与一般触发器不同的是，施密特触发器采用电位触发方式，其状态由输入信号电位维持；对于负向递减和正向递增 2 种不同变化方向的输入信号，施密特触发器有不同的阀值电压。

从传感器得到的矩形脉冲经传输后往往发生波形畸变。当传输线上的电容较大时，波形的上升沿将明显变缓；当传输线较长，而且接受端的阻抗与传输线的阻抗不匹配时，在波形的上升沿和下降沿将产生振荡现象；当其他脉冲信号通过导线间的分布电容或公共电源线叠加到矩形脉冲信号时，信号上将出现附加的噪声。无论出现上述的那一种情况，都可以通过用施密特反相触发器整形而得到比较理想的矩形脉冲波形。只要施密特触发器的 V_{t+} 和 V_{t-} 设置得合适，均能收到满意的整形效果。

如图 2.2.14（c）所示工作原理是，如果输入信号电压 u_i 由 0 V 开始逐渐增大，当 $u_i < \frac{1}{3}V_{CC}$ 时，输出电压 u_o 为高电平；u_i 继续增大，如果在 $\frac{1}{3}V_{CC} < u_i < \frac{2}{3}V_{CC}$，输出 u_o 维持高电平不变；一旦 $u_i > \frac{2}{3}V_{CC}$，u_o 电压就由高电平跳转到低电平；之后 u_i 继续增大，输出电压 u_o 保持低电平不变。如果 u_i 由大于 $\frac{2}{3}V_{CC}$ 开始逐渐下降，只要在 $\frac{1}{3}V_{CC} < u_i < \frac{2}{3}V_{CC}$ 区间，电路输出状体不变任为低电平不变；只有在 $u_i < \frac{1}{3}V_{CC}$ 时，电路输出电压才再次跳转。

在数字化系统中，信号检测一般为模拟量，如温度和光强等物理量变化是连续的，检测采样得到的常为模拟电压，在数字处理中信号的输入要求为离散的数字信号，在它们之间就需要 A/D 转换电路，一般的 A/D 转化器件成本相对较高，我们也可以使用 555 构成伏-频变换器来实现将模拟信号转换为数字信号，电路原理如图 2.2.14（d）所示。

该电路原理较为简单，其实质就是由 555 构成的无稳态多谐振荡器。分析方法与如图 2.2.14（a）所示类似，图中的 R_T 为传感器，同时也是振荡的定时元件。

4. 使用数字逻辑器件注意的问题

（1）数字集成电路的驱动能力与不同型号集成电路之间的匹配问题。

数字集成电路在驱动负载时，如果负载过多过重，可以接入多个反相器并联使用，将负载分别接到不同门的输出，也可以采用晶体三极管组成驱动电路。

在进行数字电路设计的过程中，如果选用不同型号的集成电路芯片，就要注意它们之间的匹配问题。在同一电路中，CMOS 型集成电路和 TTL 型集成电路可以混合使用。

但存在 TTL 与 CMOS 之间的电压匹配问题，因为 TTL 集成电路的输出高电平一般是

2.8 ~ 3.2 V，而 CMOS 电路的输入高电平则要求高于 3.5 V，因此，当 TTL 电路驱动 CMOS 电路，可采用如图 2.2.15（a）所示的办法，以提高 TTL 电路的输出高电平。

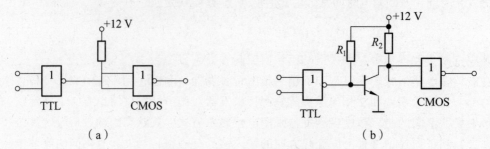

图 2.2.15　TTL 与 COMS 接口电路

当 CMOS 电路所用的电源电压较高时，可采用三极管组成的接口电路，如图 2.2.15（b）所示，只要将三极管集电极接 CMOS 电源即可。当用 CMOS 电路驱动 TTL 电路时，CMOS 电路的 I_{OL} = 0.5 mA，驱动电流不足。因此需要在二者之间加入如图 2.2.16 所示的电流放大驱动电路。

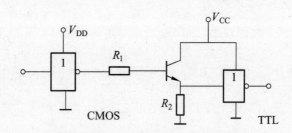

图 2.2.16　COMS 与 TTL 接口电路

（2）时序逻辑电路的自启动问题。

在时序逻辑电路设计过程中，如果要设计一个环形计数器，或者扭环形计数器，会遇到自启动问题。一个如图 2.2.17（a）所示的 3 位扭环形计数器，画出它的状态转换图会发现，当计数器进入如图 2.2.17（b）所示的无效循环时，它是不能自启动的。如果要解决自启动问题，就要修改无限循环的状态转换关系。修改的方法是：将无效循环链断开，将其引至相应的有效状态，这样便可以实现自启动。所修改的只能是触发器 FF_n 的状态，因为高位状态决定了低位状态，如图 2.2.17（b）所示的 FF_n 的状态在无效循环中是 "0"，将它修改为 "1"，这样当计数器落入无限循环状态 "010" 时，只要转到 "101"，就可以自动引入 "110"，从而进入有效循环。在电路中，用引入反馈的方法实现自启动。

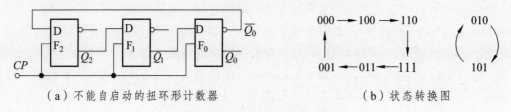

（a）不能自启动的扭环形计数器　　　　（b）状态转换图

图 2.2.17　时序逻辑电路的自启动

① 根据能够自启动的状态，写出触发器 FF_n 的状态方程（在原状态转换表中加入自启动的"010→101→110"后经化简得）：

$$Q_2^{n+1} = \overline{Q_0^n} + Q_2^n\overline{Q_1^n}$$

又因为 $Q_2^{n+1} = D_2$，所以有

$$D_2 = \overline{Q_0^n} + Q_2^n\overline{Q_1^n} = \overline{\overline{Q_0^n}\ \overline{Q_2^n\overline{Q_1^n}}}$$

② 画出逻辑电路图。

解决了自启动问题的扭环形计数器如图 2.2.18 所示。

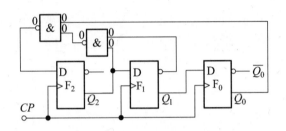

图 2.2.18　自启动环形计数器

（3）组合逻辑电路中竞争-冒险的消除。

① 竞争-冒险的产生。

任一个门电路，只要有两个输入信号同时向相反的方向变化，其输出端就有可能产生干扰脉冲，以如图 2.2.19 所示的最简单的"与非"门电路为例，当输入端 A、B 取值 0、1 同时向 1、0 变化，因为 A、B 信号不可能突变，且传输时间不可能相同，如果 A 从 0 先升到关门电压 U_{OFF}，B 从 1 后降到开关电压 U_{ON}，则输出端必须产生一个下跳干扰脉冲。

② 消除竞争-冒险的方法。

a. 引入封锁脉冲。如图 2.2.19 所示，引入一个负脉冲 P_1，这负脉冲正好在信号发生竞争的时间内，这样就可以将可能发生的干扰脉冲封锁住。

b. 引入选通脉冲。如图 2.2.19 所示，引入一个正脉冲 P_2。P_2 的发生时间在电路达到稳定状态之后，所以输出端不会有干扰脉冲，但这样的方法使得输出信号变成和选通脉冲一样宽的脉冲信号。

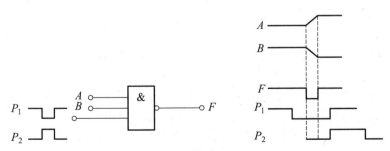

图 2.2.19　COMS 与 TTL 接口电路

c. 接入滤波电容。在电路的输入端接入一个滤波电容，将很窄的干扰脉冲滤除掉，如图 2.2.20（a）所示。因为干扰脉冲很窄，所以应选择很小的电容值，一般选择几十微法就可以了。

d. 修改组合逻辑电路的设计。在卡诺图中将相切的部分用包围圈连接起来，就可以消除竞争—冒险现象，如图 2.2.20（b）所示从图中知，当 $A = B = 1$ 时，无论 C 如何变化，因为 $AB = 1$，所以 $Y = 1$，防止了干扰脉冲的发生。由于 AB 是冗余项，所以这种方法称为"增加冗余项法"。

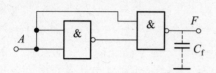　　　　　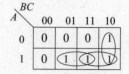

（a）接入滤波电容消除竞争-冒险　　　　　（b）增加冗余项消除竞争-冒险

图 2.2.20　TTL 与 COMS 接口电路

2.2.2.2　微控制器电路识读与分析

单片机是一种集成电路芯片，是采用超大规模集成电路技术把具有数据处理能力的中央处理器 CPU、随机存储器 RAM、只读存储器 ROM、多种 I/O 口和中断系统以及定时器/计时器等功能（可能还包括显示驱动电路、脉宽调制电路、模拟多路转换器和 A/D 转换器等电路）集成到一块硅片上构成的一个小而完善的微型计算机系统，在工业控制领域的广泛应用。从上世纪 80 年代，由当时的 4 位、8 位单片机，发展到现在的 32 位 300 MHz 的高速单片机。

单片微型计算机简称单片机，是典型的嵌入式微控制器（MicroController Unit），常用英文字母的缩写 MCU 表示。单片机又称单片微控制器，它不是完成某一个逻辑功能的芯片，而是把一个计算机系统集成到一个芯片上。单片机由运算器、控制器、存储器以及输入/输出设备构成，相当于一个微型的计算机，和计算机相比，单片机只缺少了 I/O 设备。

由于单片机在工业控制领域的广泛应用，单片机由芯片内仅有 CPU 的专用处理器发展而来。最早的设计理念是通过将大量外围设备和 CPU 集成在一个芯片中，使计算机系统更小，更容易集成进复杂的而对体积要求严格的控制设备当中。

Intel 的 Z80 是最早按照这种思想设计出的处理器，当时的单片机都是 8 位或 4 位的。其中最成功的是 Intel 的 8031，此后在 8031 上发展出了 MCS-51 系列单片机系统。因为简单可靠而且性能不错获得了很大的好评。尽管 2000 年以后 ARM 已经发展出了 32 位的主频超过 300 MHz 的高端单片机，直到目前基于 8031 的单片机还在广泛的使用。在很多方面单片机比专用处理器更适合应用于嵌入式系统，因此它得到了广泛的应用。

1. 应用分类

单片机作为计算机发展的一个重要分支领域，根据目前发展情况，从不同角度单片机大致可以分为通用型/专用型、总线型/非总线型及工控型/家电型。

通用型/专用型：这是按单片机适用范围来区分的。例如，80C51 是通用型单片机，它不是为某种专用途设计的；专用型单片机是针对一类产品甚至某一个产品设计生产的，例如为了满足电子体温计的要求，在片内集成 ADC 接口等功能的温度测量控制电路。

总线型/非总线型：这是按单片机是否提供并行总线来区分的。总线型单片机普遍设置有并行地址总线、数据总线和控制总线，这些引脚用以扩展并行外围器件都可通过串行口与单片机连接，另外，许多单片机已把所需要的外围器件及外设接口集成一片内，因此在许多情况下可以不要并行扩展总线，大大减小封装成本和芯片体积，这类单片机称为非总线型单片机。

控制型/家电型：这是按照单片机大致应用的领域进行区分的。一般而言，工控型寻址范围大，运算能力强；用于家电的单片机多为专用型，通常是小封装、低价格，外围器件和外设接口集成度高。显然，上述分类并不是唯一的和严格的。例如，80C51 类单片机既是通用型又是总线型，还可以作工控用。

2. 单片机基本结构

（1）运算器。

运算器由运算部件（算术逻辑单元 Arithmetic & Logical Unit，简称 ALU）、累加器和寄存器等几部分组成。ALU 的作用是把传来的数据进行算术或逻辑运算，输入来源为 2 个 8 位数据，分别来自累加器和数据寄存器。ALU 能完成对这两个数据进行加、减、与、或及比较大小等操作，最后将结果存入累加器。例如，两个数分别为 6 和 7 相加；在相加之前，操作数 6 放在累加器中，数据 7 放在数据寄存器中，当执行加法指令时，ALU 即把两个数相加并把结果 13 存入累加器，取代累加器原来的内容数据 6。

运算器有两个功能：

① 执行各种算术运算。

② 执行各种逻辑运算，并进行逻辑测试，如零值测试或两个值的比较。

运算器所执行全部操作都是由控制器发出的控制信号来指挥的，并且，一个算术操作产生一个运算结果，一个逻辑操作产生一个判决。

（2）控制器。

控制器由程序计数器、指令寄存器、指令译码器、时序发生器和操作控制器等组成，是发布命令的"决策机构"，即协调和指挥整个微机系统的操作。其主要功能有：

① 从内存中取出一条指令，并指出下一条指令在内存中的位置。

② 对指令进行译码和测试，并产生相应的操作控制信号，以便于执行规定的动作。

③ 指挥并控制 CPU、内存和输入/输出设备之间数据流动的方向。

微处理器内通过内部总线把 ALU、计数器、寄存器和控制部分互联，并通过外部总线与外部的存储器和输入/输出接口电路连接。外部总线又称为系统总线，分为数据总线 DB、地址总线 AB 和控制总线 CB。通过输入输出接口电路，实现与各种外围设备连接。

（3）主要寄存器。

① 累加器 A：累加器 A 是微处理器中使用最频繁的寄存器。在算术和逻辑运算时它有双功能：运算前，用于保存一个操作数；运算后，用于保存所得的和、差或逻辑运算结果。

② 数据寄存器 DR：数据寄存器通过数据总线向存储器和输入/输出设备送（写）或取（读）数据的暂存单元。它可以保存一条正在译码的指令，也可以保存正在送往存储器中存储的一

个数据字节等等。

③ 指令寄存器 IR 和指令译码器 ID：指令包括操作码和操作数。

指令寄存器是用来保存当前正在执行的一条指令。当执行一条指令时，先把它从内存中取到数据寄存器中，然后再传送到指令寄存器。当系统执行给定的指令时，必须对操作码进行译码，以确定所要求的操作，指令译码器就是负责这项工作的。其中，指令寄存器中操作码字段的输出就是指令译码器的输入。

④ 程序计数器 PC：PC 用于确定下一条指令的地址，以保证程序能够连续地执行下去，因此通常又被称为指令地址计数器。在程序开始执行前必须将程序的第一条指令的内存单元地址（即程序的首地址）送入 PC，使它总是指向下一条要执行指令的地址。

⑤ 地址寄存器 AR：地址寄存器用于保存当前 CPU 所要访问的内存单元或 I/O 设备的地址。由于内存与 CPU 之间存在着速度上的差异，所以必须使用地址寄存器来保持地址信息，直到内存读/写操作完成为止。

显然，当 CPU 向存储器存数据、CPU 从内存取数据和 CPU 从内存读出指令时，都要用到地址寄存器和数据寄存器。同样，如果把外围设备的地址作为内存地址单元来看的话，那么当 CPU 和外围设备交换信息时，也需要用到地址寄存器和数据寄存器。

3. 常用单片机

（1）MCS-51 单片机。

MCS-51 是指由美国 Intel 公司生产的一系列单片机的总称，这一系列单片机包括了好些品种，如 8031、8051、8751、8032 和 8052、8752 等，其中 8051 是最早最典型的产品，该系列其他单片机都是在 8051 的基础上进行功能的增、减或改变而来的，所以人们习惯于用 8051 来称呼 MCS-51 系列单片机，而 8031 是前些年在我国最流行的单片机，所以很多场合会看到 8031 的名称。Intel 公司将 MCS-51 的核心技术授权给了很多其他公司，所以有很多公司在做以 8051 为核心的单片机，当然，功能或多或少有些改变，以满足不同的需求，其中 AT89S51 就是这几年在我国非常流行的单片机，它是由美国 Atmel 公司开发生产的。

AT89S51 单片机是属于典型代表的 MCS-51 系列单片机，带 4 KBFLASH 存储器（FPEROM—Flash Programmable and Erasable Read Only Memory）的低电压、高性能 CMOS 8 位微处理器，俗称单片机。AT89C2051 是一种带 2 KB 闪存可编程可擦除只读存储器的单片机。单片机的可擦除只读存储器可以反复擦除 1000 次。该器件采用 ATMEL 高密度非易失存储器制造技术制造，与工业标准的 MCS-51 指令集和输出管脚相兼容。由于将多功能 8 位 CPU 和闪烁存储器组合在单个芯片中，ATMEL 的 AT89C51 是一种高效微控制器，AT89C2051 是它的一种精简版本。AT89C51 单片机为很多嵌入式控制系统提供了一种灵活性高且价廉的方案，其外形及引脚排列如图 2.2.21 所示，支持 ISP（In-System Programmable）功能。AT89S51 内部有 128 bytes 的随机存取数据存储器（RAM），5 个中断优先级 2 层中断嵌套中断、2 个 16 位可编程定时计数器、2 个全双工串行通信口、看门狗（WDT）电路以及片内时钟振荡器。兼容标准 MCS-51 指令系统及 80S51 引脚结构。

AT89S51 有 40 个引脚和 32 个外部双向输入/输出（I/O）口。该芯片还具有 PDIP-40、TQFP-44 和 PLCC-443 种封装形式，以适应不同产品的需求。主要引脚功能如下：

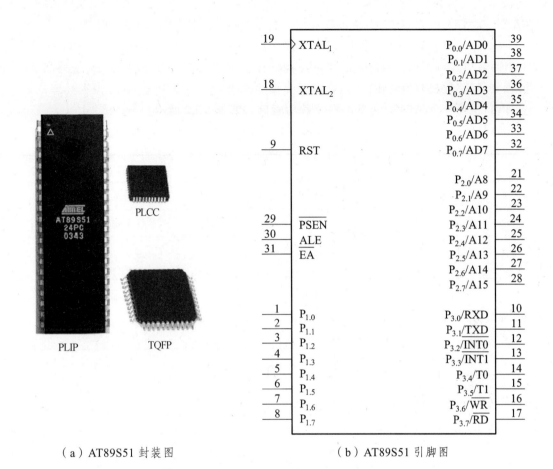

19 → XTAL₁	P₀.₀/AD0	39

(a) AT89S51 封装图 　　　　　　(b) AT89S51 引脚图

图 2.2.21　AT89S51 封装及其引脚图

V_{CC}：供电电压。

GND：接地。

P₀ 口：P₀ 口为一个 8 位漏级开路双向 I/O 口，每脚可吸收 8TTL 门电流。当 P₀ 口的管脚第一次写 1 时，被定义为高阻输入。P₀ 能够用于外部程序数据存储器，它可以被定义为数据/地址的低 8 位。在 FLASH 编程时，P₀ 口作为原码输入口，当 FLASH 进行校验时，P₀ 输出原码，此时 P0 外部必须接上拉电阻。

P₁ 口：P₁ 口是一个内部提供上拉电阻的 8 位双向 I/O 口，P₁ 口缓冲器能接收输出 4TTL 门电流。P₁ 口管脚写入 1 后，被内部上拉为高，可用作输入，P₁ 口被外部下拉为低电平时，将输出电流，这是由于内部上拉的缘故。在 FLASH 编程和校验时，P₁ 口作为低 8 位地址接收。

P₂ 口：P₂ 口为一个内部上拉电阻的 8 位双向 I/O 口，P₂ 口缓冲器可接收，输出 4 个 TTL 门电流，当 P₂ 口被写"1"时，其管脚被内部上拉电阻拉高，且作为输入。并因此作为输入时，P₂ 口的管脚被外部拉低，将输出电流。这是由于内部上拉的缘故。P₂ 口当用于外部程序存储器或 16 位地址外部数据存储器进行存取时，P₂ 口输出地址的高 8 位。在给出地址"1"时，它利用内部上拉优势，当对外部 8 位地址数据存储器进行读写时，P₂ 口输出其特殊功能寄存器的内容。P₂口在 FLASH 编程和校验时接收高 8 位地址信号和控制信号。

P₃口：P₃口管脚是 8 个带内部上拉电阻的双向 I/O 口，可接收输出 4 个 TTL 门电流。当 P3 口写入 "1" 后，它们被内部上拉为高电平，并用作输入。作为输入，由于外部下拉为低电平，P₃口将输出电流（ILL）这是由于上拉的缘故。

P₃口也可作为 AT89C51 的一些特殊功能口，如表 2.2.2 所示。

表 2.2.2 P3 口复用

序号	端口	备选功能	说明
1	$P_{3.0}$	RXD	串行输入口
2	$P_{3.1}$	TXD	串行输出口
3	$P_{3.2}$	$\overline{INT_0}$	外部中断 0
4	$P_{3.3}$	$\overline{INT_1}$	外部中断 1
5	$P_{3.4}$	T_0	计时器 0 外部输入
6	$P_{3.5}$	T_1	计时器 1 外部输入
7	$P_{3.6}$	$\overline{WR}$	外部数据存储器写选通，$\overline{WR}=0$ 选通
8	$P_{3.7}$	$\overline{RD}$	外部数据存储器读选通，$\overline{RD}=0$ 选通

RST：复位输入。当振荡器复位器件时，要保持 RST 脚两个机器周期的高电平时间。

ALE/PROG：当访问外部存储器时，地址锁存允许的输出电平用于锁存地址的低位字节。在 FLASH 编程期间，此引脚用于输入编程脉冲。在平时，ALE 端以不变的频率周期输出正脉冲信号，此频率为振荡器频率的 1/6。因此它可用作对外部输出的脉冲或用于定时目的。然而要注意的是：每当用作外部数据存储器时，将跳过一个 ALE 脉冲。如想禁止 ALE 的输出可在 SFR8EH 地址上置 0。此时，ALE 只有在执行 MOVX，MOVC 指令是 ALE 才起作用。另外，该引脚被略微拉高。如果微处理器在外部执行状态 ALE 禁止，置位无效。

/PSEN：外部程序存储器的选通信号。在由外部程序存储器取指期间，每个机器周期 2 次/PSEN 有效。但在访问外部数据存储器时，这 2 次有效的/PSEN 信号将不出现。

/EA/VPP：当/EA 保持低电平时，则在此期间外部程序存储器（0000H-FFFFH），不管是否有内部程序存储器。注意加密方式 1 时，/EA 将内部锁定为 RESET；当/EA 端保持高电平时，此间内部程序存储器。在 FLASH 编程期间，此引脚也用于施加 12 V 编程电源（VPP）。

XTAL₁：反向振荡放大器的输入及内部时钟工作电路的输入。

XTAL₂：来自反向振荡器的输出。

振荡器特性：XTAL1 和 XTAL2 分别为反向放大器的输入和输出。该反向放大器可以配置为片内振荡器。石晶振荡和陶瓷振荡均可采用。如采用外部时钟源驱动器件，XTAL2 应不接。有余输入至内部时钟信号要通过一个二分频触发器，因此对外部时钟信号的脉宽无任何要求，但必须保证脉冲的高低电平要求的宽度。

芯片擦除：整个 PEROM 阵列和 3 个锁定位的电擦除可通过正确的控制信号组合，并保持 ALE 管脚处于低电平 10ms 来完成。在芯片擦操作中，代码阵列全被写"1"且在任何非空存储字节被重复编程以前，该操作必须被执行。此外，AT89S51 设有稳态逻辑，可以在低到零频率的条件下静态逻辑，支持两种软件可选的掉电模式。在闲置模式下，CPU 停止工作。但 RAM，定时器，计数器，串口和中断系统仍在工作。在掉电模式下，保存 RAM 的内容并且冻结振荡器，禁止所用其他芯片功能，直到下一个硬件复位为止。

AT89S51 主要功能特性如下：

兼容 MCS-51 指令系统；　　　　　　4 k 可反复擦写（>1 000 次）ISP FLASH ROM；

32 个双向 I/O 口线；　　　　　　　4.5 ~ 5.5V 工作电压；

2 个 16 位可编程定时/计数器；　　　时钟频率 0~33 MHz；

2 个外部中断源；　　　　　　　　　低功耗空闲和省电模式；

中断唤醒省电模式；　　　　　　　　3 级加密位；

内置看门狗（WDT）电路；　　　　　软件设置空闲和省电功能；

灵活的在线编程；　　　　　　　　　双数据寄存器指针；

单片机最小系统电路如图 2.2.22（a）所示，主要包含复位电路、程序下载接入电路和振荡器 3 个部分。

复位电路就是在 RST 端（9 脚）外接的一个电路，目的是当单片机上电开始工作时，内部电路从初始状态开始工作，或者在工作中要想人为地让单片机重新从初始状态开始工作。在时钟工作的情况下，只要 AT89S51 的复位引脚高电平保持 2 个机器周期以上的时间，AT89S51 便能完成系统重置的各项动作,使得内部特殊功能寄存器之内容均被设成已知状态,并且从地址 0000H 处开始读入程序代码而执行程序。由 C_1 和 R_2 构成上电自动复位电路，S_{17} 实现手动开关复位。

程序下载接入电路：如图 2.2.22（a）所示有一个下载线接口 J_{13}，J_{13} 的 1 脚接 5 V 电源，2、3 和 4 脚接单片机的 P_1 口的 $P_{1.5}$、$P_{1.6}$ 和 $P_{1.7}$ 三个引脚，5 脚接复位引脚，6 脚接地。在计算机中编写好的程序通过数据下载线连接到单片机实验电路插接口（J_{13}），实现从计算机将程序下载到单片机的程序存储器中，完成单片机的程序写入工作。

由于 AT89S51 不仅向 89C51 支持程序的并行写入，而且支持 ISP 在线可编程的串行写入，利用计算机下载线将原程序编译后进行串行写入到 AT89S51，速度快且稳定性好，同时不需要 V_{PP} 烧写高压，只要 4 ~ 5 V 供电即可完成写入。所以，本书主要介绍用串行写入方式将程序到单片机。

AT89S51 是内部具有振荡电路的单片机，只需在 18 脚和 19 脚之间接上石英晶体，给单片机加上工作所需直流电源，振荡器就开始振荡起来。振荡电路就为单片机工作提供了所需要的时钟脉冲信号，使单片机的内部电路，单片机的内部程序（若有）开始工作起来。振荡电路不工作，整个单片机电路都不能正常工作。AT89S51 常外接 6 ~ 12 MHz 的石英晶体，图中接入的是 11.059 2 MHz 的石英晶体，最高可接 33 MHz 石英晶体。18 脚和 19 脚分别对地接了一个 20 pF 的电容，目的是防止单片机自激。

与计算机连接通信的串口电路，电路如图 2.2.22（b）所示。由于单片机和计算机的电源电压不同，利用 MAX232 芯片把 TTL 电平转换成 RS-232 电平格式，以实现单片机与微机通信，也可以用此电路实现单片机与单片机之间的通信。

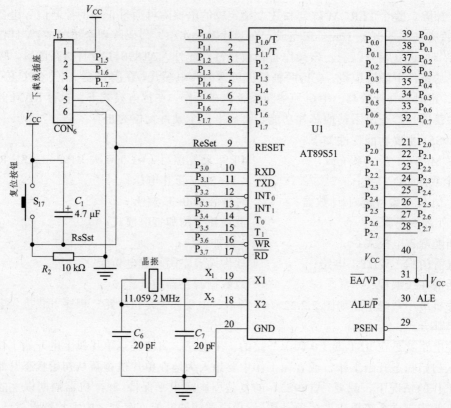

（a）单片机最小系统

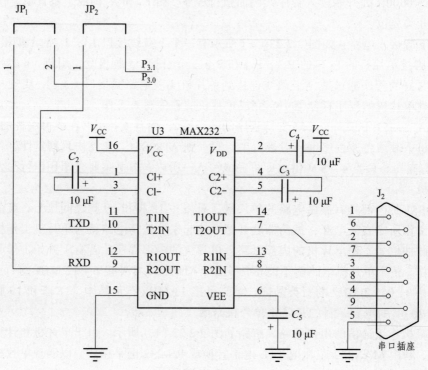

（b）RS232 通讯

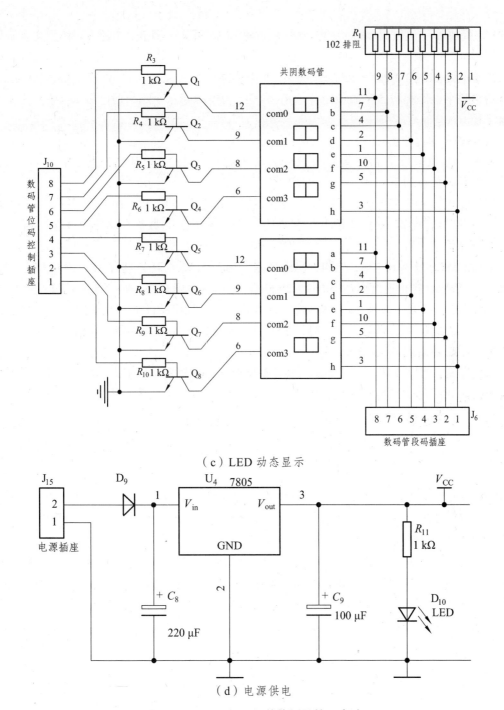

（c）LED 动态显示

（d）电源供电

图 2.2.22　AT89S51 单片机及接口电路

　　电路中，J_2 是标准 RS‒232 串口端，单片机实验电路通过这个串口用标准串口连接线与计算机串口相连。跳线 J_{P1} 和 J_{P2} 可切断计算机串口与单片机 $P_{3.0}$ 和 $P_{3.1}$ 之间的信号传输。

　　显示数据的数码管显示电路：电路设计了一组数码管显示电路，电路如图 2.2.22（c）所示。8 只数码管可以单只驱动，也可动态驱动显示 8 位数码管。通过插接口 J_6 接数码管 7 段显示段码输入端，通过插接口 J_{10} 接每位数码管的驱动信号。单板机在输出 7 段显示码到 J_6

的同时，提供哪一位数码管显示的控制信号也输到 J$_{10}$ 的某一脚上，二者共同作用实现数码管的显示。

电源电路如图 2.2.22（d）所示。通过 J$_{15}$ 电源插座接入大于 6～9 V 的直流电压，经 7805 稳压后给整个电路提供 5 V 直流电压。R$_{11}$ 和 D$_{10}$ 为电源指示电路，通电后 D$_{10}$ 亮。为了有效消除干扰。

（2）AVR 单片机。

AVR 单片机吸取了 PIC 及 8051 等单片机的优点，同时在内部结构上还作了一些重大改进，其主要的优点如下：

程序存储器为价格低廉、可擦写 1 万次以上且指令长度单元为 16 位（字）的 FlashROM（即程序存储器宽度为 16 位，按 8 位字节计算时应乘 2）。而数据存储器为 8 位。因此 AVR 还是属于 8 位单片机。

采用 CMOS 技术和 RISC 架构，实现高速（50 ns）、低功耗且具有 SLEEP（休眠）功能。AVR 的一条指令执行速度可达 50 ns（20 MHz），而耗电则在 1 μA～2.5 mA 间。AVR 采用 Harvard 结构，以及一级流水线的预取指令功能，即对程序的读取和数据的操作使用不同的数据总线，因此，当执行某一指令时，下一指令被预先从程序存储器中取出，这使得指令可以在每一个时钟周期内被执行。

高度保密。可多次烧写的 Flash 且具有多重密码保护锁定（LOCK）功能，因此可低价快速完成产品商品化，且可多次更改程序（产品升级），方便了系统调试，而且不必浪费 IC 或电路板，大大提高了产品质量及竞争力。

工业级产品。具有大电流 10～20 mA（输出电流）或 40 mA（吸电流）的特点，可直接驱动 LED、SSR 或继电器。有看门狗定时器（WDT）安全保护，可防止程序走飞，提高产品的抗干扰能力。

超功能精简指令。具有 32 个通用工作寄存器（相当于 8051 中的 32 个累加器），克服了单一累加器数据处理造成的瓶颈现象。片内含有 128B～4 KB SRAM，可灵活使用指令运算，适合使用功能很强的 C 语言编程，易学、易写、易移植。

程序写入器件时，可以使用并行方式写入（用编程器写入），也可使用串行在线下载（ISP）或再应用下载（IAP）方法下载写入。也就是说不必将单片机芯片从系统板上拆下拿到万用编程器上烧录，而可直接在电路板上进行程序的修改和烧录等操作，方便产品升级，尤其是对于使用 SMD 表贴封装器件，更利于产品微型化。

通用数字 I/O 口的输入/输出特性与 PIC 的 HI/LOW 输出及三态高阻抗 HI-Z 输入类同，同时可设定类同与 8051 结构内部有上拉电阻的输入端功能，便于作为各种应用特性所需（多功能 I/O 口），AVR 的 I/O 口是真正的 I/O 口，能正确反映 I/O 口的输入/输出的真实情况。

单片机内集成有模拟比较器，可组成廉价的 A/D 转换器。

像 8051 一样，有多个固定中断向量入口地址，可快速响应中断，而不是像 PIC 一样所有中断都在同一向量地址，需要以程序判别后才可响应，这会浪费且失去控制时机的最佳机会。

同 PIC 一样，带有可设置的启动复位延时计数器。AVR 单片机内部有电源上电启动计数器，当系统 RESET 复位上电后，利用内部的 RC 看门狗定时器，可延迟 MCU 正式开始读取指令执行程序的时间。这种延时启动的特性，可使 MCU 在系统电源和外部电路达到稳定后再正式开始执行程序，提高了系统工作的可靠性，同时也可节省外加的复位延时电路。

　　许多 AVR 单片机具有内部的 RC 振荡器，提供 1/2/4/8 MHz 的工作时钟，使该类单片机无需外加时钟电路元器件即可工作，非常简单和方便。

　　工作电压范围宽 2.7 ~ 6.0 V，具有系统电源低电压检测功能，电源抗干扰性能强。

　　ATmega 系列单片机属于 AVR 中的高档产品，它承袭 AT9 所具有的特点，并在 AT90（如 AT9058515 和 AT9058535）的基础上，增加了更多的接口功能，而且在省电性能。稳定性、抗干扰性以及灵活性方面考虑得更加周全和完善。

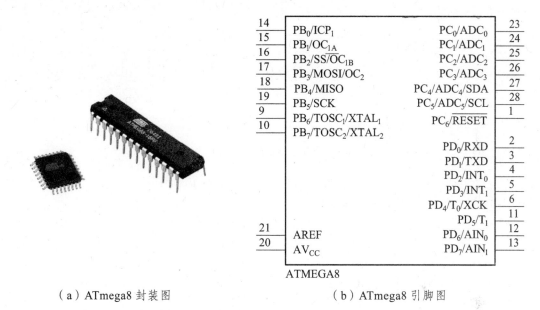

（a）ATmega8 封装图　　　　　　　　　　　（b）ATmega8 引脚图

图 2.2.23　ATmega8 单片机

　　ATmega8 是 Atmel 公司在 2002 年第一季度推出的一款新型 AVR 高档单片机。封装及其元件引脚如图 2.2.23 所示。在 AVR 家族中，ATmega8 是一种非常特殊的单片机，它的芯片内部集成了较大 容量的存储器和丰富强大的硬件接口电路，具备 AVR 高档单片机 MEGE 系列的全部性能和特点。但由于采用了小引脚封装（为 DIP 28 和 TQFP/MLF32），所以其价格仅与低档单片机相当，再加上 AVR 单片机的系统内可编程特性，使得无需购买昂贵的仿真器和编程器也可进行单片机 嵌入式系统的设计和开发,同时也为单片机的初学者提供了非常方便和简捷的学习开发环境。

　　ATmega8 的这些特点，使其成为一款具有极高性能价格比的单片机，深受广大单片机用户的喜爱，在产品应用市场上极具竞争力，被很多家用电器厂商和仪器仪表行业看中，从而使 ATmega8 迅速进入大批量的应用领域。

　　ATmega8 是一款采用低功耗 CMOS 工艺生产的基于 AVR RISC 结构的 8 位单片机。AVR 单片机的核心是将 32 个工作寄存器和丰富的指令集联结在一起，所有的工作寄存器都与 ALU（算术逻辑单元）直接相连，实现了在 1 个时钟周期内执行的一条指令同时访问（读写）2 个独立寄存器的操作。这种结构提高了代码效率，使得大部分指令的执行时间仅为 1 个时钟周期。因此，ATmega8 可以达到接近 1MIPS/MHz 的性能，运行速度比普通 CISC 单片机高出 10 倍。

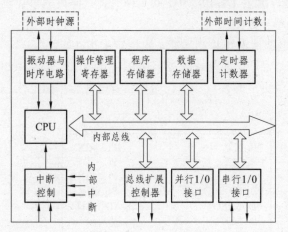

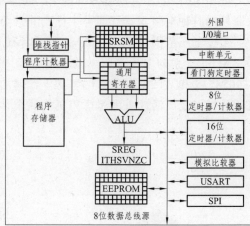

（a）ATmega8 内部结构　　　　　　　　（b）ATmega8 数据运算

图 2.2.24　ATmega8 单片机内部结构

ATmega8 单片机内部结构如图 2.2.24 所示。主要特性之内部特点：

① 高性能、低功耗的 8 位 AVR 微处理器。

② 先进的 RISC 结构。

③ 130 条指令，大多数指令执行时间为单个时钟周期。

④ 32 个 8 位通用工作寄存器；全静态工作；工作于 16 MHz 时性能高达 16 MIPS；只需 2 个时钟周期的硬件乘法器。

⑤ 非易失性程序和数据存储器。8 KB 的系统内可编程 FLASH，ATmega8 内部包含 8 KB 的支持可在线编程（ISP）和可在线应用自编程（IAP）的 FLASH 存储器，用于存放程序指令代码，地址范围为 $0000H ~ $? FFFH，擦写寿命 10 000 次；真正的同时读写操，512 B 的 EEPROM，EEPROM（Electrically Erasable Programmable Read-Only Memory），电可擦可编程只读存储器是一种掉电后数据不丢失的存储器；1 KB 的片内 SRAM。

⑥ 具有独立锁定位的可选 Boot 代码区，通过片上 Boot 程序实现系统内编程。可以对锁定位进行编程以实现用户程序的加密。

主要特性之外设特点：

① 2 个具有比较模式的带预分频器（Separate Prescale）的 8 位定时/计数器。1 个带预分频器（SeParat Prescale），具有比较和捕获模式的 16 位定时/计数器。

② 1 个具有独立振荡器的异步实时时钟（RTC）。

③ 3 个 PWM 通道，可实现任意<16 位、相位和频率可调的 PWM 脉宽调制输出。

④ 8 通道 A/D 转换（TQFP、MLF 封装），6 路 10 位 A/D+2 路 8 位 A/D。6 通道 A/D 转换（PDIP 封装），4 路 10 位 A/D，2 路 8 位 A/D。

⑤ 1 个 I^2C 的串行接口，支持主/从、收/发 4 种工作方式，支持自动总线仲裁。

⑥ 1 个可编程的串行 USART 接口，支持同步、异步以及多机通信自动地址识别。

⑦ 1 个支持主/从（Master/Slave）、收/发的 SPI 同步串行接口。

⑧ 带片内 RC 振荡器的可编程看门狗定时器。

⑨ 片内模拟比较器。

特殊的处理器特点：

① 上电复位以及可编程的欠电压检测电路。

② 内部集成了可选择频率（1/2/4/8 MHz）、可校准的 RC 振荡器。

③ 外部和内部的中断源 18 个。

④ 5 种睡眠模式：空闲模式（Idle）、ADC 噪声抑制模式（ADC Noise Reduction）、省电模式（Power-save）、掉电模式（Power-down）和待命模式（Standby）。

⑤ I/O 和封装，最多 23 个可编程 I/O 口，可任意定义 I/O 的输入/输出方向；输出时为推挽输出，驱动能力强，可直接驱动 LED 等大电流负载；输入口可定义为三态输入，可以设定带内部上拉电阻，省去外接上拉电阻。

ATmega8 最小系统与 AT89S51 类似，电路如图 2.2.25 所示。由于 ATmega8 属于 AVR 单片机，其指令系统与 AT89S51，单编程思想和方法基本相同，限于篇幅的原因，建议读者去查阅相关的 AVR 单片机书籍。

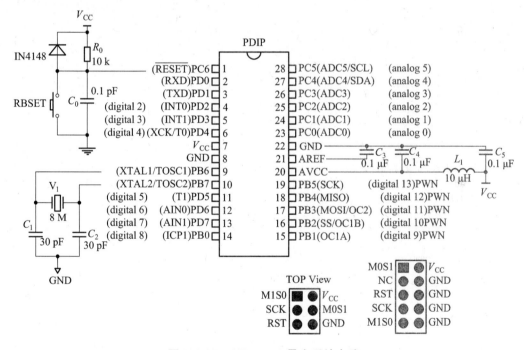

图 2.2.25　ATmega8 最小系统电路

（3）PIC 单片机。

PIC（Periphery interface Chip）单片机是美国 Microchip 公司生产的系列单片机。

PIC 系列单片机不是在一般微型计算机 CPU 的基础上加以改造的，而是独树一帜，采用全新的流水线结构、单字节指令体系、嵌入闪存以及 10 位 A/D 转换器，是指具有卓越的性能，代表着单片机发展的新方向。PIC 系列单片机具有高、中和低 3 个档次，可以满足不同用户开发的需要，适合在各个领域中应用。

PIC 系列单片机采用哈佛总线结构，在芯片内部，数据总线和指令总线分离，容许采用不同字节宽度。这样，就实现了在执行一条指令的同时，可对下一条指令进行取指令操作，也为实现全部指令的单字节化和单周期化创造了条件，从而大大提高了 CPU 执行指令的速度和工作效率。

由于 PIC 系列单片机采用 CMOS（互补金属氧化物半导体）结构，其功率消耗极低，是目前世界上最低功耗的单片机品种之一。其中有些型号在 4 MHz 时钟下工作时，耗电不超过 2 mA；而在睡眠模式下，耗电可低至 1 μA 以下。因此，PIC 系列单片机尤其适用于野外移动仪表的控制以及户外免维护的控制系统。

PIC 系列单片机 I/O 端口驱动负载的能力较强，每个输出引脚可以驱动高达 20～25 mA 的负载，既能够高电平直接驱动发光二极管 LED、光电耦合器和小型继电器等，也可以低电平直接驱动，这样可大大简化控制电路。一般端口驱动能力为 60～70 mA，而所有输入/输出驱动低于 200 mA。

PIC16F87X 系列单片机是一种高速、低功耗及功能齐全的微处理芯片，内部含有 FLASH、ROM、RAM、EFPROM、A/D 转换器、捕捉器/比较器/PWM、串行通信端口、定时器/计数器、中断控制器和中央处理器，以及数据总线、数据存储总线和程序存储总线。其中，数据总线和数据存储总线是 8 位宽，程序存储器总线是 14 位宽。集成于片内的数据存储器通过片内的 8 位总线与算术逻辑单元 ALU 连接，可以直接通过内部总线传送信息，以寄存器方式工作和寻址。

品种有：28 引脚采用双列直插和表面封装的 16F870、16F872、16F873 和 16F8764 种型号及 40 引脚采用双列直插和表面封装等 3 种形式的 16F871、16F874 和 16F877。它们属于 PIC·单片机系列的中档产品，可以满足不同的应用要求。

PIC16F87X 系列芯片集成了 FLASH 程序存储器、算术逻辑单元 ALU、13 位指令计数器 PC、14 位指令寄存器 2R、指令译码器 ID、8 级 13 位的堆栈、文件寄存器 RAM、特殊功能寄存器 SFR、程序状态寄存 STATUS、多通道 10 位 A/D 转换器、数据 EFPROM、定时器/计数器、多功能可编程输入/输出端口、串行/并行通信端口、捕捉器/比较器/PWM、上电和掉电复位电路、看门狗 WDT 和振荡器以及时序发生器等部件，按功能可以分成 2 大组件，即内部 CPU 核心模块和外围功能模块。常 PIC16F87X 系列单片机特性如表 2.2.23 所示。下面分别介绍模块的结构和作用。

表 2.2.3　常 PIC16F87X 系列单片机特性

功能	型号						
	16F870	16F871	16F872	16F873	16F874	16F876	16F877
工作频率	DC-20	DC-20	DC-20	DC-20	DC-20	DC-20	DC-20
FLASH 存储器/B	2k×14	2k×14	2k×14	4k×14	4k×14	8k×14	8k×14
RAM/B	128	128	128	192	192	368	368
EFPROM/B	64	64	64	128	128	256	256
中断/个	10	11	10	13	14	13	14
I/O 端口	A、B、C	A、B、C、D、E	A、B、C	A、B、C	A、B、C、D、E	A、B、C	A、B、C、D、E

功能	型 号						
	16F870	16F871	16F872	16F873	16F874	16F876	16F877
定时器/个	3	3	3	3	3	3	3
A/D 转换通道/个	5	8	5	5	8	5	5
CCP 模块/个	1	1	1	2	2	2	2
串行通信模块	USART	USART	无	USART	USART	USART	USART

① 内部 CPU 核心模块的结构和作用。

a. 算术逻辑单元 ALU：实现算术运算和逻辑运算。

工作寄存器 W：主要放一些中间变量或操作地址，是数据流通和传送的桥梁，也是使用最频繁的寄存器。

程序状态寄存器 STATUS：反应运算结果的状态，例如是否进位、借位和全零等。

b. 控制器的结构和作用

时钟电路：产生芯片内部所需的脉冲信号。

复位电路：该电路是单片机在必要时能够复位。

指令寄存器：暂存程序其中的指令，并把指令分成操作数和操作码，送到不同的目的地。

程序计数器 PC：记下当前程序的地址，初始状态是零 ，程序每执行一条，PC 的内容就加 1。

c. 存储器的结构和作用。

数据存储器：用来存储单片机工作时的中间运算数据。它由随机存储器 RAM 和可掉电保护数据存储器 EFPROM 构成。随机存储器 RAM 存储参与运算的数据和中间结果，单片机断电后，RAM 的数据会丢失。数据存储器 EFPROM 用来存储需要长期保存的运算数据和结果，单片机断电后，EFPROM 中的数据可长期保存。

程序存储器：由 FLASH 存储器构成，用来存储用户程序和常数。

② 主要外围功能模块的结构和作用。

a. 输入/输出端口的结构和作用。

端口电路有 3 个端口 A、B、C 或 A、B、C、D、E5 个端口模块构成，完成外部电路与 CPU 的信息交换。每个端口都可通过编程来实现输入和输出等不同功能。其中 RA 口是 6 条可编程 I/O 口 RB、RC 和 RD 口是 8 条可编程 I/O 口，RE 口是 3 条可编程 I/O 口。每个端口都有相应的方向寄存器与之对应。A、B 和 C 端口的方向寄存器分别为 TRISA、TRISB 和 TRISC。

b. 定时器模块。

它由定时器 TMR0、TMR1 和 TMR2 构成。其中，TMR0 和 TMR1 既可作定时器，也可做计数器；TMR2 只能做定时器使用。TMR0 是 8 位宽的可编程定时器/计数器，TMR1 是 16 位宽的可编程定时器/计数器，TMR2 是 8 位宽的可编程定时器，TMR1 和 TMR2 还有捕捉/比较/脉宽调制 CCP 模块配合实现捕捉、比较和脉宽调制功能。每个定时器都有相应的控制寄存器与之对应。TMR0、TMR1 和 TNR2 的控制寄存器分别为 OPTION-REG、TICON 和

T2CON。

    c. A/D 转换器模块。

    由 5 或 8 个通道，10 位分辨率的数/模转换器构成。用于将外部的各种模拟信号转换为数字信号供单片机处理。

    ③ PIC 单片机引脚。

    PIC16F87X 系列单片机的引脚分为 2 种：一种为 40 脚（包括 871、874 和 877），如图 2.2.26（a）所示；另一种为 28 脚（包括 870、872、873 和 876），如图 2.2.26（b）所示，下面介绍它们的功能。

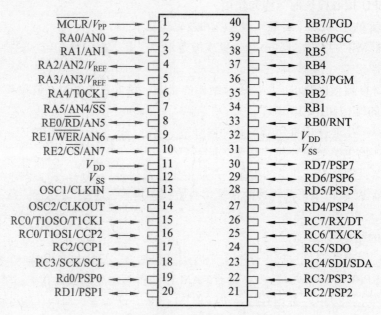

（a）接入滤波电容消除竞争-冒险

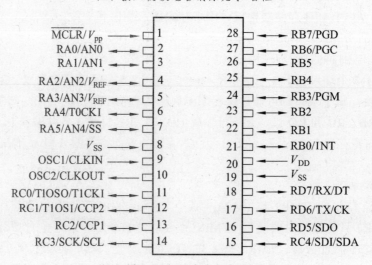

（b）增加冗余项消除竞争-冒险

图 2.2.26　PIC16F87X 系列单片机引脚

根据芯片引脚的功能不同将引脚分成以下 4 类：

a. 电源和地线引脚.

PIC 单片机一般采用+5 V 供电，电源正极为 V_{DD}，地线为 V_{SS}，如图 2.2.26 所示的第 11、12、31 和 32 脚。为防止电源噪声的干扰和影响，一般将电源线引脚和地线引脚放置芯片中间。

b. 时钟振荡器输入/输出引脚。

因为 PIC 单片机可以采用不同的振荡器，所以设置两根不同的引脚将外部振荡元件和内部电路相连，一根是振荡器输入引脚 OSC1/CLKIN，一根是振荡器输出引脚 OSC2/CLKOUT。如图 2.2.26（a）所示的第 13 和 14 脚。

c. 复位信号和编程输入引脚。

外部电路产生的复位信号输入端 $\overline{MCLR}$，低电平有效，可使单片机复位。当对 CPU 编程时，这个引脚作为编程电压的输入端 V_{PP}。如图 2.2.26（b）所示的第 1 脚。

d. 输入/输出端口和第 2、第 3 功能引脚。

PIC 16F87X 系列单片机有多个端口，而且大部分端口都是第 2 和第 3 功能复用口。端口 A、B、C、D 和 E 都是双向 I/O 口、通过编程可以设置成输入或输出口。第 2 和第 3 功能复用口指的是用于 A/D 转换的模拟电压输入端和参考电压输入端。用于定时器的时钟输入端和振荡器输出端，以及用于串口和并口的信号输入/输出端等。

（4）16 位单片机。

MSP430 系列单片机是美国德州仪器（TI）1996 年开始推向市场的一种 16 位超低功耗、具有精简指令集（RISC）的混合信号处理器（Mixed Signal Processor）。称之为混合信号处理器，是由于其针对实际应用需求，将多个不同功能的模拟电路、数字电路模块和微处理器集成在一个芯片上，以提供"单片机"解决方案。该系列单片机多应用于需要电池供电的便携式仪器仪表中。

下面介绍 MSP430 单片机的特点。

① 处理能力强：MSP430 系列单片机是一个 16 位的单片机，采用了精简指令集（RISC）结构，具有丰富的寻址方式（7 种源操作数寻址和 4 种目的操作数寻址）、简洁的 27 条内核指令以及大量的模拟指令；大量的寄存器以及片内数据存储器都可参加多种运算；还有高效的查表处理指令。这些特点保证了可编制出高效率的源程序。

② 运算速度快：MSP430 系列单片机能在 25 MHz 晶体的驱动下，实现 40 ns 的指令周期。16 位的数据宽度、40 ns 的指令周期以及多功能的硬件乘法器（能实现乘加运算）相配合，能实现数字信号处理的某些算法（如 FFT 等）。

③ 超低功耗：MSP430 单片机之所以有超低的功耗，是因为其在降低芯片的电源电压和灵活而可控的运行时钟方面都有其独到之处。

首先，MSP430 系列单片机的电源电压采用的是 1.8～3.6 V 电压。因而可使其在 1 MHz 的时钟条件下运行时，芯片的电流最低会在 165 μA 左右，RAM 保持模式下的最低功耗只有 0.1 μA。

其次，独特的时钟系统设计。在 MSP430 系列中有 2 个不同的时钟系统：基本时钟系统、锁频环（FLL 和 FLL+）时钟系统和 DCO 数字振荡器时钟系统。可以只使用 1 个晶体振荡器（32 768 Hz），也可以使用 2 个晶体振荡器。由系统时钟系统产生 CPU 和各功能所需的时钟。

并且这些时钟可以在指令的控制下，打开和关闭，从而实现对总体功耗的控制。

由于系统运行时开启的功能模块不同，即采用不同的工作模式，芯片的功耗有着显著的不同。在系统中共有 1 种活动模式（AM）和 5 种低功耗模式（LPM0 ~ LPM4）。在实时时钟模式下，可达 2.5 μA，在 RAM 保持模式下，最低可达 0.1 μA。

④ 片内资源丰富：MSP430 系列单片机的各系列都集成了较丰富的片内外设。它们分别是看门狗（WDT）、模拟比较器 A、定时器 A0（Timer_A0）、定时器 A1（Timer_A1）、定时器 B0（Timer_B0）、UART、SPI、I2C、硬件乘法器、液晶驱动器、10 位/12 位 ADC、16 位 $\Sigma - \Delta$ ADC、DMA、I/O 端口、基本定时器（Basic Timer）、实时时钟（RTC）和 USB 控制器等若干外围模块的不同组合。其中，看门狗可以使程序失控时迅速复位；模拟比较器进行模拟电压的比较，配合定时器，可设计出 A/D 转换器；16 位定时器（Timer_A 和 Timer_B）具有捕获/比较功能，大量的捕获/比较寄存器，可用于事件计数、时序发生及 PWM 等；有的器件更具有可实现异步、同步及多址访问串行通信接口可方便地实现多机通信等应用；具有较多的 I/O 端口，P_0、P_1 和 P_2 端口能够接收外部上升沿或下降沿的中断输入；10/12 位硬件 A/D 转换器有较高的转换速率，最高可达 200 kbps，能够满足大多数数据采集应用；能直接驱动液晶多达 160 段；实现两路的 12 位 D/A 转换；硬件 I2C 串行总线接口实现存储器串行扩展；以及为了增加数据传输速度，而采用的 DMA 模块。MSP430 系列单片机的这些片内外设为系统的单片解决方案提供了极大的方便。

另外，MSP430 系列单片机的中断源较多，并且可以任意嵌套，使用时灵活方便。当系统处于省电的低功耗状态时，中断唤醒只需 5 μs。

⑤ 方便高效的开发环境：MSP430 系列有 OTP 型、FLASH 型和 ROM 型 3 种类型的器件，这些器件的开发手段不同。对于 OTP 型和 ROM 型的器件是使用仿真器开发成功之后烧写或掩膜芯片；对于 FLASH 型则有十分方便的开发调试环境，因为器件片内有 JTAG 调试接口，还有可电擦写的 FLASH 存储器，因此采用先下载程序到 FLASH 内，再在器件内通过软件控制程序的运行，由 JTAG 接口读取片内信息供设计者调试使用的方法进行开发。这种方式只需要 1 台 PC 机和 1 个 JTAG 调试器，而不需要仿真器和编程器。开发语言有汇编语言和 C 语言。

2.2.2.3　可编程逻辑器件电路识读与分析

可编程逻辑器件（Programmable Logic Device） 即 PLD。PLD 是作为一种通用集成电路产生的，他的逻辑功能按照用户对器件编程来确定。一般的 PLD 的集成度很高，足以满足设计一般的数字系统的需要。这样就可以由设计人员自行编程而把一个数字系统"集成"在一片 PLD 芯片上。

PLD 逻辑器件分为 2 大类：固定逻辑器件和可编程逻辑器件。固定逻辑器件中的电路是永久性的，它们完成一种或一组功能，一旦制造完成，就无法改变。可编程逻辑器件（PLD）是能够为客户提供范围广泛的多种逻辑能力、特性、速度和电压特性的标准成品部件，而且此类器件可在任何时间改变，从而完成许多种不同的功能。

对于固定逻辑器件，根据器件复杂性的不同，从设计原型到最终生产所需要的时间可从数月至一年多不等。而且，如果器件工作不合适，或者如果应用要求发生了变化，那么就必须开发全新的设计。设计和验证固定逻辑的前期工作需要大量的"非重发性工程成本"或NRE。NRE 表示在固定逻辑器件最终从芯片制造厂制造出来以前客户需要投入的所有成本，这些成本包括工程资源、昂贵的软件设计工具、用来制造芯片不同金属层的昂贵光刻掩模组，以及初始原型器件的生产成本。

对于可编程逻辑器件，设计人员可利用价格低廉的软件工具快速开发、仿真和测试其设计。然后，可快速将设计编程到器件中，并立即在实际运行的电路中对设计进行测试。原型中使用的 PLD 器件与正式生产最终设备（如网络路由器、DSL 调制解调器、DVD 播放器或汽车导航系统）时所使用的 PLD 完全相同。这样就没有了 NRE 成本，最终的设计也比采用订制固定逻辑器件时完成得更快。

采用 PLD 的另一个关键优点是在设计阶段中客户可根据需要修改电路，直到对设计工作感到满意为止。这是因为 PLD 基于可重写的存储器技术，要改变设计，只需要简单地对器件进行重新编程。一旦设计完成，客户可立即投入生产，只需要利用最终软件设计文件简单地编程所需要数量的 PLD 就可以了。

1. PLD 的优点

固定逻辑器件和 PLD 各有自己的优点。例如，固定逻辑器件设计经常更适合大批量应用。对有些需要极高性能的应用，固定逻辑也可能是最佳的选择。

然而，可编程逻辑器件提供了一些优于固定逻辑器件的重要优点，包括：PLD 在设计过程中为客户提供了更大的灵活性，因为对于 PLD 来说，功能器件的设计只需要简单地改变编程文件就可以实现功能的改变，且结果可立即在工作器件中看到，减小了产品设计开发周期，硬件软化降低了开发成本。

PLD 允许客户在需要时仅订购所需要的数量，从而使客户可控制库存。采用固定逻辑器件的客户经常会面临需要废弃的过量库存，而当对其产品的需求高涨时，他们又可能为器件供货不足所苦，并且不得不面对生产延迟的现实。

PLD 甚至在设备付运到客户那儿以后还可以重新编程。事实上，由于有了可编程逻辑器件，一些设备制造商现在正在尝试为已经安装在现场的产品增加新功能或者进行升级。要实现这一点，只需要通过 Internet 网络将新的编程文件下载到 PLD 器件中就可以在系统中创建出新的硬件逻辑。

PLD 现在有越来越多的知识产权（IP）核心库的支持。用户可利用这些预定义和预测试的软件模块在 PLD 内迅速实现系统功能。IP 核心包括从复杂数字信号处理算法和存储器控制器直到总线接口和成熟的软件微处理器在内的一切。此类 IP 核心为客户节约了大量时间和费用。否则，用户可能需要数月的时间才能实现这些功能，而且还会进一步延迟产品推向市场的时间。

2. 可编程逻辑器件常用的两种类型

可编程逻辑器件的两种主要类型是现场可编程门阵列（Field Programmable Gate Array，FPGA）和复杂可编程逻辑器件（Complex Programmable Logic Device，CPLD）。

FPGA 采用 SRAM 工艺。直接烧写程序，掉电后程序丢失；理论上擦写 100 万次以上；一般使用需要外挂 EEPROM，可以达到几百万门电路。比如 Altera 公司的 APEX、FLEX、

ACEX、STRATIX 和 CYCLONE 系列。

CPLD 采用 EPPROM 或 FLASH 工艺。直接烧写程序，掉电后程序不会消失；一般可以擦写几百次，并且一般宏单元在 512 以下。如 ALTERA 的 AX3000/5000/7000/9000 和 CLASSIC 系列。

在这 2 类可编程逻辑器件中，FPGA 提供了最高的逻辑密度、最丰富的特性和最高的性能。现在最新的 FPGA 器件，如 Xilinx Virtex 系列中的部分器件，可提供八百万"系统门"（相对逻辑密度）。这些先进的器件还提供诸如内建的硬连线处理器、大容量存储器、时钟管理系统等特性，并支持多种最新的超快速器件至器件（Device To Device）信号技术。FPGA 被应用于范围广泛的应用中，从数据处理和存储，以及到仪器仪表、电信和数字信号处理等。与此相比，CPLD 提供的逻辑资源少得多，最高约 1 万门。 但是，CPLD 提供了非常好的可预测性，因此对于关键的控制应用非常理想。

3. FPGA 与 CPLD 选择

CPLD 分解组合逻辑的功能很强。而 FPGA 的一个 LUT 只能处理 4 输入的组合逻辑。CPLD 适合用于设计译码等复杂组合逻辑。

如果设计中使用到大量触发器，那么使用 FPGA 就是一个很好选择。FPGA 的制造工艺确定了 FPGA 芯片中包含的 LUT 和触发器的数量非常多，往往都是几千上万，PLD 一般只能做到 512 个逻辑单元，而且如果用芯片价格除以逻辑单元数量，FPGA 的平均逻辑单元成本大大低于 PLD。

下面介绍世界主流厂家的 CPLD/FPGA。

（1）Altera 公司：最大的 CPLD/FPGA 供应商之一。Altera 公司从 1983 年起便将其发明的可编程逻辑技术与软件工具、IP 和设计服务相结合，为世界范围内的用户提供超值的可编程解决方案。在 1983 年成功推出第一款商业化的 PLD（即 Classic 器件）之后，Altera 公司分别在 1988 年和 1992 年推出了基于乘积项 MAX 架构的 CPLD 和基于查找表（LUT）FLEX 架构的 FPGA，进一步巩固了其在行业中的技术领先地位。

Altera 公司业界领先的 FPGA、CPLD 和结构化 ASIC 产品已经获得传统市场的广泛接受，并且迅速进入了许多新的应用领域。在获得大奖荣誉的 Stratix 器件系列的基础上，StratixII FPGA 提供了 2 倍的性能和比第一代产品低 40% 的成本，适用于高密度通用性应用。Altera 公司通过第一代 Cyclone 系列器件建立起了低成本 FPGA 的领先地位，Cyclone II FPGA 继承了这一领先优势，提供了一个灵活的、低风险和低成本的解决方案，使之成为了中低密度 ASIC 最吸引人的替代产品。HardCopy II 器件给大量应用设计人员提供了一种无缝移植到低成本结构化 ASIC 的解决方案。

在 MAX 架构的基础上，MAX-II CPLD 创建了新的 CPLD 标准，扩展了 Altera 公司 15 年的市场领先地位。多种 IP 核组成的 IP 库，包括 Nios II 处理器，给予了用户强大的竞争优势。通过新近推出的更新、更强大和更高效的 Quartus II 开发系统和广泛的 IP 功能，Altera 公司再次证明其在可编程片上系统（SOPC）领域中处于前沿和领先的地位。

（2）Xilinx 公司：FPGA 的发明者，最大的 PLD 供应商之一。Xilinx 公司成立于 1984 年，Xilinx 首创了现场可编程逻辑阵列（FPGA）这一创新性的技术，并于 1985 年首次推出商业化产品。目前 Xilinx 满足了全世界对 FPGA 产品一半以上的需求。Xilinx 产品线还包括复杂可编程逻辑器件（CPLD）。在某些控制应用方面 CPLD 通常比 FPGA 速度快，但其提供的逻辑资源较少。

主流 PLD 产品：XC9500 FLASH 工艺 PLD，常见型号有 XC9536、XC9572 和 XC95144 等。型号后 2 位表示宏单元数量。

Xilinx 的主流 FPGA 分为两大类，一种侧重低成本应用，容量中等，性能可以满足一般的逻辑设计要求，如 Spartan 系列；还有一种侧重于高性能应用，容量大，性能能满足各类高端应用，如 Virtex 系列。

Spartan-3/3L：新一代 FPGA 产品，结构与 VirtexII 类似，全球第一款 90 nm 工艺 FPGA，1.2 V 内核，成本低廉，是在低端 FPGA 市场上的主要产品。

Virtex-II：2002 年推出，0.15 μm 工艺，1.5 V 内核，大规模高端 FPGA 产品。

Virtex-II Pro：基于 VirtexII 的结构，内部集成 CPU 和高速接口的 FPGA 产品。

Virtex-4：Xilinx 最新一代高端 FPGA 产品，各项指标比上一代 VirtexII 均有很大提高，获得 2005 年 EDN 杂志最佳产品称号，是未来几年 Xilinx 在高端 FPGA 市场中的最重要的产品。

Virtex-5：最新的 FPGA 产品，65 nm 工艺。

（3）Lattice 公司：Lattice 是 ISP 技术的发明者，ISP 技术极大地促进 PLD 产品地发展，相比与 Xilinx 和 Altera，其开发工具略逊一筹。中小规模地 PLD 比较有特色，种类齐全。是世界第三大 PLD 器件供应商。

ISP（In-System Programming）在系统可编程，指电路板上的空白器件可以编程写入最终用户代码，而不需要从电路板上取下器件，已经编程的器件也可以用 ISP 方式擦除或再编程。ISP 技术是未来发展方向。

莱迪思（Lattice）半导体公司提供业界最广范围的现场可编程门阵列（FPGA）、可编程逻辑器件（PLD）及其相关软件，包括现场可编程系统芯片（FPSC）、复杂的可编程逻辑器件（CPLD），可编程混合信号产品（ispPAC®）和可编程数字互连器件（ispGDX®）。

（4）Actel 公司：Actel 公司 1988 年推出第一个抗熔断 FPGA 产品，它的 FPGA 产品被广泛应用于通讯、计算机、工业控制、军事、航空和其他电子系统。

由于采用了独特的反熔丝硅体系结构，Actel 公司的 FPGA 产品具有可靠性高、抗辐射强以及能够在极端环境条件下使用等特点，因而被美国宇航局的太空飞船、哈勃望远镜修复、火星探测器和国际空间站等项目所采用。

Actel 公司的产品主要以 FPGA 为主，其中包括：SX-A 系列——1999 年 9 月推出，是目前世界上速度最快的 FPGA 产品，功耗低，具有极高的性能价格比；SX 系列——1998 年 4 月推出，特点是采用独创的 Sea-Of-Modules 体系结构，可作为高性能 ASIC 替代品；MX 系列——1997 年 10 月推出，它是 Actel 公司历史上最畅销的产品，其特点是具有可编程逻辑电路的优点而价格和 ASIC 相似；ProASIC 系列——1999 年 6 月推出，是第一个基于快闪技术的非易失可编程高集成度 FPGA 器件；其他系列：如 1200XL、3200DX、ACT3 和 ACT1 等。

2.2.3 典型接口电路识读与分析

2.2.3.1 显示电路识读与分析

1. LED 数码管

LED 数码管（LED Segment Displays）是由多个发光二极管封装在一起组成 "8" 字形的器件，引线已在内部连接完成，只需引出它们的各个笔画，公共电极。LED 数码管常用段数一般为 7 段有的另加一个小数点，还有一种是类似于 3 位 "+1" 型，其外形及其引脚示意图如图 2.2.27（a）所示。

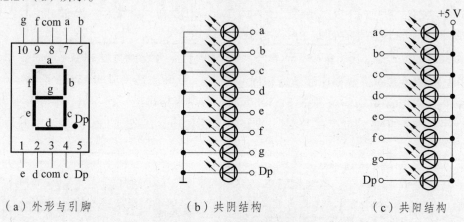

（a）外形与引脚　　　　　　（b）共阴结构　　　　　　（c）共阳结构

图 2.2.27　1 位数码管结构图

LED 数码管分类：按其内部连接方式不同可分为共阴和共阳 2 种类型，如图 2.2.27（b）和（c）所示；按其外形尺寸有多种形式，使用较多的是 0.5" 和 0.8"；按显示颜色也有多种形式，主要有红色和绿色；按亮度强弱可分为超亮、高亮和普亮。

根据 LED 发光色彩、几何封装尺寸和亮度的不同，其参数有较大的变化。在常规应用中，正向压降一般为 1.5 ~ 2 V，额定电流为 10 mA，最大电流为 40 mA。静态显示时取 10 mA 为宜，动态扫描显示，可加大脉冲电流，但一般不超过 40 mA。

LED 数码管 a ~ g 七段显示，根据共阴与共阳的结构方式不同，其所需要的数字编码也不相同，其编码表如表 2.2.4 所示。

表 2.2.4　LED 编码表

显示数字	共阴顺序小数点暗									共阴逆序小数点暗									共阳顺序小数点亮	共阳顺序小数点暗
	Dp	g	f	e	d	c	b	a	16进制	a	b	c	d	e	f	g	Dp	16进制		
0	0	0	1	1	1	1	1	1	3FH	1	1	1	1	1	1	0	0	FCH	40H	C0H
1	0	0	0	0	0	1	1	0	06H	0	1	1	0	0	0	0	0	60H	79H	F9H
2	0	1	0	1	1	0	1	1	5BH	1	1	0	1	1	0	1	0	DAH	24H	A4H
3	0	1	0	0	1	1	1	1	4FH	1	1	1	1	0	0	1	0	F2H	30H	B0H
4	0	1	1	0	0	1	1	0	66H	0	1	1	0	0	1	1	0	66H	19H	99H

续表 2.2.4

显示数字	共阴顺序小数点暗									共阴逆序小数点暗									共阳顺序小数点亮	共阳顺序小数点暗
	Dp	g	f	e	d	c	b	a	16进制	a	b	c	d	e	f	g	Dp	16进制		
5	0	1	1	0	1	1	0	1	6DH	1	0	1	1	0	1	1	0	B6H	12H	92H
6	0	1	1	1	1	1	0	1	7DH	1	0	1	1	1	1	1	0	BEH	02H	82H
7	0	0	0	0	0	1	1	1	07H	1	1	1	0	0	0	0	0	E0H	78H	F8H
8	0	1	1	1	1	1	1	1	7FH	1	1	1	1	1	1	1	0	FEH	00H	80H
9	0	1	1	0	1	1	1	1	6FH	1	1	1	1	0	1	1	0	F6H	10H	90H

LED 数码管显示分类：静态显示方式和动态显示方式。

（1）静态显示方式，每一位字段码分别从固定的 I/O 控制端口输出，显示的数字保持不变直至控制器（如单片机）刷新。

特点：电路原理分析较为简单，如使用微控制器编程较容易，但占用 I/O 口线多，当多位显示时电路结构复杂，一般适用于显示位数较少的场合。

（2）动态显示方式，在某一瞬时显示一位，依次循环扫描，轮流显示，由于人的视觉滞留效应，人们看到的是多位同时稳定显示。

特点：占用 I/O 端线少，电路较简单，编程较复杂，CPU 要定时扫描刷新显示。一般适用于显示位数较多的场合。

（3）静态与动态比较。

静态显示，各数码管在显示过程中持续得到送显信号，与各数码管接口的 I/O 口线是专用的；动态显示，各数码管在显示过程中轮流得到送显信号，与各数码管接口的 I/O 口线是共用的。

静态显示特点：无闪烁，用元器件多，占 I/O 线多，无须扫描，节省 CPU 时间，编程简单。动态显示特点：有闪烁，用元器件少，占 I/O 线少，必须扫描，花费 CPU 时间（有多个 LED 时尤为突出），编程复杂。

2. 静态显示方式及其典型应用电路

并行扩展静态显示电路如图 2.2.28 所示。

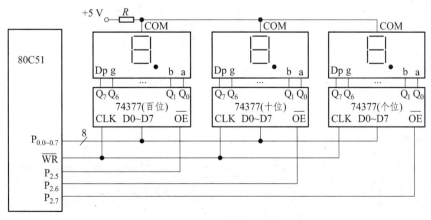

图 2.2.28　3 位并行扩展静态显示电路

串行扩展静态显示电路如图 2.2.29 所示。

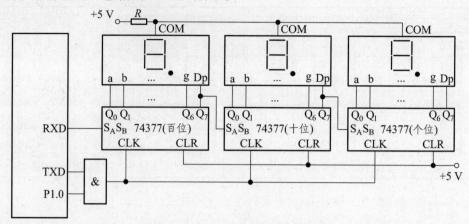

图 2.2.29 串行扩展静态显示电路

下面介绍 BCD 码输出静态显示电路。

BCD 码输出静态显示电路如图 2.2.30 所示。CD4511 是"8421BCD 码到 7 段共阴译码/驱动"集成;能将 BCD 码译成 7 段显示符输出。其中 ABCD 为 0 ~ 9 二进制数输入端(A 是低位), a ~ g 为显示段码输出端,LE 为输入信号锁存控制（低电平有效），数码管为共阴数码管。

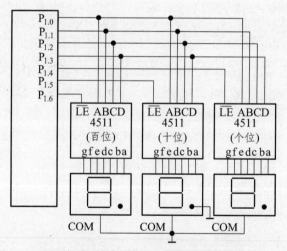

图 2.2.30 BCD 码输出静态显示电路

利用 CD4511 实现静态显示与一般静态显示电路不同,一是节省 I/O 端线,段码输出只需 4 根;二是不需专用驱动电路,可直接输出;三是不需译码,直接输出二进制数,编程简单。缺点是只能显示数字,不能显示各种符号。

3. 动态显示方式及其典型应用电路

从 P_0 口送段代码,P_1 口送位选信号。段码虽同时到达 6 个 LED,但一次仅一个 LED 被选中。利用"视觉暂留",每送一个字符并选中相应位线,延时一会儿,再送/选下一个,以此类推循环扫描即可。电路如图 2.2.31 所示。

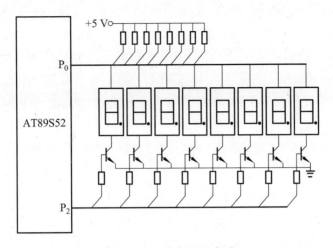

图 2.2.31　动态显示电路

4. 虚拟 I²C 总线串行显示电路

SAA1064 是 Philips 公司生产的 4 位 LED 驱动器，为双极型电路，具有 I²C 总线接口，芯片引脚如图 2.2.32 所示。该电路是特别为驱动 4 位带有小数点的 7 段显示器而设计的，通过多路开关可对两个 2 位显示器进行切换显示。该器件内部带有 I²C 总线从发送接收器，可以通过地址引脚 ADR 的输入电平编程为 4 个不同的从器件地址。内部的模式控制器可以控制 LED 的各个位以使其能够工作在静态、动态、熄灭和段测试等工作模式。

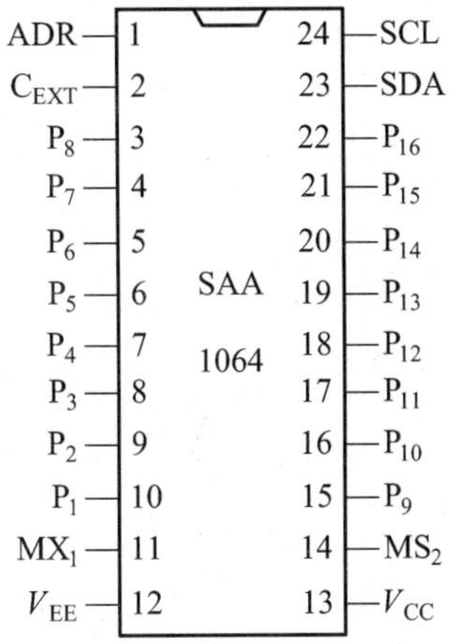

```
     ADR —│1    ∪   24│— SCL
   C_EXT —│2        23│— SDA
      P8 —│3        22│— P16
      P7 —│4        21│— P15
      P6 —│5        20│— P14
      P5 —│6   SAA  19│— P13
      P4 —│7        18│— P12
      P3 —│8   1064 17│— P11
      P2 —│9        16│— P10
      P1 —│10       15│— P9
     MX1 —│11       14│— MS2
    V_EE —│12       13│— V_CC
```

图 2.2.32　SAA1064 引脚图

（1）V_{DD}、V_{EE}：电源、接地端，电源为 4.5 ~ 15 V；

（2）P_1 ~ P_{16}：段驱动输出端，分为 2 个 8 位口，P_1 ~ P_8、P_9 ~ P_{16}，P_8、P_{16} 为高位，口锁存器具有反相功能，置 1 时，端口输出 0；

（3）MX_1、MX_2：位码驱动端，静态显示驱动时，一片 SAA1064 可驱动 2 位 LED 数码管；动态显示驱动时，按如图 2.2.33 所示连接方式，一片 SAA1064 可驱动 4 位 LED 数码管；

（4）SDA、SCL：I2C 总线数据端、时钟端；

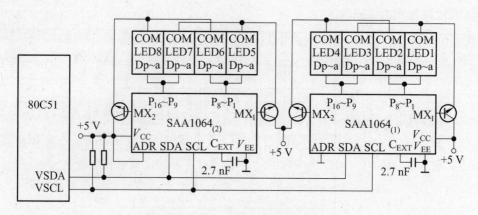

图 2.2.33　SAA1064 典型连接电路

（5）CEXT：时钟振荡器外接电容，典型值 2 700 pF；

（6）ADR：地址引脚端，SAA1064 引脚地址 A_1、A_0 采用 ADR 模拟电压比较编址。当 ADR 引脚电平为 0、$3V_{DD}/8$，$5V_{DD}/8$ 及 V_{DD} 时，相应引脚地址 A_2、A_1、A_0 分别为 000、001 和 010、011。

下面介绍 SAA1064 片内可编程功能。

（1）片内寄存器如表 2.2.5 所示。

表 2.2.5　片内寄存器

符号	COM	Data₁	Data₂	Data₃	Data₄
装载内容	控制命令	显示段码 1	显示段码 2	显示段码 3	显示段码 4
片内地址	00H	01H	02H	03H	04H

（2）控制命令 COM 如表 2.2.6 所示。

表 2.2.6　LED 编码表

COM	D_7	D_6	D_5	D_4	D_3	D_2	D_1	D_0
00H	—	C_6	C_5	C_4	C_3	C_2	C_1	C_0

表中，C_0 静动态控制，$C_0 = 1$，动态显示，动态显示时；$Data_1$、$Data_2$ 轮流从 $P_8 \sim P_1$ 输出，$Data_3$、$Data_4$ 轮流从 $P_{16} \sim P_9$ 输出；C_1 显示位 1、3 亮暗选择，$C_1 = 1$，选择亮；C_2 显示位 2、4 亮暗选择，$C_2 = 1$，选择亮；C_3 测试位，$C_3 = 1$，所有段亮；C_4、C_5 和 C_6 驱动电流控制位，C_4、C_5 和 C_6 分别为 1 时，驱动电流分别为 3 mA、6 mA 和 12 mA；C_4、C_5 和 C_6 全为 1 时，驱动电流最大，可达 21 mA。

5. LED 点阵显示电路

单个 LED 或 LED7 段数码管作为显示器件，能简单显示几个有限的简易字符外，对于复杂的字符（包括汉字）及复杂的图形信息等无法显示。LED 点阵将很多单个的 LED

按矩阵的方式排列在一起，通过控制每个 LED 发光或不发光，可完成各种字符或图形的显示。

最常见的 LED 点阵显示模块有 5×7、7×9 和 8×8 结构，前 2 种主要用于显示各种西文字符，后一种可多模块组合用于汉字和图形的显示，并且可组建大型电子显示屏。在本课题中主要介绍 8×8 点阵的显示原理。

8×8 矩阵式 LED 原理如图 2.2.34 所示，$Y_7 \sim Y_0$ 为行线，$X_7 \sim X_0$ 为列线。

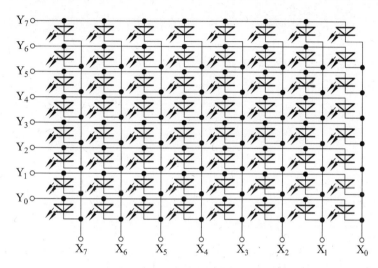

图 2.2.34　8×8 矩阵式 LED 原理图

图 2.2.34 中 8×8 点阵共由 64 只发光二极管组成，且每只发光二极管放置在行线和列线的交叉点上，当对应的某一行（Y 端）置 1 电平，某一列（X 端）置 0 电平，则对应的发光二极管就亮。若要使一列亮，则对应的列（X）置 0，而行（Y）则采用扫描依次输出 1 来实现。若要一行亮，对应的行置 1，而列则采用扫描输出 0 来实现。

对于单个 8×8 LED 点阵，其驱动要求十分简单，作为实验，完全可以使用单片机的端口直接驱动。具体的原理电路如图 2.2.35 所示，P_0 口接 LED 点阵的阳级，由于 P_0 口没有上拉能力，所以采用排阻上接电源提供上拉电流，用 P_2 口接 LED 的阴极。

也可以采用触发器或锁存器等器件对数据进行隔离驱动，这种方式既能增强驱动能力，也能使单片机端口在不驱动 LED 点阵时空闲出来作为它用。由于 LED 点阵是采用行和列是共用的，显示控制只能采用类似于数码管的动态显示的方式。

下面以利用 8×8 LED 点阵电路显示 0 到 9 数字为例，分析点阵字符的显示方法，如图 2.2.36 所示。

用 4 块 8×8 LED 点阵组成 16×16 矩阵式 LED 的汉字显示原理电路如图 2.2.36 所示。图中采用了 2 片 74HC573（8D 三态锁存器）锁存行驱动信号，用 2 片移位寄存器 74LS164 分别驱动 16 列。每扫描一列，数据分 2 次送入，每个字扫描 16 次（16 列）。

由于 74LS164 是 8 位串入并出移位寄存器，将 2 片串联起来，构成如图 2.2.36 所示的一个汉字显示驱动电路.将 4 片 74LS164 串接起来,电路扩展为显示 2 个汉字的电路,如图 2.2.36

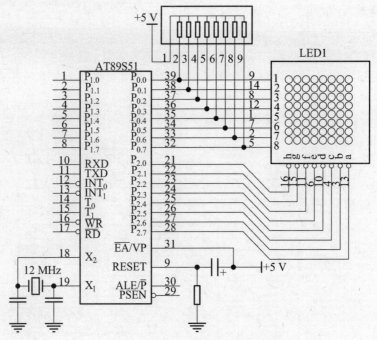

图 2.2.35   8×8 点阵显示原理图

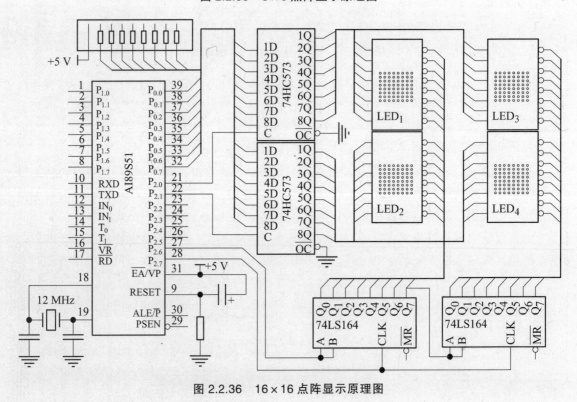

图 2.2.36   16×16 点阵显示原理图

所示。要显示更多的汉字，可串接更多的 74LS 164 作为列驱动。若要显示多行，则可采用增加行锁存电路。

6. LCD 点阵显示电路

字符型液晶是一种 LCD（Liquid Crystal Diodes 液晶显示器）模块。模块内部含有控制和驱动电路等部件的液晶模块组件，使用中将其作为一个独立的器件使用。在使用时，将字符和命令通过其接口送到模块内部，模块内的电路控制液晶逐一显示从端口输入的各个字符。

液晶显示器具有体积小、重量轻、功耗极低和显示内容丰富等特点，在单片机应用系统中得到了广泛的应用。

LCD 是通过在上、下玻璃电极之间封入液晶材料，利用晶体分子排列和光学上的偏振原理产生显示效果。上、下电极的电平状态将决定 LCD 的显示内容，根据需要，将电极做成各种文字、数字和图形后，就可以获得各种状态显示。

在 LCD 的段电极与背电极间施加电压（通常为 4 V 或 5 V），可使该段呈黑色，这样可以实现显示。但是，所施加的电压必须周期地改变极性，否则 LCD 中的液晶将发生化学变化，并导致液晶损坏。因此，在段电极与背电极间应有一个周期改变极性的电压。常用的液晶显示控制器主要有 MCS-51 和 T6963 等。

由于液晶的驱动电路较为复杂，因而在市场上出现一种称为液晶显示模块的器件。液晶显示模块是一种将液晶显示器件、连接件、集成电路、PCB 线路板、背光源和结构件装配在一起的组件。实际上它是一种商品化的部件。根据国家标准的规定：只有不可拆分的一体化部件才称为"模块"，可拆分的部分称为"组件"。所以规范的叫法应称为"液晶显示组件"。但是由于长期以来人们都已习惯称其为"模块"。

常用的字符型液晶模块 LCD1602 和 RT19264-6 作为显示器件。

（1）LCD1602 液晶模块。

LCD1602 液晶显示模块引脚功能如表 2.2.7 所示。

表 2.2.7　LCD1602 的引脚说明

编号	符号	引脚说明	编号	符号	引脚说明
1	V_{SS}	电源地	9	D_2	Data I/O
2	V_{DD}	电源正极	10	D_3	Data I/O
3	VL	液晶显示偏压信号	11	D_4	Data I/O
4	RS	数据/命令选择端（H/L）	12	D_5	Data I/O
5	R/W	读/写选择端（H/L）	13	D_6	Data I/O
6	EN	使能信号	14	D_7	Data I/O
7	D_0	Data I/O	15	BLA	背光源正极
8	D_1	Data I/O	16	BLK	背光源负极

LCD1602 与单片机连接方式如图 2.2.37 所示。

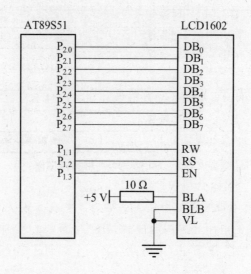

图 2.2.37　LCD1602 接口电路

下面介绍 LCD1602 的操作说明。

① LCD1602 的基本操作时序。

读状态：输入：RS = L，RW = H，EN = H；输出：$D_0 \sim D_7$ = 状态字。

写指令：输入：RS = L，RW = H，$D_0 \sim D_7$ = 指令码，EN = 高脉冲；输出：无。

读数据：输入：RS = H，RW = H，EN = H；输出：$D_0 \sim D_7$ = 数据。

写指令：输入：RS = L，RW = H，$D_0 \sim D_7$ = 数据，EN = 高脉冲；输出：无。

② LCD1602 的指令说明。

0011 1000：16 × 2 显示，5 × 7 点阵，8 位数据接口。

0000 0001：显示清屏，数据指针清零，所有显示清零。

0000 0010：显示回车，数据指针清零。

0000 1DCB：D = 1 开显示，D = 0 关显示；C = 1 显示光标，C = 0 不显示光标；B = 1 光标闪烁，B = 0 光标不显示。

0000 01NS：N = 1 当读或定 1 个字符后地址指针加 1，且光标加 1；N = 0 当读或定 1 个字符后地址指针减 1，且光标减 1；S = 1 当写 1 个字符，整屏显示左移（N = 1）或右移（N = 0），实现光标不移动而屏幕移动的效果；S = 0：当定 1 个字符，整屏显示不移动。

80H ~ A7H：设置数据地址指针（第一行）。

C0H ~ E7H：设置数据地址指针（第二行）。

（2）RT19264-6 液晶显示模块。

RT19264-6 是一种图形点阵液晶显示器，它主要由行驱动器/列驱动器及 192 × 64 全点阵液晶显示器组成。可完成图形显示，也可以显示 12 × 4 个（16 × 16 点阵）汉字。其引脚如表 2.2.8 所示。

表 2.2.8　RT19264-6 的引脚说明

管脚	管脚名称	电平	管脚功能描述
1	DB_7	H/L	数据线
2	DB_6	H/L	数据线
3	DB_5	H/L	数据线
4	DB_4	H/L	数据线
5	DB_3	H/L	数据线
6	DB_2	H/L	数据线
7	DB_1	H/L	数据线
8	DB_0	H/L	数据线
9	E	H/L	$R/W=$ "L"，E 信号下降沿锁存 $DB_7 \sim DB_0$ $R/W=$ "H"，$E=$ "H" DDRAM 数据读到 $DB_7 \sim DB_0$
10	R/W	H/L	$R/W=$ "H"，$E=$ "H" 数据被读到 $DB_7 \sim DB_0$ $R/W=$ "L"，$E=$ "H→L" 数据被写到 IR 或 DR
11	D/I	H/L	$D/I=$ "H"，表示 $DB_7 \sim DB_0$ 为显示数据 $D/I=$ "L"，表示 $DB_7 \sim DB_0$ 为显示指令数据
12	V_0	−6 V	LCD 驱动负电压
13	V_{DD}	5.0 V	电源电压
14	V_{SS}	0V	电源地
15	CSB	H/L	选择 LCM 中的芯片：
16	CSA	H/L	$CSA=0$，$CSB=0$：IC_1（左）；$CSB=0$，$CSA=1$：IC_2（中）； $CSB=1$，$CSA=0$：IC_3（右）；$CSB=1$，$CSA=1$：无效
17	V_{EE}	−10 V	液晶显示器驱动电压
18	$RESET$	L	复位控制信号，$RST=0$ 有效
19	BLA	+5.0 V	背光电源，可调 4.2 ~ 5 V
20	BLK	0 V	背光地

RT19264-6 与单片机连接方式如图 2.2.38 所示。

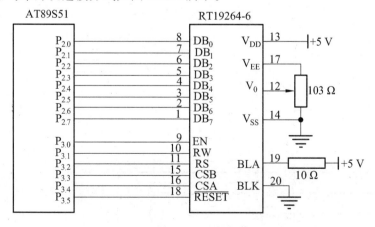

图 2.2.38　RT19264-6 显示接口电路

2.2.3.2 键盘接口电路识读与分析

1. 键盘接口概述

（1）按键开关去抖动问题。

按键电路如图 2.2.39（a）所示，理想的情况下，在按键没有按下的时候，A 点输出为高电平，幅值为 5 V，当按键按下时，A 点输出低电平 0 V，A 点电压从高电平跳变到低电平没有时间延迟，无按键抖动。实际情况下键盘的抖动时间一般为 5 ~ 10 ms，抖动现象会引起 CPU 对一次键操作进行多次处理，从而可能产生错误，如图 2.2.39（b）所示。

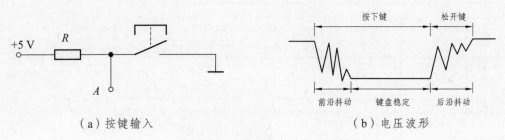

（a）按键输入　　　　　　　　　　　　（b）电压波形

图 2.2.39　按键输入与电压波形

消除抖动不良后果的方法：

① 硬件去抖动方法如图所示。

（a）双稳态消抖电路　　　（b）单稳态消抖电路　　　（c）RC 低通滤波器消抖电路

图 2.2.40　硬件消抖电路

其中 RC 滤波电路去抖动电路简单实用，效果较好。

② 软件去抖动。

检测到按键按下后，执行延时 10 ms 子程序后再确认该键是否确实按下，消除抖动影响。

2. 按键连接方式

（1）独立式按键。

独立式按键接口电路如图 2.2.41 所示。独立式按键是每个按键占用一根 I/O 端线。特点：
①各按键相互独立，电路配置灵活；②按键数量较多时，I/O 端线耗费较多，电路结构繁杂；
③软件结构简单。适用于按键数量较少的场合。

134

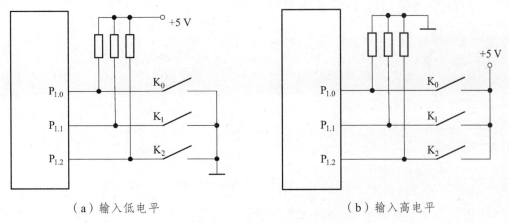

（a）输入低电平　　　　　　　　　（b）输入高电平

图 2.2.41　独立按键接口电路

（2）按键与扩展 I/O 口连接。

按键与并行扩展 I/O 口连接如图 2.2.42 所示。

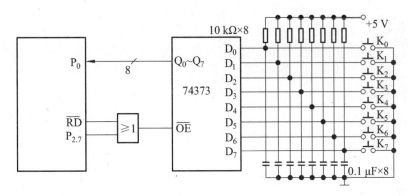

图 2.2.42　并行扩展 I/O 口连接

（3）按键中断方式接口。

按键与按键中断方式接口电路连接如图 2.2.43 所示。

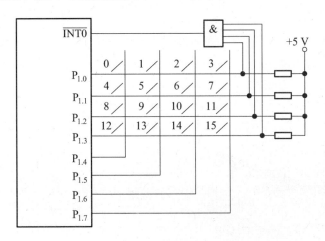

图 2.2.43　按键中断接口方式

2.2.3.3　A/D 转换接口电路识读与分析

A/D 转化电路，亦称"模拟数字转换器"，简称"模数转换器"，是将模拟量或连续变化的量进行量化（离散化），转换为相应的数字量的电路。A/D 变换包含 3 个部分：抽样、量化和编码。一般情况下，量化和编码是同时完成的。抽样是将模拟信号在时间上离散化的过程；量化是将模拟信号在幅度上离散化的过程；编码是指将每个量化后的样值用一定的二进制代码来表示。

1. A/D 转换器

（1）A/D 转换器的主要技术指标。

① 分辨率（Resolution）。

指数字量变化一个最小量时模拟信号的变化量，定义为满刻度与 $2n$ 的比值。分辨率又称精度，通常以数字信号的位数来表示。

② 转换速率（Conversion Rate）。

是指完成一次从模拟转换到数字的 A/D 转换所需的时间的倒数。积分型 A/D 的转换时间是毫秒级属低速 A/D，逐次比较型 A/D 是微秒级属中速 A/D，全并行/串并行型 A/D 可达到纳秒级。采样时间则是另外一个概念，是指两次转换的间隔。为了保证转换的正确完成，采样速率（Sample Rate）必须小于或等于转换速率。因此有人习惯上将转换速率在数值上等同于采样速率也是可以接受的。常用单位是 ksps 和 Msps，表示每秒采样千/百万次（kilo/ Million Samples per Second）。

③ 量化误差（Quantizing Error）。

由 A/D 的有限分辨率而引起的误差，即有限分辨率 A/D 的阶梯状转移特性曲线与无限分辨率 A/D（理想 A/D）的转移特性曲线（直线）之间的最大偏差。通常是 1 个或半个最小数字量的模拟变化量，表示为 1LSB 或 1/2LSB。

④ 偏移误差（Offset Error）。

输入信号为零时输出信号不为零的值，可外接电位器调至最小。

⑤ 满刻度误差（Full Scale Error）。

满度输出时对应的输入信号与理想输入信号值之差。

⑥ 线性度（Linearity）。

实际转换器的转移函数与理想直线的最大偏移，不包括以上 3 种误差。

其他指标还有：绝对精度（Absolute Accuracy），相对精度（Relative Accuracy），微分非线性，单调性和无错码，总谐波失真（Total Harmonic Distotortion 缩写 THD）和积分非线性。

（2）不同类型的 ADC 转换器的结构、转换原理和性能指标方面的差异很大。A/D 转换器的选用的依据，模数转换器的选用原则主要考虑下列几点：

① A/D 转换器用于什么系统、输出的数据位数、系统的精度以及线性；

② 输入的模拟信号类型，包括模拟输入信号的范围、极性（单、双极性）、信号的驱动能力以及信号的变化快慢。

③ 后续电路对 A/D 转换器输出数字逻辑电平的要求、输出方式（平行、串行或是穿成字的）、是否需数据锁存、与哪种 CPU 接口、数字电路（三态门逻辑、TTL 还是 CMOS）或驱动电路。

④ 系统工作在动态条件还是静态条件、带宽要求、要求 A/D 转换器的转换时间、采样速率以及是高速应用还是低速应用等。

⑤ 基准电压源的来源。基准电压源的幅度、极性及稳定性、电压是固定的还是可调的以及外部提供还是 A/D 转换芯片内提供等。

⑥ 成本及芯片来源等因素。

（3）与 A/D 转换器配套使用的其他芯片的选用依据。

为了配合 A/D 转换器的使用，一般在 A/D 转换器的外围还需要添加一些其他的芯片，常见的有多路模拟开关电路和采样/保持器、运算放大器等。

① 多路模拟开关。

多路模拟开关有三选一、四选一、八选一和十六选一等几种，例如 CD4051、CD4053B、AD7501 和 AD7506 等。选用原则主要依据模拟信号的路数、模拟信号的大小以及开关本身的导通电阻的大小等。

② 采样/保持器。

采样/保持器是指在输入逻辑电平控制下处于"采样"或"保持"2 种工作状态的电路，在"采样"状态时电路的输出跟踪输入信号，在"保持"状态时，电路的输出保持着前一次采样结束时刻的瞬间输入模拟信号，直至下一次采样状态的结束，这样有利 A/D 转换器对模拟信号进行数据量化。常见的采样/保持器有以下几种：通用芯片：如 AD582 和 LF398；高速芯片：如 HTS-0025 和 THS-0060 等；高分辨率芯片：如 AD389。采样保持电路中的采样保持电容要选用高品质的聚苯乙烯或聚四氟乙烯电容，制作电路板时要将它紧靠采样/保持集成电路，并保持电路板的洁净。

2. 并行 A/D 转换接口电路

ADC0809 及其接口电路如图 2.2.44 所示。

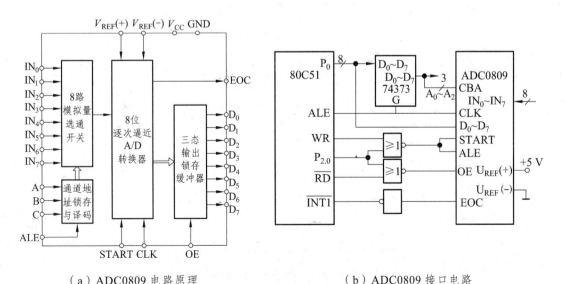

（a）ADC0809 电路原理　　　　　　（b）ADC0809 接口电路

图 2.2.44　ADC0809 及接口电路

下面介绍引脚功能和典型连接电路。

（1）$IN_0 \sim IN_7$：8 路模拟信号输入端。

（2）C、B、A：8 路模拟信号转换选择端。与低 8 位地址中 $A_0 \sim A_2$ 连接。由 $A_0 \sim A_2$ 地址 $000 \sim 111$ 选择 $IN_0 \sim IN_7$ 8 路 A/D 通道。

（3）CLK：外部时钟输入端。时钟频率高，A/D 转换速度快。允许范围为 $10 \sim 1\ 280$ kHz。通常由 80C51 ALE 端直接或分频后与 0809 CLK 端相连接。

（4）$D_0 \sim D_7$：数字量输出端。

（5）OE：A/D 转换结果输出允许控制端。$OE = 1$，允许将 A/D 转换结果从 $D_0 \sim D_7$ 端输出。通常由 80C51 的端与 0809 片选端（例如 $P_{2.0}$）通过或非门与 0809 OE 端相连接。

（6）ALE：地址锁存允许信号输入端。0809 ALE 信号有效时将当前转换的通道地址锁存。

（7）START：启动 A/D 转换信号输入端。当 START 端输入一个正脉冲时，立即启动 0809 进行 A/D 转换。START 端与 ALE 端连在一起，由 80C51WR 与 0809 片选端（例如 $P_{2.0}$）通过或非门相连。

（8）EOC：A/D 转换结束信号输出端，高电平有效。

（9）$U_{REF}(+)$、$U_{REF}(-)$：正负基准电压输入端。

（10）V_{CC}：正电源电压（+5 V）。

（11）GND：接地端。

3. 串行 A/D 转换接口电路

ADC0832 是 8 位串行 A/D 转换器；转换速度较高（250 kHz 时转换时间 32 s）；单电源供电，功耗低（15 mW）。ADC0832 芯片引脚及接口电路如图 2.2.45 所示。

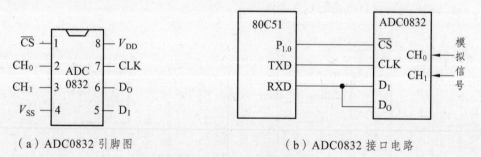

（a）ADC0832 引脚图　　　　　　　（b）ADC0832 接口电路

图 2.2.45　ADC0832 及接口电路

（1）引脚功能。

V_{DD}、V_{SS}：电源接地端，V_{DD} 同时兼任 U_{REF}；

CS：片选端，低电平有效；

D_I：数据信号输入端；

D_O：数据信号输出端；

CLK：时钟信号输入端，要求低于 600 kHz；

CH_0、CH_1：模拟信号输入端（双通道）；

（2）工作时序。

ADC0832 时序电路如图 2.2.46 所示。工作时序分为 2 个阶段：①起始和通道配置，由 CPU 发送，从 ADC0832 D_I 端输入；② A/D 转换数据串行输出，由 ADC 0832 从 D_O 端输出，CPU 接收。

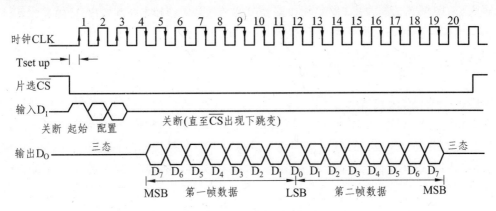

图 2.2.46 ADC0832 工作时序

4. I²C 串行 A/D 转换接口电路

I²C 串行 A/D 芯片 PCF8591，同时具有 A/D 和 D/A 转换功能。PCF8591 芯片引脚及接口电路如图 2.2.47 所示。

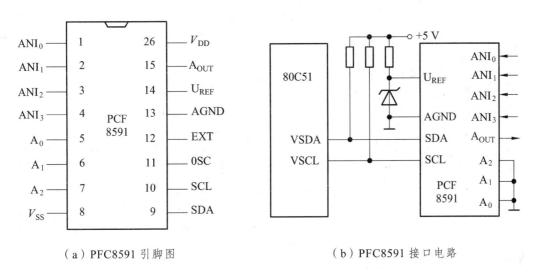

（a）PFC8591 引脚图　　　　　　（b）PFC8591 接口电路

图 2.2.47 A/D 芯片 PCF8591 接口电路

下面介绍片内可编程功能。

控制命令字：PCF8591 内部有一个控制寄存器，用来存放控制命令，其格式如表 2.2.9 所示。

表 2.2.9 控制命令字

COM	D_7	D_6	D_5	D_4	D_3	D_2	D_1	D_0

D_1、D_0：A/D 通道编号。00 通道 0、01 通道 1、10 通道 2 以及 11 通道 3；

D_2：自动增量选择。$D_2 = 1$ 时，A/D 转换将按通道 0 ~ 3 依次自动转换；

D_3、D_7：必须为 0；

D_5、D_4：模拟量输入方式选择位。00 输入方式 0（4 路单端输入）、01 输入方式 1（3 路差分输入）、10 输入方式 2（2 路单端 1 路差分输入）以及 11 输入方式 3（2 路差分输入）。

D_6：模拟输出允许。$D_6 = 1$，模拟量输出有效。

2.2.3.4　D/A 转换接口电路识读与分析

1. D/A 转换的基本概念

数模转换器，又称 D/A 转换器，简称 DAC，它是把数字量转变成模拟的器件。D/A 转换器基本上由 4 个部分组成，即权电阻网络、运算放大器、基准电源和模拟开关。模数转换器中一般都要用到数模转换器，模数转换器即 A/D 转换器，简称 ADC，它是把连续的模拟信号转变为离散的数字信号的器件。

D/A 转换的基本原理是应用电阻解码网络，将 N 位数字量逐位转换为模拟量并求和，从而实现将 N 位数字量转换为相应的模拟量。

设 D 为 N 位二进制数字量，U_A 为电压模拟量，U_{REF} 为参考电压，无论 A/D 或 D/A，其转换关系为：

$$U_A = D \times \frac{U_{REF}}{2^N} \quad (\text{其中：} \; D = D_0 \times 2^0 + D_1 \times 2^1 + \cdots + D_{N-1} \times 2^{N-1})$$

2. DAC0832 及其接口电路

DAC0832 是 8 位 D/A 芯片，由美国国家半导体公司生产，是目前国内应用最广的 8 位 D/A 芯片（请特别注意 ADC0832 与 DAC0832 的区别）。DAC0832 引脚及内部原理如图 2.2.48 所示。

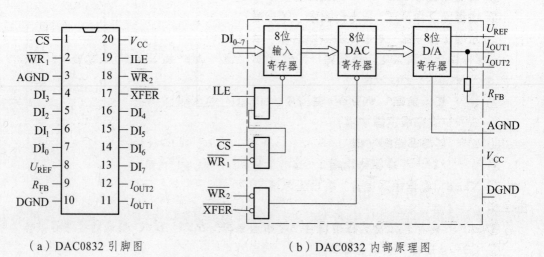

（a）DAC0832 引脚图　　　　　　（b）DAC0832 内部原理图

图 2.2.48　DAC0832 内部原理图

（1）结构和引脚功能。

① $DI_0 \sim DI_7$：8位数据输入端。

② ILE：输入数据允许锁存信号，高电平有效。

③ CS：片选端，低电平有效。

④ WR_1：输入寄存器写选通信号，低电平有效。WR2：DAC寄存器写选通信号，低电平有效。

⑤ XFER：数据传送信号，低电平有效。

⑥ I_{OUT1}、I_{OUT2}：电流输出端。

⑦ R_{FB}：反馈电流输入端。

⑧ U_{REF}：基准电压输入端。

⑨ V_{CC}：正电源端；AGND：模拟地；DGND：数字地。

（2）DAC0832工作方式。

用软件指令控制这5个控制端：ILE、CS、WR_1、WR_2和XFER，可实现3种工作方式：

① 直通工作方式：5个控制端均有效，直接D/A；

② 单缓冲工作方式：5个控制端一次选通；

③ 双缓冲工作方式：5个控制端分两次选通。

（3）DAC0832应用实例。

DAC0832接口电路如图所示，其中图2.2.49（a）所示为单缓冲方式，图2.2.49（b）所示为双缓冲方式。

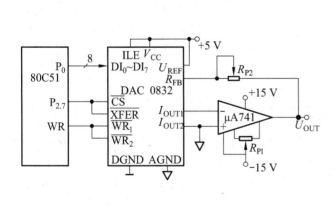

（a）单缓冲方式

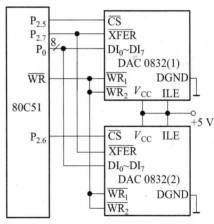

（b）双缓冲方式

图 2.2.49　DAC0832 接口电路

2.2.3.5　开关量驱动输出接口电路识读与分析

1. 驱动发光二极管

如图2.2.50所示为发光二极管驱动电路，当$P_{1.0}$端口输出为高电平时，三极管T基极

电压为高电平，三极管处于截止状态，发光二极管不亮；当
P$_{1.0}$端口输出为低电平时，三极管 T 基极为低电平，三极管处
于饱和导通状态，发光二极管亮。

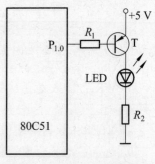

图 2.2.50　发光二极管等小电流驱动电路

2. 驱动继电器

如图 2.2.51 所示为继电器驱动电路，电路工作过程与图
2.2.50 类似。注意继电器为感性器件，当三极管截止时，继电
器电磁线圈将会电动势反相，容易导致电路损坏。为保护电
路，要求在继电器线圈两端并联二极管，为电动势反相提供
放电回路。

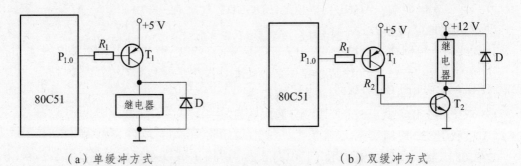

（a）单缓冲方式　　　　　　　　　　（b）双缓冲方式

图 2.2.51　继电器驱动电路

3. 光电隔离接口

光耦合器对输入、输出电信号起隔离作用，光耦合器一般由 3 部分组成：光的发射、光
的接收及信号放大。输入的电信号驱动发光二极管（LED），使之发出一定波长的光，被光探
测器接收而产生光电流，再经过进一步放大后输出。这就完成了电 1 光 1 电的转换，从而起
到输入、输出和隔离的作用。由于光耦合器输入、输出间互相隔离，电信号传输具有单向性
等特点，因而具有良好的电绝缘能力和抗干扰能力。又由于光耦合器的输入端属于电流型工
作的低阻元件，因而具有很强的共模抑制能力。由光耦构成的接口电路如图 2.2.52 所示。

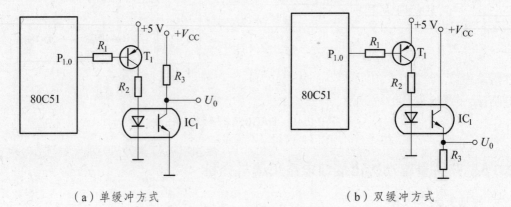

（a）单缓冲方式　　　　　　　　　　（b）双缓冲方式

图 2.2.52　光电隔离接口电路

142

4. 驱动可控硅

可控硅，是可控硅整流元件的简称，是一种具有 3 个 PN 结的四层结构的大功率半导体器件，亦称为晶闸管。具有体积小、结构相对简单和功能强等特点，是比较常用的半导体器件之一。该器件被广泛应用于各种电子设备和电子产品中，多用来作可控整流、逆变、变频、调压以及无触点开关等。家用电器中的调光灯、调速风扇、空调机、电视机、电冰箱、洗衣机、照相机、组合音响、声光电路、定时控制器、玩具装置、无线电遥控、摄像机及工业控制等都大量使用了可控硅器件。

可控硅驱动接口电路如图 2.2.53 所示。

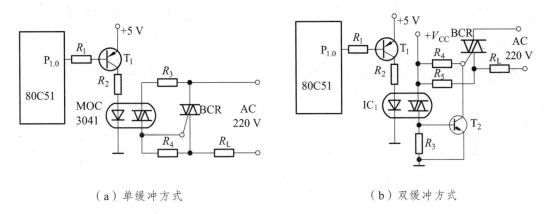

（a）单缓冲方式　　　　　　　　　　（b）双缓冲方式

图 2.2.53　DAC0832 内部原理图

2.3　情境决策与实施

智能电动车作为学习控制类电子产品设计的经典课题，在简易智能电动车课题要求实现路面标识跟踪、金属探测、曲线行驶、躲避障碍物、寻找光源以及安全进入车库等功能。涉及的知识面较广，设计实现方案变化较多并且灵活性较强，可充分发挥学生的创新设计意识与团队协作能力。

2.3.1　简易智能电动车参考方案论证与选取

从设计任务书可见，简易智能电动车控制对象与数据采集的对象较多，主要涉及数据采集（如光强、铁片和障碍物等）、处理（信号调理、放大和整形等）以及实时存储等，处理与控制相对较为复杂。电路设计的核心控制器必须使用数字控制系统来实现。数字控制器不论使用 FPGA/CPLD 可编程逻辑器件、MCU 微控制器或 DSP，其系统机构框图基本相同，如图 2.3.1 所示。

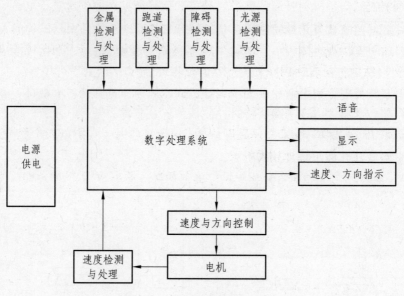

图 2.3.1　简易智能电动车框图

2.3.1.1　运动方式的选择

通常的运动方法有轮式和履带驱动式两种，其选择依赖于路面状况、机械复杂性和控制复杂性。

方案一：常见的汽车结构模式。

特点是一个马达作为动力，通过变速箱驱动后轮；另一个马达转动导向轮来决定行驶方向。优点是在直道行驶速度较快并且方向和速度相互独立。缺点为转弯半径大、驱动轮易打滑而且导向轮方向不易精确控制。

方案二：采用履带式结构。

特点：两个电机分别驱动两条履带。优点是可以在原地转动、在不平的路面上性能稳定而且牵引力大。缺点为速度慢、速度和方向不能单独控制、摩擦力很大、能量损耗大而且机械结构复杂。

由于受所学专业知识的限制，对机械加工能力相对较为薄弱，在车体平台的选取可用玩具车的车体结构，取出原有的电子控制系统，达到了较好的机动性和可控性。

2.3.1.2　电机驱动调速方案论证

电机驱动调速方案的控制目标是实现电动机的正、反转及调速。

方案一：电阻网络或数字电位器调整分压。

采用电阻网络或数字电位器分压调整电动机的电压。但电动机工作电流很大，分压不仅会降低效率，而且实现很困难。

方案二：采用继电器开关控制。

采用继电器控制电动机的开或关，通过开关的切换调整车速。优点是电路简单，缺点是响应时间慢、控制精度低、机械结构易损坏、寿命较短以及可靠性低。

方案三：H 型 PWM 电路。

采用电子开关组成 H 型 PWM 电路。H 型电路保证了简单的实现转速和方向的控制，用单片机控制电子开关工作的占空比，精确调整电动机转速。最终选择方案三。

2.3.1.3　路面探测方案论证

·探测路面黑线的原理：光线照射到路面并反射，由于黑线和白线的反射系数不同，可根据接收到的反射光的强弱来判断传感器和黑线相对位置。

方案一：采用可见光发光二极管和光敏二极管。

采用普通可见光发光管和光敏管组成的发射 – 接收电路。其缺点在于易受到环境光源的影响。即便提高发光管亮度也难以抵抗外界光的干扰。

方案二：采用反射式红外发射-接收器。

采用反射式红外发射-接收器。直接用直流电压对发射管进行供电，其优点是实现简单，对环境光源的抗干扰能力强，在要求不高时可以使用。

方案三：采用脉冲调制的红外发射-接收器。

在方案二的基础上采用脉冲调制发射。由于环境光干扰主要是直流分量，因此如果采用带有特定交流分量的调制信号，则可在接收端采用相应的手段来大幅度减少外界干扰。缺点是实现复杂且成本高。

根据本题目中对探测地面的要求，由于传感器可以在车体的下部，发射和接收距地面都很近，外界光对其的干扰都很小。在基本不影响效果的前提下，为了简便起见，我们选用了方案二。

2.3.1.4　障碍物探测模块

方案一：超声波探测。

采用超声波器件。超声波波瓣较宽，一个发生器就可以监视较宽的范围。其优点为抗干扰能力强，不受物体表面颜色的影响。缺点为实现电路复杂，且用通常的测量方法在较近距离上有盲区。

方案二：光电式探测。

采用光电式发射和检测模块。由于单个发射器的照射范围不能太小，因此不使用激光管。用波瓣较宽的脉冲调制型红外发射管和接收器。其优点是电路实现简单且抗干扰性较强。

由于题目中已知障碍物外表为白色，有利于红外线的反射。同时从电路实现的难易程度上考虑，最终选择了方案二。

2.3.1.5　寻光定向模块

题目条件是在终点线后放置 200 W 白炽灯用以指向，因此采用普通光敏三极管进行检测。

方案一：车转式安装。

采用固定方向安装方式。将两个光敏三极管固定在车头的左右两边指向前方，当车头对准光源时，两传感器输出平衡；当车的方向不准时，通过两传感器输出的差别控制车原地转向来寻找光源。

方案二：模拟雷达扫描。

用装在车底盘上的步进电机带动圆盘左右扫描，装在圆盘上的光敏传感器通过扫描，可以准确定位光源。

方案一实现简单，其缺点为寻找光源较麻烦、需要驱动整辆智能车转动、功耗多且浪费时间；方案二实现较为复杂，但是其定位准确，仅转动圆盘而不用转动智能车，节省了电源和时间。考虑到题目的指标要求及系统性能要求，我们采用了方案二。

2.3.1.6 车轮检速及路程计算模块

方案一：磁感应式。

采用霍尔元器件（霍尔元器件应用霍尔效应，输出量与磁场的大小有关）并在车轮上安装磁片，利用位置固定的开关型霍尔元器件来检测车轮的转动，通过单位时间内的脉冲数进行车速测量。

方案二：光反射式。

采用反射式红外器件。在车轮轮辐面板上均匀画出黑底白线或白底黑线，通过正对线条的反射式红外器件，产生脉冲。通过对脉冲的计数测速。

方案三：光对射式。

采用对射式红外传感器。在轮辐面板上均匀刻出孔，在轮子两侧固定相对的红外发射和接收器件。在过孔处接收器可以接收到信号。从而轮子转动时可以产生连续脉冲信号，通过对脉冲的计数进行车速测量。

以结构简单和输出精确作为选择标准，我们认为使用方案一的工作量最小。方案二、三虽然可以达到较高的精度，但安装较麻烦（磁片不可能放置太密）。由于题目中对路程的记录没有较高的精度要求，因此选择了方案一。

2.3.1.7 供电电源选择

方案一：单电源供电。

优点是供电电路简单；缺点是由于电机的特性，电压波动较大，严重时可能造成单片机系统掉电。

方案二：双电源供电。

将电机驱动电源其他电路电源分离，利用光电耦合器传输信号。优点是减少耦合且提高系统稳定性；缺点为电路较复杂且电池占空间较大。

由于车耗电量较大，用 3 节 18650 锂电池（每节 3.7 V）或 6 节 5 号碱性电池（1.5 V）串联供电，可以满足电量要求，为了节省有限的空间，选用单电源供电。又考虑到锂电成本较高，且车体需要电池来配平重心，最终选用 6 节碱性电池装到车体后部。电流分为两路，一路通过 7805 稳压后向控制系统和传感器供电，另一路加到电机驱动电路，并在电机端口两端加上了 0.1 μF 去耦电容。

2.3.2 硬件电路范例设计与参数工程近似计算

2.3.2.1 电动机 PWM 驱动模块的电路设计与实现

具体电路如图 3.3.2 所示。本电路采用的是基于 PWM 原理的 H 型驱动电路。采用 H 桥电路可以增加驱动能力，同时保证了完整的电流回路。

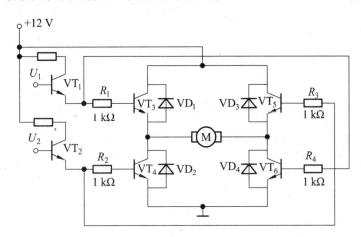

图 2.3.2　H 桥驱动电路

当 U_1 为高电平，U_2 为低电平时，VT_3、VT_6 管导通，VT_4、VT_5 管截止，电动机正转。当 U_1 为低电平，U_2 为高电平时，VT_3、VT_6 管截止，VT_4、VT_5 管导通，电动机反转。电机工作状态切换时线圈会产生反向电流，通过 4 个保护二极管 VD_1、VD_2、VD_3 和 VD_4 接入回路，防止电子开关被反向击穿。

采用 PWM 方法调整马达的速度，首先应确定合理的脉冲频率。脉冲宽度一定时，频率对电机运行的平稳性有较大影响，脉冲频率高马达运行的连续性好，但带负载能力差；脉冲频率低则反之。经试验发现，脉冲频率在 50 Hz 以上，电机转动平稳，但智能车行驶时，由于摩擦力使电机转速降低，甚至停转。当脉冲频率在 10 Hz 以下时，电机转动有明显的跳动现象，经反复试验，本车在脉冲频率为 15 ~ 20 Hz 时控制效果最佳。为方便测量及控制，在实际中我们采用 20 Hz 的脉冲。

脉宽调速实质上是调节加在电机两端的平均功率，其表达式为：

$$\frac{1}{T}\int_0^{KT} P_{MAX} dt = KP_{MAX}$$

式中，P 为电机两端的平均功率；P_{MAX} 为电机全速运转的功率；K 为脉宽。

当 $K = 1$ 时，相当于加入直流电压，这时电机全速运转，$P = P_{MAX}$；当 $K = 0$ 时，相当于电机两端不加电压，电机靠惯性运转。

当电机稳定开动后，有 $P = fV$（f 为摩擦力）

则 $$KfV_{MAX} = fV$$

所以 $$V = KV_{MAX}$$

由上式可知智能车的速度与脉宽成正比。

由上述分析，U_1 和 U_2 这对控制电压采用了 20 Hz 的周期信号控制，通过对其占空比的调整，对车速进行调节。同时，可以通过 U_1、U_2 的切换来控制电动机的正转与反转。

在实际调试中，我们发现由于桥式电路中 4 个三极管的参数不一致，使控制难度加大，因此我们用专用的电机驱动芯片进行驱动。常用的电机驱动芯片有 L297/298 和 MC33886，ML4428 等。

L298N 是 SGS 公司的产品，内部包含 4 通道逻辑驱动电路。是一种二相和四相电机的专用驱动器，即内含 2 个 H 桥的高电压大电流双全桥式驱动器，接收标准 TTL 逻辑电平信号，可驱动 46 V、2 A 以下的电机。

L298 管脚分布于内部结构如图 2.3.3 所示。

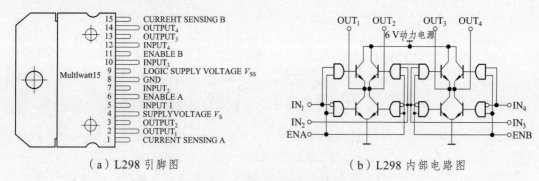

（a）L298 引脚图　　　　　　　　　（b）L298 内部电路图

图 2.3.3　L298 引脚与内部原理图

L298 逻辑控制如表 2.3.1 所示。

表 2.3.1　L298 逻辑功能

IN_1	IN_2	ENA	电机状态
X	X	0	停止
1	0	1	顺时针
0	1	1	逆时针
0	0	0	停止
1	1	0	停止

使用一片 L298 便可完成对两路电机的控制。

驱动信号由单片机的 $P_{1.1}$ ~ $P_{1.4}$ 口输出，同时使用一片 74HC08 驱动 LED 完成行驶状态指示。

2.3.2.2　路面黑线探测模块的设计与实现

为了检测路面黑线，在车底的前部安装了3组反射式红外传感器。其中左右两旁各有1组传感器，由3个传感器组成"品"字形排列，中轴线上为1个传感器。因为若采用中部的1组传感器的接法，有可能出现当驶出拐角时将无法探测到转弯方向。若有两旁的传感器，则可以提前探测到哪一边有轨迹，方便程序的判断。采用传感器组的目的是防止地面上个别点引起的误差。组内的传感器采用并联形式连接，等效为一个传感器输出。取组内电压输出高的值为输出值。这样可以防止黑色轨迹线上出现的浅色点而产生的错误判断，但无法避免白色地面上的深色点造成的误判。因此在软件控制中进行计数，只有连续检测到若干次信号后才认为是遇见了黑线。同时，采用探测器组的形式，可以在其中一个传感器失灵的情况下继续工作。中间的一个传感器在寻光源阶段开启，用于检测最后的黑线标志。

在实验场地上测试时发现中路传感器的功能完全可由左右两路传感器结合软件来实现，故采用此法来实现。

每个寻迹传感器由3个ST178反射式红外光电传感器组成，内部由高发射功率红外光电二极管和高灵敏度光电晶体管组成，具体电路如图2.3.4所示。

探测到黑色时输出为高，输出电压随探测物体表面颜色深度的减小而降低。其外形尺寸为 6.5 mm × 5 mm，因此采用"品"字形排列时，横宽为 13 mm 左右。为了防止光束照射范围超出轨迹线，将三个探测器的接收管集中在中部。图中2个电阻分别用于调整发射管的功率和接收管的灵敏度。

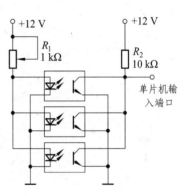

图 2.3.4　循迹检测

为了防止环境光的影响，将其安装在靠近地面约 10 mm 高度的位置上并蒙上用曝光胶卷制成的遮光片以减小影响。在此条件下测得对白色地面的输出值约为 0.8 V，对黑色地面的输出值约为 4.1 V，保证差值为 2 V 以上。为提高可靠性，测得值由送入 ADC0820 进行 A/D 采集。

2.3.2.3　障碍物探测模块

采用 TX05D 反射式红外反射开关进行探测。TX05D 红外反射开关实际上是一种一体化的红外线发射、接收模块。其工作电压为 5～12 V，检测距离 0～120 cm 可调，发射的是 38 kHz 调制红外线，可有效避免干扰。题目给定障碍物的高度为 6 cm，则传感器的固定高度应低于6 cm。我们用曝光胶片作为滤光片，以减小非红外部分光对光敏管的影响。

用 3 个传感器模块进行探测，分别对应正前方、左前方和右前方。示意图如图 2.3.5所示。

由于车体为 24 cm × 14 cm，则车体以中心点为圆心转动时车体中心距边缘最大距离为14 cm。由于探测头在车的边缘，因此，将探测的范围定为 10 cm，为此需要调整发射强度和调节接收灵敏度。

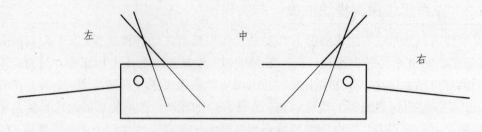

图 2.3.5 TX05D 红外反射开关

2.3.2.4 寻光定向模块

借鉴雷达扫描定位的方法。在距地面 20 cm 处设置扫描寻光平台，采用步进电机驱动扇形扫描。为了压窄扫描波瓣的波束宽度。我们在传感器上加上了长约 100 mm 直径约为 10 mm 的导光管，使其波束宽度约为 3 度，提高了方位分辨力。抑制了其他高度上的光源影响，使本车不仅在室内抑制了顶灯壁灯的干扰，并可在室外抑制更为强烈的阳光影响。

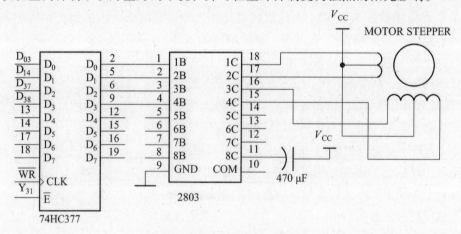

图 2.3.6 步进电机驱动电路

步进电机采用四相四拍接法，步距角为 1.406 25° 使用 ULN2803 作为步进电机的驱动，电路如图 2.3.6 所示。

2.3.2.5 车轮检速及路程计算模块

采用霍尔开关电路 30211。其输入为磁感应强度，输出为数字电压信号，开关速度快，无瞬间抖动。电路实现如图 2.3.7 所示。

智能车的车轮直径 $\Phi = 5$ cm，$L = \pi \cdot \Phi = 15.7$ cm。固定在轮轴上且与轮轴平行的圆盘上等 R 的位置上间隔 45° 固定 8 个磁钢。智能车行驶时圆盘与轮子同轴转动。则行驶距离的测量精度为 $L/8 = 1.962\ 5$ cm。霍尔片产生的脉冲送入单片机 INT_1 口进行计数，由单片机完成脉冲数到距离的转换，并由 $v = S/t$ 求得速度。

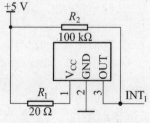

图 2.3.7 转速检测电路

2.3.2.6　金属探测模块

其工作原理为：利用外界的金属性物体对传感器的高频振荡产生的阻尼效应从而识别金属物体的存在。振荡器即是由缠绕在铁氧体磁芯上的线圈构成的 LC 振荡电路。振荡器通过传感器的感应面，在其前方产生一个高频交变的电磁场。当外界的金属性导电物体接近这一磁场，并到达感应区时，在金属物体内产生涡流效应，从而导致 LC 振荡电路震荡减弱，振幅变小，即称之为阻尼现象。这一振荡的变化，即被开关的后置电路放大处理并转换为一确定的输出信号，触发开关并驱动控制器件，从而做非接触式目标检测。电路如图 2.3.8 所示。

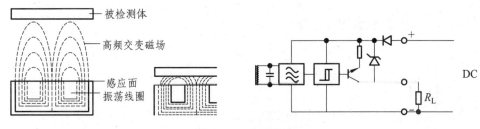

图 2.3.8　金属探测

其特点为：没有磨损且使用寿命长；不会产生误动作；无接触，因而可免于保养；输出为开关量，方便 MCU 处理。

为了防止路面不平及车体晃动对探测的影响，我们使用了有效距离为 15 mm 的接近开关作为探测器。使用时，我们将其固定在智能车的正前端，将探测面固定在与地面距离 10 mm 左右的位置。将它的信号输出端接到 INT_0 口，通过中断方式进行探测。

2.3.2.7　语音模块

采用了 ISD1420 芯片。ISD1420 是单片、高质量且短周期的录放音电路。由于录制的信息存放在内部不挥发单元中，断电后可以长久保存，这将大大简便电路设计，并可以减少电力的损耗。由于语音和音频信号不经过转换直接以原来的状态存储到内部存储器，可以实现高质量的语音复制。

ISD1420 的输入取样速率为 6.4 K/s，最小录放音周期为 125 ms，共可有 160 段。ISD1420 共有 8 条地址线，即选址范围为 00000000～10011111。当片内有多段音频时，通过地址线选定起始地址，当放音至结束标志时，放音结束。

MCU 的地址线经过锁存器提供 ISD1420 数据地址，地址锁存后，向 PLAYE 口送入由高到低的电平跳变，即可开始放音。我们预先将每一段语音的地址编成地址表，在使用时，只需从表中查出相应的地址码，赋值后再发出放音指令即可。语音系统实现的电路图如图 2.3.9 所示。

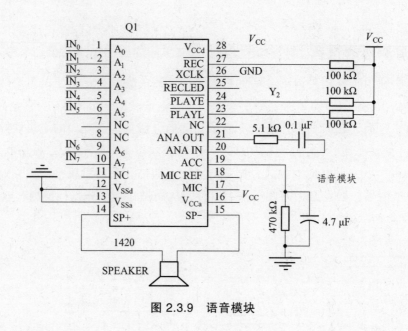

图 2.3.9　语音模块

2.3.3　系统软件设计流程图设计范例

2.3.3.1　整体设计

软件设计采用原子模块循环法,原子模块循环法的原理简述为:整个程序体即为最小循环体,不断进行循环执行,直至任务结束。

程序体分为采集模块、处理模块、判断模块、存储模块和输出模块。如图 2.3.10 所示。

采集模块通过模拟开关采回传感器的输出值。

处理模块对采集模块采回的值进行处理。对于开关量可以直接使用,对于模拟量通过 A/D 采回的值,通过程序处理将其转换为开关量。

判断模块是程序流程的核心,通过不同的策略对数据进行一系列运算,判断出当前智能车的状态及下一步的运动方案,产生运动的指令。

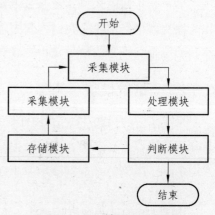

图 2.3.10　程序整体结构图

存储模块可将处理过的采集值及判断模块发出的指令按次序进行记录,方便历史数据回调。输出模块作用是将判断模块产生的指令送入各种执行模块。

2.3.3.2　主要程序设计思路

由于 AT89S52 的运算功能有限,当直接进行模糊推理时,还需运行浮点和乘除运算,这样就不能实现智能车控制的实时性。当采用查表法实现控制时,可以根据实时的输入端口查表得到当前的输出量，为了减少存储空间，提高查找速度有必要降低区分度。对于本题目来说，在不同的分段区域中，可以将决策条件优化为单个的环境变量。鉴于原子模块循环法的实时性和灵活性，无需在程序中进行复杂的模糊推理。具体策略实现如下：

寻迹行驶：由于采用了左右两个传感器，因此沿直线运行时两侧传感器测值均为白。当拐弯或偏离轨迹时，会有一侧传感器测值为黑，即向同一侧调整，使黑线始终在两个传感器之间，从而达到寻迹行驶目的。当小车到达 C 点时，智能车车头指向前方。

避障行驶：当智能车到达 C 点时，车头指向前方。在障碍区和 C 点还有一段区域，在这段区域先让智能车向右行驶，约到达障碍区边界时调整车头指向，并开始执行避障策略，具体实现方法：没有遇到障碍物，一直向前走，当遇到障碍物时，智能车依次执行向左转，后退，右转，前进，这样相当于智能车向右平移了一段距离，用软件控制这段距离，使之稍大于车宽，以防智能车与障碍碰撞，如果遇到右边界则执行反相策略，即向右平移。出障碍区，关闭避障策略。

进入障碍区执行避障策略，充分利用旋转式光电探测模块的优点。采用分级锁定目标的方式逼近目标。具体实现方法，初始时扫描扇区为 180°，分为 3 个区域（左、中和右），每个区域各 60°。策略为光源在左区域车左转，在右区域车右转，在中区车前进。下次扫描时将扫描扇区定为 120°，再次执行上述策略。理论上，可逼近至偏差角小于 1.406 25°（步距角）。这样即可在短时间内精确定位光源。

入库：在寻到光源的情况下，智能车会不断向光源方向调整，同时依靠探地传感器避免车辆压线，最后安全入库。左右传感器用来防止撞到车库侧壁，左边探到车向右拐，右边探到向左拐。实测进入车库前两传感器同时探到黑线的几率很小，不予考虑；智能车行至底线时，两传感器几乎同时发现黑线，故我们设定两传感器发现黑线的间隔不超过 20 ms，即认为到达底线，再令智能车倒退 10 ms 正好停在车库中。并加入距离限制：停车区共 1 m，由于进入停车区时一般不会正对车库，有一定偏角，此时开始计路程，软件规定距离大于 1.2 m 时立即停车，防止传感器失灵时整车冲出车库。

时间、距离统计及车速检测程序，当车轮转动时，安装在圆盘上的磁钢依次通过霍尔开关，每通过 1 次就产生 1 个脉冲。通过对脉冲的计数即可以得到总的路程。金属传感器信号到来时记录当时距离，即为金属片到起点的距离。计数器从车体启动时开始计时，判断模块发出结束指令后计时停止，由此可得到行驶的时间。由路程和时间即可得到平均速度。当车达到终点后，通过 LED 和语音输出时间、路程和平均速度。

2.3.4　情境实施

2.3.4.1　系统框架设计任务单

工作任务描述：根据简易智能电动车设计目标、技术指标要求和给定条件，分析设计目标。分组并协同查阅有关的资料，通过研讨、比较及其技术指标分析，选择最佳方案完成简易智能电动车系统框架设计。工作任务如表 2.3.2 所示。

表 2.3.2 系统框架设计工作任务单

学习情景	控制类电子产品设计与实现		情境载体	简易智能小车设计与实现
工作任务	简易智能小车方案论证与选取		参考学时	90 分钟
班　　级		小组编号	成员名单	
任务目标	支撑知识	1. 数字系统电路设计方法； 2. 模数混合电路系统设计流程； 3. 常用数字系统方案论证与选择； 4. 常用 MCU 处理器基本应用方法。		
	专业技能	1. 能读懂课题任务需求，根据技术参数会分解其技术指标； 2. 会合理的运用各类资源完成系统方案设计； 3. 会分析典型接口电路,根据设计目标合理分解单元模块功能和指标； 4. 电路系统成本估算。		
工作任务	1. 阅读简易智能小车参考系统方案论证与选取,总结方案论证设计的基本方法； 2. 读懂技术参数要求含义,找出任务设计的重点与难点； 3. 查阅 5 篇以上的关于智能小车控制设计的网络或纸质文档,写出其设计要点； 4. 对查阅的技术资源进行技术参数分析,探讨其工作特性； 5. 根据查阅资源,结合小组特点与实践教学条件选择并完成方案论证与方案设计； 6. 根据设计框架,分解模块系统技术指标； 7. 写出简易智能小车实施计划书。			
提交成果	1. 系统设计思路和设计方案； 2. 相关技术文档。			
完成时间及签名				

2.3.4.2　单元电路选取与参数工程计算

工作任务描述：根据简易智能电动车设计方案及其分解单元模块技术指标，按实施计划书分配方案、协同查阅相关的资源，查找数控直流电流源典型应用电路，分析并选取最优电路，通过计算、调整单元电路参数，完成简易智能电动车单元电路设计。工作任务如表 2.3.3 所示。

表 2.3.3　单元电路选取与参数工程计算工作任务单

学习情景	控制类电子产品设计与实现		情境载体	简易智能小车设计与实现
工作任务	单元电路选取与参数工程计算		参考学时	180 分钟
班　级		小组编号	成员名单	
任务目标	支撑知识	1. 控制最小数字系统选型； 2. 典型接口电路识读与电路分析； 3. 典型接口电路参数估算； 4. 常用传感器 PDF 文件阅读及器件参数指标分析和选型。		
	专业技能	1. 能对典型接口电路的工作原理、性能指标、特征特点分析； 2. 会合理的选用参考电路； 3. 会根据设计指标要求修改参考电路及其元器件参数； 4. 会阅读厂家器件 PDF 文档，比较性能特点，合理的对器件进行选型； 5. 会在设计中插入可调元件，简化电路元件参数计算。		
工作任务	1. 阅读典型数字系统电路与接口电路识读与分析； 2. 根据设计框图完成单元电路设计分工； 3. 利用网络或纸质文档每个单元电路查阅 5 篇以上的案例电路，分析案例电路结构及其特点； 4. 小组讨论并选取合适的参考案例电路，简述选取的原因； 5. 根据单元电路设计指标要求，修改参考电路； 6. 单元电路元器件参数工程计算； 7. 利用网络或纸质文档，查阅元器件参数，并合理地选择元器件； 8. 完成单元电路设计。			
提交成果	1. 单元电路设计图、原理分析和参数计算、器件选型文档； 2. 相关技术文档。			
完成时间及签名				

2.3.4.3　软件系统设计

工作任务描述：根据简易智能电动车设计方案、模块功能及系统电路工作特性，按实施计划书分配方案并协同查阅相关的资源，按控制系统芯片程序开发流程，设计程序算法，编写并调试控制程序，完成简易智能电动车软件设计。工作任务如表 2.3.4 所示。

表 2.3.4 软件系统设计工作任务单

学习情景	控制类电子产品设计与实现		情境载体	简易智能小车设计与实现
工作任务	软件系统设计		参考学时	180 分钟
班　　级		小组编号	成员名单	
任务目标	支撑知识	1. 控制最小系统开发基本流程； 2. 开发软件系统基本操作； 3. 开发程序流程图设计及基本算法优化； 4. 控制最小系统原理图绘制与程序调试。		
	专业技能	1. 会读常用控制芯片 PDF 文件； 2. 能根据集成芯片时序图编写程序； 3. 会常用编程软件及其编程语言； 4. 会 Proteus 等仿真软件完成软硬件系统联调； 5. 会结合硬件电路优化软硬件设计。		
工作任务	1. 熟悉开发软件； 2. 熟悉电路设计指标与电路特性； 3. 利用网络或纸质文档查阅 5 篇以上的相关案例程序，分析案例案例程序特点； 4. 完成程序流程图设计； 5. 根据程序流程图及程序算法完成程序编写； 6. 调试并优化设计程序。			
提交成果	1. 程序代码、程序算法、程序流程图； 2. 相关技术文档。			
完成时间及签名				

2.3.4.4 电路仿真测试与修订

工作任务描述：根据简易智能小车设计电路及其元件参数，绘制电路原理图，标注测试点，完成相关虚拟测量仪器仪表连接，当设计系统电路涉及单片机和 FPGA 等可编程系统时，完成软件程序编写与软件系统联调设置。根据设计任务技术指标要求，调整电路元器件参数及程序算法，完成系统仿真测试及电路软硬件优化设计。工作任务如表 2.3.5 所示。

表 2.3.5 电路仿真测试工作任务单

学习情景	控制类电子产品设计与实现		情境载体	简易智能小车设计与实现
工作任务	系统仿真测试		参考学时	90分钟
班　级		小组编号	成员名单	
任务目标	支撑知识	1. Proteus 或 Multisim 虚拟实验室软件基本操作； 2. 基于 Proteus 或 Multisim 虚拟实验室软件的电路原理图绘制； 3. 测量误差与测量实验数据处理方法； 4. 基于 Proteus 或 Multisim 虚拟软件电路参数调试与修改； 5. 技术参数测试与实验数据分析。		
	专业技能	1. 会 Proteus 或 Multisim 软件基本操作； 2. 会利用 Proteus 或 Multisim 软件实现电路仿真验证； 3. 会利用软件系统提供的虚拟仪器、仪表实现技术指标或参数测试； 4. 会处理测量误差； 5. 会根据测量参数实现电路参数调试与修改。		
工作任务	1. 熟悉 Proteus 或 Multisim 虚拟实验室软件； 2. 在软件中完成每个单元电路原理图绘制； 3. 在软件中完成每个单元电路原理仿真与技术参数测试； 4. 完成单元电路元器件参数修改； 5. 在软件中完成系统统调； 6. 输出仿真文件。			
提交成果	1. 输出仿真文件； 2. 相关技术文档。			
完成时间及签名				

2.3.4.5 基于万能电路板的低频功率放大器电路装配

工作任务描述：根据数控直流电流源仿真调试后的优化设计电路，列出元件清单并领取元器件（注：当库房没有相同型号元器件时，需查阅元件手册，找相关器件代换或修改设计电路），对领取元器件进行筛选、测试并完成装配预处理；根据设计原理图在多孔板上完成设计电路整机装配，并预留测试点。工作任务如表 2.3.6 所示。

表 2.3.6　基于万能电路板的简易智能小车整机装配工作任务单

学习情景	控制类电子产品设计与实现	情境载体	简易智能小车设计与实现
工作任务	智能小车整机装配	参考学时	90 分钟
班　　级		小组编号	成员名单	

任务目标	支撑知识	1. 电子元器件识别； 2. 万用表、集成电路测试仪、晶体管图示仪、数字电桥等仪器及其焊接、装配工具正确使用； 3. 电子元器件检测与筛选； 4. 电子产品基本焊接与拆焊； 5. 电路装配基本原则。
	专业技能	1. 能识别元器件、知道元器件相关标示符的含义； 2. 能对常用仪器、仪表及其工具正确操作； 3. 会利用万用表、集成电路测试仪、晶体管图示仪和数字电桥等完成元器件参数测试，并对元器件进行品质筛选； 4. 会利用成型工具或自制工具根据原理图对元件成行处理； 5. 正确使用恒温焊台、热风枪和吸锡泵等常用焊接工具； 6. 会根据在万能电路板上完成电路装配。
工作任务		1. 提交元件清单，对比实训室元件库提供元器件表找出已有元器件，没有的查阅元器件手册，找出代换元器件； 2. 领取元器件，完成出库管理相关手续； 3. 测试并筛选元器件； 4. 完成元器件成型处理； 5. 完成电路装配和焊接； 6. 焊接输入、输出及其测试点导线焊接。
提交成果		1. 电路板成品； 2. 相关技术文档。
完成时间及签名		

2.3.4.6　软硬件电路调试

工作任务描述：根据数控直流电流源整机装配电路、设计技术指标及其测试参数特性，设计参数测试方法。完成设计电路整机测试，对测试数据进行分析处理，当呈现数据偏差较大时分析产生的原因后进行修订或重新设计，直到达到任务书技术指标要求。工作任务如表 2.3.7 所示。

表 2.3.7　智能小车软硬件电路工作任务单

学习情景	控制类电子产品设计与实现		情境载体	简易智能小车设计与实现
工作任务	整机软硬件测试		参考学时	90分钟
班　　级		小组编号	成员名单	
任务目标	支撑知识	1. 电路基本调试方法； 2. 示波器、功率表、函数信号发生器、相位失真仪和毫伏表等测量仪器正确使用； 3. 软硬件联调基本方法； 4. 电路故障基本维修方法； 5. 测量数据处理。		
	专业技能	1. 会针对电不同电路工作特性选择合适的电路调试方法； 2. 能正确利用示波器、函数信号发生器、相位失真仪和毫伏表等完成电路技术参数测试； 3. 能根据测试数据判定电路工作状态，对工作不正常的电路进行电路参数调试； 4. 当电路出现故障，能根据故障现象判断故障范围，并对其进行维修； 5. 会正确处理测量数据。		
工作任务	1. 通电前检查； 2. 通电电路测试； 3. 程序下载调试； 4. 软硬件参数修改及调整； 5. 系统统调； 6. 故障维修。			
提交成果	1. 电路测试报告； 2. 相关技术文档。			
完成时间及签名				

2.4　情境评价

2.4.1　考核评价标准

展示评价内容包括：

（1）小组展示制作产品；

（2）教师根据小组展示汇报整体情况进行小组评价；

（3）在学生展示汇报中，教师可针对小组成员分工并对个别成员进行提问，给出个人评价；

（4）组内成员自评与互评；

（5）评选制作之星。

过程考核评价标准如表 2.4.1 所示。

表 2.4.1　过程考核评价标准

项目编号	考核点及占项目分比例	建议考核方式	评价标准			成绩比例
			优	良	及格	
2	1. 资讯成果（20%）	教师评价+小组互评	通过资讯，熟练掌握单项技能与功能单元电路调试。小组方案思路清晰，方法正确，思考问题周到。	通过资讯，掌握单项技能与功能单元电路调试。小组方案思路清晰，方法正确。	通过资讯，了解单项技能与功能单元电路调试。小组方案思路清晰，方法正确，无明显缺陷。	40%
	2. 实施（30%）	教师评价+小组互评	正确操作相应仪器、工具等，书面记录完整、正确，产品制作质量好，完全满足要求。	正确操作相应仪器、工具等，书面记录较正确，产品制作质量好。	无重大操作损失，产品质量基本满足要求。	
	3. 检查与产品上交（20%）	教师评价+作品展评	项目检查过程、结论正确，流畅表达产品使用说明。	项目检查过程、结论较正确，较流畅表达产品使用说明。	项目检查过程、结论无重大失误现象，基本能将产品使用说明表达清楚。	
	4. 项目公共考核点（30%）	详见表 2.4.2				

项目公共考核评价标准如表 2.4.2 所示。

表 2.4.2　项目公共考核评价标准

项目公共考核点	建议考核方式	评价标准		
		优	良	及格
1. 工作于职业操守（30%）	教师评价+自评+互评	安全、文明工作，具有良好的职业操守。	安全、文明工作，职业操守好。	没出现违纪现象
2. 学习态度（30%）	教师评价	学习积极性高，虚心好学。	学习积极性高。	没有厌学现象
3. 团队合作精神（20%）	互评	具有良好的团队合作净胜，热心帮组小组其他成员。	具有良好的团队合作净胜，能帮助小组其他成员。	能配合小组完成项目任务。
4. 交流及表达能力（10%）	互评+教师评价	能用专业语言正确流利地展示项目成果。	能用专业语言正确地阐述项目。	能用专业语言正确地阐述项目，无重大失误。
5. 组织协调能力（10%）	互评+教师评价	能根据工作任务对资源进行合理分配，同时正确控制、激励和协调小组活动过程。	能根据工作任务对资源进行较合理分配，同时能正确地控制、激励和协调小组活动过程。	能根据工作任务对资源进行分配，同时控制、激励和协调小组活动过程，无重大失误。

2.4.2　展示评价

在完成情景任务后，需要撰写技术文档，技术文档中应包括：

（1）产品功能说明；

（2）电路整体结构图及其电路分析；

（3）元器件清单；

（4）装配线路板图；

（5）装配工具和测试仪器仪表；

（6）电路制作工艺流程说明；

（7）测试结果；

（8）总结。

技术文档必须按国家标准对其进行标准化，经相关人员审核后存入技术档案室进行统一管理。

2.5　小　结

2.5.1　自顶向下（Top-down）设计方法

现代电子系统的设计采用"Top-down"（自顶向下）设计方法，设计步骤如图 2.5.1 所示。

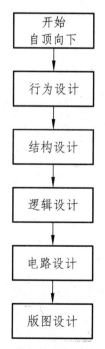

图 2.5.1　"Top-down"（自顶向下）设计方法的设计步骤

在"Top－down"（自顶向下）的设计方法中，设计者首先需要对整个系统进行方案设计和功能划分，拟订采用一片或几片专用集成电路 ASIC 来实现系统的关键电路，系统和电路设计师亲自参与这些专用集成电路的设计，完成电路和芯片版图，再交由 IC 工厂投片加工，或者采用可编程 ASIC（例如 CPLD 和 FPGA）现场编程实现。

采用"Top－down"（自顶向下）设计方法，一般都可以将整个设计划分为系统级设计、子系统级设计、部件级设计、元器件级设计 4 个层次。对于每一个层次都可以采用图 2.5.2 所示的 3 步进行考虑。

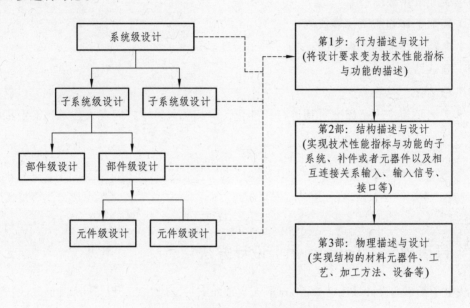

图 2.5.2　层级划分与层级设计步骤

2.5.2　SOC 片上系统

SOC 的定义多种多样，由于其内涵丰富且应用范围广，很难给出准确定义。一般说来，SOC 称为系统级芯片，也有称片上系统，意指它是一个产品，是一个有专用目标的集成电路，其中包含完整系统并有嵌入软件的全部内容。同时它又是一种技术，用以实现从确定系统功能开始，到软/硬件划分，并完成设计的整个过程。

2.5.3　中小规模纯数字系统设计步骤

数字电子电路系统设计的一般流程如图 2.5.3 所示。

2.5.4　单片机与可编程逻辑器件子系统设计步骤

作为控制器，单片机与可编程逻辑器件应用非常普遍，其设计过程如图 2.5.4 所示，可以分为明确设计要求、系统设计、硬件设计与调试、软件设计与调试以及系统集成等步骤。

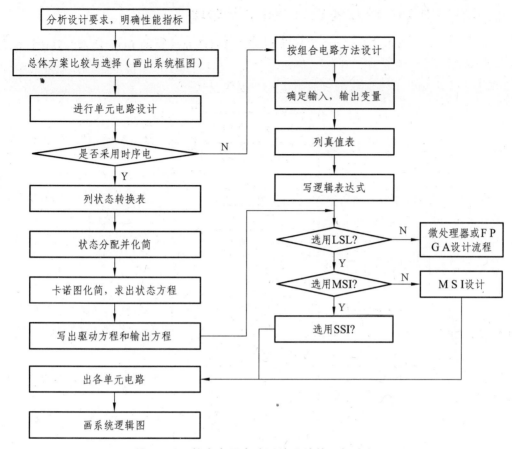

图 2.5.3　数字电子电路系统设计的一般流程

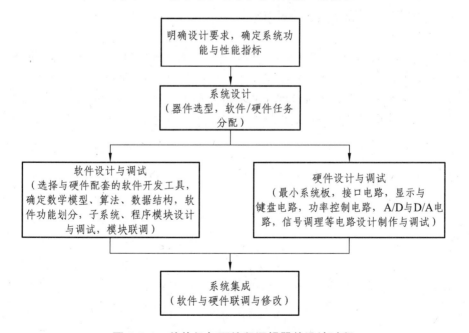

图 2.5.4　单片机与可编程逻辑器件设计过程

2.5.5 面向 FPGA/CPLD 的 EDA 系统设计步骤

面向 FPGA/CPLD 的 EDA 系统设计步骤主要针对的是狭义的 EDA 技术。其设计流程主要包含源程序的编辑和编译、逻辑综合和优化、目标器件的布线/适配、目标器件的编程/下载以及硬件仿真/硬件测试等步骤，如图 2.5.5 所示。

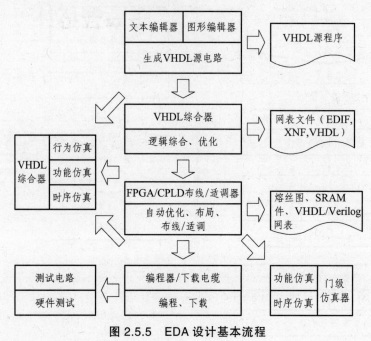

图 2.5.5　EDA 设计基本流程

2.5.6 数字/模拟子系统设计步骤

数字/模拟子系统的设计过程其步骤大致分为：明确设计要求、确定设计方案和进行电路设计制作、调试等步骤。数字子系统多采用单片机或者大规模可编程逻辑器件实现，模拟子系统也是作品的重要组成部分，设计制作通常包含有模拟输入信号的处理，模拟输出信号、与数字子系统、单片机以及可编程器件子系统之间的接口等电路。

项目三 电源类电子产品设计

随着社会快速的发展，人们享受着电子设备带来的便利，但是任何电子设备都有一个共同的电路，即电源电路。大到超级计算机，小到袖珍计算器，所有的电子设备都必须在电源电路的支持下才能正常工作。

电源电路的样式和复杂程度千差万别。超级计算机的电源电路本身就是一套复杂的电源系统。通过这套电源系统，超级计算机各部分都能够得到持续稳定并符合各种复杂规范的电源供应。袖珍计算器则是简单多的电池电源电路。可以说电源电路是一切电子设备的基础，没有电源电路就不会有如此种类繁多的电子设备。

3.1 情境任务及目标

3.1.1 数控直流电流源设计与实现任务书

3.1.1.1 设计任务

设计并制作数控直流电流源。输入交流 200～240 V，50 Hz；输出直流电压≤10 V。其原理示意图如图 3.1.1 所示。

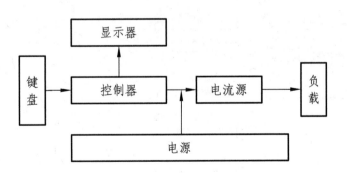

图 3.1.1　数控制流电流源原理示意图

3.1.1.2 设计要求

1. 基本要求

（1）输出电流范围：200～2 000 mA；

（2）可设置并显示输出电流给定值，要求输出电流与给定值偏差的绝对值≤给定值的1%＋10 mA；

（3）具有"＋"、"－"步进调整功能，步进≤10 mA；

（4）改变负载电阻，输出电压10V以内变化时，要求输出电流变化的绝对值≤输出电流值的 1%+10 mA；

（5）纹波电流≤2 mA；

（6）自制电源。

2. 发挥部分

（1）输出电流范围为 20～2 000 mA，步进 1 mA；

（2）设计、制作测量并显示输出电流的装置（可同时或交替显示电流的给定值和实测值），测量误差的绝对值≤测量值的 0.1%+3 个字；

（3）改变负载电阻，输出电压在 10V 以内变化时，要求输出电流变化的绝对值≤输出电流值的 0.1%+1 mA；

（4）纹波电流≤0.2 mA；

（5）其他。

3. 说　明

（1）需留出输出电流和电压测量端子；

（2）输出电流可用高精度电流表测量；如果没有高精度电流表，可在采样电阻上测量电压换算成电流；

（3）纹波电流的测量可用低频毫伏表测量输出纹波电压，换算成纹波电流。

3.1.2　情境教学目标

通过以"全国大学生电子设计竞赛 2005 年赛题（第六届）数控直流电流源"赛题为情境载体，实现数控直流电流源设计与制作，初步掌握电源类电子产品设计开发方法，达到以下几个目标。

3.1.2.1　知识目标

（1）掌握模块化设计理念和设计方式，熟悉模块化设计在电子系统软硬件方法；

（2）熟悉电源类电子线路设计思想、方法和基本设计开发流程；

（3）掌握电子产品维修的基本原则与方法；

（4）掌握电源类电子线路基本的方案论证、选取以及系统框架设计方法；

（5）熟悉直流稳压电源主要技术指标及其参数测量方法；

（6）掌握线性稳压电源和开关稳压电压基本工作原理，集成稳压器件选型及其使用；

（7）掌握典型电压类电路识读与分析；

（8）掌握电源类电子线路参数计算方法。

3.1.2.2　能力目标

（1）能熟练操作万用表、函数信号发生器、示波器、电子电压表和稳压电源等常用电子仪表；

（2）能熟练使用常用电子产品装配工具完成电路的安装与维修；

（3）能根据电路基本工作原理与技术指标参数选择合适的测试方法进行电路的数据测试；

（4）会基本测量误差数据处理，能合理地运用测量数据进行电路优化设计；

（5）会根据任务技术指标要求查阅并选择合适的典型电路；

（6）能熟练查阅常用电子元器件和芯片的规格、型号及使用方法等技术资料；

（7）会进行设计资源的收集与整理，能撰写产品制作文件和产品说明书。

3.1.2.3　素质目标

（1）具有良好的职业道德并规范操作意识；

（2）具备良好的团队合作精神；

（3）具备良好的组织协调能力；

（4）具有求真务实的工作作风；

（5）具有开拓创新的学习精神；

（6）具有良好的语言文字表达能力。

3.2　数控直流电流源情境资讯

3.2.1　电子系统软硬件模块化设计方法

模块化设计（Block-based design）是对一定范围内的不同功能或相同功能不同性能、不同规格的产品进行功能分析的基础上，划分并设计出一系列功能模块，通过模块的选择和组合构成不同的顾客订制的产品，以满足市场的不同需求。简单地说就是将产品的某些要素组合在一起，构成一个具有特定功能的子系统，将这个子系统作为通用性的模块与其他产品要素进行多种组合，构成新的系统，产生多种不同功能或相同功能、不同性能的系列产品。模块化设计是绿色设计方法之一，它已经从理念转变为较成熟的设计方法。将绿色设计思想与模块化设计方法结合起来，可以同时满足产品的功能属性和环境属性。一方面，可以缩短产品研发与制造周期，增加产品系列，提高产品质量，快速应对市场变化；另一方面，可以减少或消除对环境的不利影响，方便重用、升级、维修和产品废弃后的拆卸、回收和处理。

3.2.1.1　模块化设计原理

模块化产品是实现以大批量的效益进行单件生产目标的一种有效方法。产品模块化也是支持用户自行设计产品的一种有效方法。产品模块是具有独立功能和输入、输出的标准部件。这里所指部件，一般包括分部件、组合件和器件（或零件）等。模块化产品设计方法的原理是在对一定范围内的不同功能或相同功能及不同性能、不同规格的产品进行功能分析的基础上，划分并设计出一系列功能模块，通过模块的选择和组合构成不同的顾客订制的产品，以满足市场的不同需求。这是相似性原理在产品功能和结构上的应用，是一种实现标准化与多样化的有机结合及多品种、小批量与效率的有效统一的标准化方法。

3.2.1.2 模块化与系列化

系列产品中的模块是一种通用件，模块化与系列化已成为现今装备产品发展的一个趋势。模块是模块化设计和制造的功能单元，具有 3 大特征：

（1）相对独立性，可以对模块单独进行设计、制造、调试、修改和存储，这便于由不同的专业化企业分别进行生产；

（2）互换性，模块接口部位的结构、尺寸和参数标准化，容易实现模块间的互换，从而使模块满足更大数量的不同产品的需要；

（3）通用性，有利于实现横系列和纵系列产品间的模块的通用，实现跨系列产品间的模块的通用。

1. 模块化与系列化、组合化、通用化和标准化的关系

模块化设计技术是由产品系列化、组合化、通用化和标准化的需求而孕育的。系列化的目的在于用有限品种和规格的产品来最大限度且较经济合理地满足需求方对产品的要求。组合化是采用一些通用系列部件与较少数量的专用部件及零件组合而成的专用产品。通用化是借用原有产品的成熟零部件，不但能缩短设计周期，降低成本，而且还增加了产品的质量可靠性。标准化零部件实际上是跨品种、跨厂家甚至跨行业的更大范围零部件通用化。由于这种高度的通用化，使得这种零部件可以由工厂的单独部门或专门的工厂去单独进行专业化制造。

2. 产品模块化和系列化设计分类与库管理

产品模块要求通用程度高，相对于产品的非模块部分生产批量大，对降低成本和减少各种投入较为有利。但在另一方面又要求模块适应产品的不同功能、性能和形态等多变的因素，因此对模块的柔性化要求就大大提高了。对于生产来说，尽可能减少模块的种类，达到一物多用的目的。对于产品的使用来说，往往又希望扩大模块的种类，以更多地增加品种。针对这一矛盾，设计时必须从产品系统的整体出发，对产品功能、性能和成本诸方面的问题进行全面综合分析，合理确定模块的划分。产品模块化设计按照自顶向下研究分类，包括系统级模块、产品级模块、部件级模块及零件级模块；再按照功能及加工和组合要求研究分类，包括基本模块、通用模块及专用模块；然后按照接口组合要求研究分类，包括内部接口模块及外部接口模块。以产品级模块化为例，就是在需求调查的基础上，对装备产品的构成进行分析，考察其中的功能互换性与几何互换性的关系，并划分基本模块、通用模块或专用模块，以模块为基础进行内部接口和外部接口设计，通过加、减、换、改相应模块以构成新的产品，并满足装备产品的功能指标的要求。

3.2.1.3 模块化产品设计

1. 模块化设计的目的

模块化产品设计的目的是以少变应多变，以尽可能少的投入生产尽可能多的产品，以最

为经济的方法满足各种要求。由于模块具有不同的组合可以配置生成多样化的满足用户需求的产品的特点，同时模块又具有标准的几何连接接口和一致的输入/输出接口，如果模块的划分和接口定义符合企业批量化生产中采购、物流、生产和服务的实际情况，这就意味着按照模块化模式配置出来的产品是符合批量化生产的实际情况的，从而使订制化生产和批量化生产这对矛盾得到解决。

2. 模块化设计的应用

虽然模块化的进程中充满荆棘，但它给企业带来飞一样的创新速度注定了模块化是以后的发展趋势。模块化不仅加快了变革的速度，增大了竞争的压力，它还改变了企业间的关系。在残酷的创新竞争中，如何在本行业中夺取更多的市场份额就显得极为重要。一个企业作为某个需要不断创新的行业中由百个企业组成的模块制造商群体的一员，与作为由少数几个企业占据垄断优势的稳定发展的行业中的成员有着很大的区别，没有任何一种发展战略是永远奏效的。模块化市场的双重结构要求企业经理在两种主要的发展战略中做出慎重选择：企业作为总设计师为多个模块构成的产品确立设计和生产原则；企业也可以作为模块制造商为用户提供高性价比的模块产品，以性能和价格在市场上击倒同类厂商。在制造行业中模块化的应用已非常普遍，如汽车工业和飞机制造等。现在，一些公司止在把模块化这个理论扩展到产品生产和服务的设计上来，有些看似和模块化根本不着边际的行业也在尝试着移植模块化理论，提高自身的创新速度。

3.2.1.4 模块化产品的优点

1. 对企业产品研发的贡献

由于模块化推进了创新的速度，使得企业领导者对竞争者的举动做出的反应时间大大缩短。作为一条规则，管理者不得不更加适应产品设计上的各种发展，仅仅了解直接竞争厂商的竞争战略是远远不够的，这个产品的其他模块的创新及行业内部易变的联盟都有可能招致激烈的竞争。模块是产品知识的载体，模块的重用就是设计知识的重用，大量利用已有的经过试验、生产和市场验证的模块，可以降低设计风险，提高产品的可靠性和设计质量。模块功能的独立性和接口的一致性，使模块研究更加专业化和深入，可以不断通过升级自身性能来提高产品的整体性能和可靠性，而不会影响到产品其他模块。模块功能的独立性和接口的一致性，使各个模块可以相对独立地设计和发展，可以进行并行设计、开发和并行试验、验证。模块的不同组合能满足用户的多样性需求，易于产品的配置和变型设计，同时又能保证这种配置变型可以满足企业批量化生产的需求。

2. 对企业工作效率和成本控制的贡献

设计和零部件的重用可以大大缩短设计周期；并行的产品开发和测试可以大大缩短设计周期；利用已有成熟模块可大大缩短采购周期、物流周期和生产制造周期，从而加快产品上市时间；如果划分模块时考虑到企业售后服务的特定需求，同样可以缩短服务周期和资源耗费时间。模块和知识的重用可以大大降低设计成本；采用成熟的经过验证的模块，可以提高采购批量，降低采购和物流成本；采用成熟的经过生产验证的模块，可以大大减少由于新产品的投产对生产系统调整的频率，使新产品更容易生产制造，可以降低生产制造成本；产品平台中及平台之间存在大量的互换模块，可以降低售后服务成本。

3. 对企业组织的贡献

模块化有利于企业研发团队分工，规范不同团队间的信息接口，进行更为深入的专业化研究和不同模块系统的并行开发；抽象平台和模块的建立，可以实现企业组织结构与产品模块结构之间的交互，使并行工程拥有实施的根基，工艺、财务、采购和售后服务可以在产品研发早期就介入产品研发项目；标准规范的模块接口有利于形成产品的供应商规范，有利于产业分工的细化。

模块化是在传统设计基础上发展起来的一种新的设计思想，现已成为一种新技术被广泛应用，尤其是信息时代电子产品不断推陈出新，模块化设计的产品正在不断涌现。如何使产品的模块化设计全方位地满足市场的多样化需求，应当引起企业经营者、新产品开发人员及其标准化研究者的高度重视。模块化设计已被广泛应用于机床、电子产品、航天以及航空等设计领域，但至今模块化术语尚未给出公认的权威性定义。企业一方面必须利用产品的批量化、标准化和通用化来缩短上市周期、降低产品成本并且提高产品质量，另一方面还要不断地进行产品创新使产品越来越个性化，满足客户的订制需求。这样，如何平衡产品的标准化、通用化与订制化、柔性化之间的矛盾，成为赢得竞争的关键能力。平台化、模块化的产品设计和生产可以在保持产品较高通用性的同时提供产品的多样化配置，因此平台化、模块化的产品是解决定制化生产和批量化生产这对矛盾的一条出路。为开发具有多种功能的不同产品，不必对每种产品施以单独设计，而是精心设计出多种模块，将其经过不同方式的组合来构成不同产品，以解决产品品种、规格与设计制造周期、成本之间的矛盾，这就是模块化设计的含义。模块化设计与产品标准化设计、系列化设计密切相关，即所谓的"三化"。"三化"互相影响且互相制约，通常合在一起作为评定产品质量优劣的重要指标，是现代化原理开始用于机床设计，到本世纪50年代，欧美一些国家正式提出"模块化设计"概念，把模块化设计提到理论高度来研究。目前，模块化设计的思想已渗透到许多领域，例如机床、减速器、家电和计算机等等。在每个领域，模块及模块化设计都有其特定的含义。

3.2.1.5　模块化设计的主要方式

模块化设计这一新的设计概念和设计方法迅速在各个领域得到广泛应用，它的竞争优势主要体现在两个方面：一方面解决品种和规格的多样化与生产的专业化的矛盾；另一方面也为先进的制造技术、提高设备的利用率创造必要的条件，实现以不同批量提供顾客满意度的产品，进而使企业实现产品多样化和效益统一。

（1）横系列模块化设计。不改变产品主参数，利用模块发展变形产品。这种方式易实现，应用最广。常是在基型品种上更换或添加模块，形成新的变形品种。例如，更换端面铣床的铣头，可以加装立铣头、卧铣头或转塔铣头等，形成立式铣床、卧式铣床或转塔铣床等。

（2）纵系列模块化设计。在同一类型中对不同规格的基型产品进行设计。主参数不同，动力参数也往往不同，导致结构形式和尺寸不同，因此较横系列模块化设计复杂。若把与动力参数有关的零部件设计成相同的通用模块，势必造成强度或刚度的欠缺或冗余，欠缺影响功能发挥，冗余则造成结构庞大和材料浪费。因而，在与动力参数有关的模块设计时，往往合理划分区段，只在同一区段内模块通用；而对于与动力或尺寸无关的模块，则可在更大范围内通用。

（3）横系列和跨系列模块化设计。除发展横系列产品之外，改变某些模块还能得到其他系列产品者，便属于横系列和跨系列模块化设计了。德国沙曼机床厂生产的模块化镗铣床，除可发展横系列的数控及各型镗铣加工中心外，更换立柱、滑座及工作台，即可将镗铣床变为跨系列的落地镗床。

（4）全系列模块化设计。全系列包括纵系列和横系列。例如，德国某厂生产的工具铣，除可改变为立铣头、卧铣头或转塔铣头等形成横系列产品外，还可改变床身、横梁的高度和长度，得到3种纵系列的产品。

（5）全系列和跨系列模块化设计。主要是在全系列基础上用于结构比较类似的跨产品的模块化设计上。例如，全系列的龙门铣床结构与龙门刨、龙门刨床和龙门导轨磨床相似，可以发展跨系列模块化设计。

3.2.2 电子产品常见故障检修方法

3.2.2.1 电子产品维修基本原则

1. 先动口再动手

对于有故障的电气设备，不应急于动手，应先询问用户产生故障的前后经过及故障现象。对于生疏的设备，还应先熟悉电路原理和结构特点，遵守相应规则。拆卸前要充分熟悉每个电气部件的功能、位置、连接方式以及与周围其他器件的关系，在没有组装图的情况下，应一边拆卸，一边画草图，并记上标记。

2. 先外部后内部

应先检查设备外观有无明显裂痕或缺损，了解其维修史和使用年限等，然后再对机内进行检查。拆前应排队周边的故障因素，确定为机内故障后才能拆卸，否则，盲目拆卸，可能将设备越修越坏。

3. 先机械后电气

只有在确定机械零件无故障后，再进行电气方面的检查。检查电路故障时，应利用检测仪器寻找故障部位，确认无接触不良故障后，再有针对性地查看线路与机械的运作关系，以免误判。

4. 先静态后动态

在设备未通电时，判断电气设备按钮、接触器、热继电器以及保险丝的好坏，从而判定故障的所在。通电试验，听其声、测参数从而判断故障，最后进行维修。

5. 先清洁后维修

对污染较重的电气设备，先对其按钮、接线点及接触点进行清洁，检查外部控制键是否失灵。许多故障都是由脏污及导电尘块引起的，一经清洁故障往往会排除。

6. 先电源后设备

电源部分的故障率在整个故障设备中占的比例很高，所以先检修电源往往可以事半功倍。

7. 先一般后特殊

因装配配件质量或其他设备故障而引起的故障，一般占常见故障的50%左右。电气设备的特殊故障多为软故障，要靠经验和仪表来测量和维修。

8. 先外围后内部

先不要急于更换损坏的电气部件，在确认外围设备电路正常后，再考虑更换损坏的电气部件。

3.2.2.2 电子产品检修方法

1. 直观检查法

直观检查法是指在不采用任何仪器设备及不焊动任何电路元器件的情况下，凭人的感觉——视觉、嗅觉、听觉及触觉等直观感知来检查电子设备故障的一种方法。直观检查法是最简单且实用的一种查找设备故障方法。

直观检查法分冷机检测与热机检测。冷检是在不通电的情况下对电子产品进行直观检查。打开电子产品外壳，观察检查电子产品的内部元器件的情况。通过视觉可以发现保险丝的熔断；元器件的脱焊；电阻器的烧坏（烧焦或烧断）；印刷电路板断裂或变形；电池触点锈蚀；机内进水或受潮；接插件脱落；变压器的烧焦；电解电容器爆裂；油或蜡填充物元器件（电容器、线圈和变压器）的漏油或流蜡等现象。用直觉检查法观察到故障元器件后，一般需进一步分析找出故障根源，并采取相应措施排除之。对于电子制作产品应重点检查是否存在装接错误，包括二极管、三极管及电解电容器等元器件的极性是否接错；是否存在错焊、漏焊、虚焊、短路及连线错误；集成电路和接插件是否插反，插接是否可靠到位。热检是进行通电检查，即在电子产品通电工作情况下进行直观检查。通过视觉可以发现元器件（电阻器等）有没有跳火烧焦、闪亮或冒烟，显像管灯丝亮不亮等现象。通过嗅觉可以发现变压器和电阻器等发出的焦味。通过听觉可以发现导线和导线之间，导线和机壳之间的高压打火，以及变压器过载引起的交流声及其他异常声音等。一旦发现上述不正常现象，应该立即切断电源，进一步分析找出故障根源，并采取措施排除。通过触觉可发现元器件明显的异常温升，检查温升一般应在切断电源的情况下进行，以免发生人身触电及烫伤等事故。

直观检查法的基本技巧：应用直观检查法要围绕故障现象有重点地对一些元器件进行检查，切莫什么元器件都去仔细观察一次，浪费排除故障时间。直观检查法通常要用手拨动一些元器件，在拨动中要注意安全，防止元器件碰到220 V的交流电或其他直流电源上。拨动过的元器件要扶正，不要让元器件互相碰到一起，特别是金属外壳的耦合电容不能碰到机器内部的金属部件上，否则会引起噪声。对直观检查法得出的结果有怀疑时，要及时运用其他方法来判断，不要放过任一疑点。

2. 电阻检测法

电阻检测法是在不通电的情况下，利用万用表的电阻挡位检测元器件质量、线路的通与断以及电阻值的大小，测量电路中的可疑点、可疑组件以及集成电路各引脚的对地电阻，来判断电路故障的具体部位。

检查开关件的通路与断路、接插件的通路与断路以及铜箔线的通路与断路，应根据阻值大小来判断。正常导通时，电阻值应为零，若测得阻值无穷大，则说明开关件或接插件铜箔线断路。

用电阻法判断集成电路的好坏，可用万用表的电阻挡，直接测量安装在印制电路板上集成电路引脚对地的阻值，这种测量称为在路电阻测量，其优点是可以不焊开集成电路引脚的焊点。为确保检测的可靠性，在进行电阻测量前应对各在路滤波电容进行放电，防止大电容储电烧坏万用表。检测元器件的对地电阻，一般采用"正向电阻测试"和"反向电阻测试"两种方式相结合来进行测量。习惯上，"正向电阻测试"是指黑表笔接地，用红表笔接触被测点，"反向电阻测试"是指红表笔接地，用黑表笔接触被测点，通过检测集成电路各引脚与接地引脚之间的电阻值并与正常值进行比较，便可粗略地判断该集成电路的好坏。由于在路电阻测量是直接在印制板上测量集成电路或其他元器件两端或对地的阻值，而被测元器件是接在电路中，所以所测数值会受到其他并联支路的影响，在分析测量结果时应予以考虑。

除了在路电阻测量外，还有一种不在路电阻测量。所谓不在路电阻测量，就是将被测元器件的一端或将整个元器件从印制板上焊下后测其阻值。这种测量，虽然比较麻烦，但测量结果却更准确、可靠。

电阻检测法的基本技巧：在路检测与不在路检测交替运用，如果在路检测对元器件质量有怀疑时，应从线路板上拆下该元器件后再测。在路检测时，万用表表笔搭在铜箔线路上，要注意铜箔线路是涂上绝缘漆的，应用刀片先刮去绝缘漆。测量铜箔断裂故障时，可以分段测量。当发现某一段铜箔线路开路时，先在 2/3 处划开铜箔线路上的绝缘层，测量两段铜箔线路，再在存在开路的那一段继续测量或分割后测量。断头一般在元器件引脚焊点附近，或在线路板容易弯曲处。在测通路时宜选用 $R \times 2$ kΩ，挡或 $R \times 10$ kΩ挡。在检测接触不良故障时，可用夹子夹住表笔及测试点，再摆动线路板，若表针断续表现出电阻大时，则说明存在接触不良故障。

3. 电压检测法

电压检查法是运用万用表的电压挡测量电路中关键点的电压或电路中元器件的工作电压，并与正常值进行比较来判断故障电路的一种检测方法。因为电子电路有了故障以后，它最明显的特征是相关的电压会发生变化，因此测量电路中的电压是查找故障时最基本、最常用的一种方法。

电压测量主要用于检测各个电子电路的电源电压、晶体管的各电极电压、集成电路各引脚电压及显示器件各电极电压等。测得的电压值是反映电子电路实际工作状态的重要数据。如测得某个放大电路中三极管 3 个电极的工作电压偏离正常值很大，那么这一级放大电路肯定有故障，应及时查出故障的原因。又如测得某个放大电路中三极管 3 个电极无工作电压，那么在故障检修时应先找出无电源电压的原因，先予以排除。

电压检测法主要是进行直流电压的测量,而交流电压的测量主要是检测交流电源的电压。测量交流 220 V 电压时注意单手操作，安全第一；并先要分清交、直流挡，检查电压量程，以免损坏万用表。测量直流电压时，还要分清极性，红、黑表笔接反后表针会反方向偏转，严重时会损坏表头。

电压测量的基本技巧：一是单手操作。测量电压时用万用表并联连接在元器件或电路两端，无需对元器件和线路作任何调整，所以，为了测量方便可在万用表的一支表笔上装上一只夹子，用此夹子夹住接地点，万用表的另一支表笔用来接触被测点，这样可变双手测量为单手操作，既准确又安全。二是检测关键点电压。在实际测量中，通常有静态测量和动态测量两种方式。静态测量是电器不输入信号的情况下测得的结果，动态测量是电器接入信号时所测得的电压值。电压检测法一般是检测关键点的电压值。根据关键点的电压情况，来缩小故障范围，快速找出故障组件。三是在检查电池电压时，应尽量采用有负载时的检测，以保证测量的准确性和真实性。但是现在通常采用测量电池空载电压的大小，来判断该电池的好坏。其实这种检测方法是不准确而且不科学的。因为一节快失效的电池，它的空载电压往往也很高，特别是用内阻较大的电压表测量时，其电压基本接近于正常值。

4. 电流检测法

电流检查法通过测量整机电路或集成电路、三极管的静态直流工作电流的大小，并与其正常值进行比较，从中来判断故障的部位。用电流检查法检测电路电流时，需要将万用表串入电路，这样会给检测带来一定的不便。如测量收音机的整机电流，测量值为 9.6 mA。方法是将电位器关好，拨到万用表 50 mA 挡，用表笔分别接在电位器开关两端，相当于串接在电路中，不需要另外断开电路。

电流检查法可分直接测量法和间接测量法两种。用电流直接测量法时，要注意选择合适电流测量口。一般用刀片在铜箔上划一道口子，制造出一个测量口。电流间接测量法就是通过测电压来换算电流或用特殊的方法来估算电流的大小。例如，测三极管电流时，就可以通过测量其集电极或发射极上串联电阻上的压降换算出电流值。采用此种方法测量电流时，无需在印制电路上制造测量口。另外，有些电器在关键电路上设置了温度熔丝电阻。通过测量这类电阻上的电压降，再应用欧姆定律，即可估算出各电路中负载电流的大小。

电流检查法的基本技巧：测量直流电流时要注意表笔的极性，红表笔是流入电流的，在认清电流流向后再串入电表，以免电表反偏转而打弯表针，损坏表头精度；在测量大电流时要注意表的量程，以免损坏电表；测量中若断开铜箔线路，必须记住测量完毕后要及时焊好断口，否则会影响下一步的检查。

对于发热或短路故障，采用电流法检测效果明显，但在测量电流时要注意通电时间越短越好，做好各项准备工作后再通电，以免无意中烧坏元器件。由于电流测量比电压测量麻烦，所以应该是先用电压检查法检查，必要时再用电流检查法。

5. 干扰检测法

干扰检测法是利用人体感应产生杂波信号作为注入的信号源，通过扬声器有无响声反映或屏幕上有无杂波，以及响声、杂波大与小来判断故障的部位。它是信号注入检查法的简化形式，业余条件下，干扰法是一种简单方便又迅速有效的方法。

具体操作方法有两种。第一种方法：用万用表 $R \times 2$ kΩ挡，红表笔接地，用黑表笔点击（触击）放大电路的输入端。黑表笔在快速点击过程中会产生一系列干扰脉冲信号，这些干扰信号的频率成分较丰富，它有基波和谐波分量。如果干扰信号的频率成分中有一小部分的频率被放大器放大，那么经放大后的干扰信号同样会传输到电路的输出端，然后根据输出端的反应来判断故障的部位。第二种方法：用手拿着小螺钉旋具或镊子的金属部分，去点击（触击）放大电路的输入端。它是由人体感应所产生的瞬间干扰信号送到放大器的输入端，这种方法简便，容易操作。

干扰检测法的基本技巧：一要快速点击，二是检查多级放大器电路的无声故障时，一般从后级逐一往前级干扰放大器的输入端，耳听扬声器有无响声反映；检查视频电路的方法基本一样，只是通过观看屏幕的情况来判断故障部位。干扰检测法对检查无声和声音很轻故障时十分有效。干扰时只用螺丝刀，无需其他仪表、工具，以扬声器响声来判断故障部位，十分方便。干扰检测法有时也可以从中间开始，这样更有利于缩短检查时间，快速判断故障范围。如检查收音机无声的主要干扰点。用干扰信号法判断高、低频电路的技巧：干扰信号到高频电路输入时，其输出端接扬声器，发出的是"喀啦、喀啦"的声响；而干扰信号到低频电路输入时，发出的是"嘟嘟嘟、嘟嘟嘟"的声响；而交流声是"嗡嗡"的声响。

6. 示波器检测法

用示波器测试电路中信号的波形，与用万用表测试电路中的电流、电压和电阻一样，都是通过测试电路信号的参数来寻找电路故障原因。信号波形参数形象地反映了信号电压随时间变化的轨迹，从中可以读出信号的频率（周期）、不同时段的电压以及相位等。应用示波器对故障点进行检测具有准确而迅速的特点。为能确定故障发生在哪一个电路或哪两个测试点之间的电路中，往往在采用示波器检测法的同时，再与信号源配合使用，就可以进行跟踪测量，即按照信号的流程逐级跟踪测量信号，这样就可较迅速地发现故障的所在部位。

在查找电路故障中，凡是有交流信号的地方都可以使用示波器观察信号的各项参数。例如频率（周期）、电压电流的幅度、信号的失真（限幅失真、交流失真、场扫描电路锯齿波的线性和枕校电路的抛物波形状等）、脉冲信号前后沿变化及幅度（如 CPU 的总线信号 SCL 和 SDA）等，这些参数的变化或异常，是用万用表无法测试的。又如电路产生自激振荡或异常干扰、电源滤波不良导致纹波干扰（如电视机中的交流声或图像上的黑白条纹干扰）以及元器件的不稳定或失效（如电位器接触不良、瓷片电容无规律漏电、PN 结软击穿或电解电容的容量减少）等所产生的故障，这些也都是用万用表无法准确判断或无法在路分析的。因此在国家有关部门对家电维修人员技术等级考核的要求中，使用示波器检测应当是查找电路故障的基本技能。随着新的电子电器不断涌现，电器结构日趋复杂和片状元件的大量应用，要想快捷地查找电路故障，就必须学会用示波器测量信号的参数，掌握测试波形和识读波形的技巧。通过观察信号波形并进行分析比较，才能快捷而准确地发现故障点，最后排除故障。例如用万用表测试电路中的电压等数据无法判断电路的工作状态时，如果采用示波器测量电路中的信号波形，就可以从波形中获得更多的信息和电路数据，分析这些数据可以更多的了解电路的性能，准确快捷的找出电路故障原因。用万用表测量电压时，指针的偏转角度代表电压的多少，用示波器测量时，被测电压驱动示波管中的电子束作垂直方向的移动，同时，电子束还在水平扫描锯齿波电压的驱动下作水平方向的移动，两者合成的结果便是电子束在屏幕上形成一个运动轨迹，这个运动轨迹在屏幕上用刻度定标，垂直方向的位移用电压表示，水平方向的位移用时间表示，根据仪器旋钮预先设置的参数，屏幕上形成的图形就是一个可以定量读出时间和电压的波形图。与常用的电压表和电流表相比，示波器的最大优点是没有惰性，示波器可似看作是一个可以高速测试、高速描绘并能保存图形的自动电压表。

用示波器检测的家用电器有：各种型号的电视机、数字视频产品、VCD、DVD、音响设备、录像机、数码产品、电脑显示器、电磁炉、电冰箱、空调器以及洗衣机的电控板等。总而言之，越是复杂的电子产品电路，使用示波器的作用就越明显。

示波器检测法的基本技巧：将信号发生器的信号输出端接入到被测电路的输入端，示波器接到被测电路的输出端，先看输出端有无信号波形输出。若无输出，那么故障就在电路的输入端到输出这个环节中；若有信号输出，再看输出端信号波形是否正常，如果信号波形的幅度或周期不正常，那么说明电路的参数发生了变化，需进一步检查这部分的元件。一般电路参数发生变化的原因主要是元件变值、损坏或调节器件失调等。用波形法检测时，要由前级逐级往后级检测，也可以分单元电路或部分电路检测。要测量电路的关键点波形，关键点一般指电路的输出端和控制端。检测振荡器时不用信号发生器。测量电路的频率特性曲线时需用扫频仪，测量时要注意被测试的那一点信号幅度的大小，输出信号幅度太大需用衰减探头，同时信号发生器与被测量电路之间要串接一只 0.1 μF 的电容。

7. 短路检查法

短路检查法通过人为使电路中的交流信号与地短接，不让信号送到后级电路中去，或是通过短接使某振荡电路暂时停止工作，然后根据信号短接后扬声器中的响声来判断故障部位，或通过观察图像来判断故障部位，或通过振荡电路中电压或电流的变化来判断振荡电路是否起振。例如判断三极管振荡器是否起振，可将振荡电容或线圈直接短路，然后对比短路前后三极管各级的工作电压。有明显变化，则可说明短路前振荡器已起振，否则振荡电路没有工作。

短路检测法的基本技巧：常用的短路方式有用导线短路与用电容器短路 2 种，用导线短路适宜检查振荡电路，用电容器短路适宜检查交流通路。短路检测法对啸叫故障不适用，因为啸叫故障一般是形成了正反馈回路，在这回路内任一处进行短接，将破坏自励的幅度条件，使啸叫声消失，导致无法准确搞清楚故障的具体部位。采用短路检测法检查噪声故障时，也可由后级往前级逐一短路各级的输入端，如果短路后扬声器中的噪声消失，则故障在前级；如果声音没有变化，则故障在后级。短路检测法主要是对三极管的基极和发射极之间的短接，不可采用集电极对地短路；对于直耦式放大器，在短接一只管子时将影响其他三极管的工作点，这点有时会引起误判。为避免直流电压被短路，一般采用交流短路为宜。

8. 开路分割法

开路分割法是指将某一单元、负载电路或某只元件开路，然后通过检测电阻、电流和电压的方法，来判断故障范围或故障点。若当电源出现短路击穿等故障时，运用开路分割法，可以逐步缩小故障范围，最终找到故障部位。尤其对于一些电流大的故障，无法开机或只能短时间开机检查，运用此法检查比较合适，可获得安全、直观且快捷的检修效果。此法常用于保险损坏故障检查，只要将负载电路逐一断开，就可以迅速找到短路性故障发生的部位，还能有效地区分故障是来源于负载电路还是电源电路本身。通常逐步断开某条支路的电源连线或切断电路板负载的连接铜箔，直至发现造成电流增大的局部电路为止。在电路中若发现某处电压突降时，也可逐一断开有关元件加以检测，但必须熟悉此处电路原理，视其是否可以断开而定。

开路分割法的基本技巧：采用开路分割法检查稳压电源或开关电源故障时，要接上假负载，否则会引起故障进一步扩大。电路分割要选择合适的切入点，一般应从故障部位入手，缩小故障范围，要求分割要彻底。应注意，有些电路不能随便断开，如负反馈、正反馈网络、自动控制与保护电路，断开后会引发新的故障。对电路进行分割时，应在断电情况下进行。故障排除后要用焊锡封闭好切割点。

9. 对比检测法

对比检测法是用两台同一型号的设备或同一种电路进行比较，找出故障的部位和原因的一种方法。如功率放大电路均含左右两个声道，两声道的电路结构完全一样，彼此独立，对应组件在电路板上所呈现出的电阻及工作电压也几乎一致。功放电路故障一般是损坏一个声道，很少同时损坏双声道，这样，当一个声道正常而另一个声道出现故障时，就可以通过测量故障声道的组件阻值或电压值，再与正常声道的对应组件相对比来查出故障。利用此法时，要求了解电路的整体布局，分清组件所属的声道，并能找到两声道之间的对应组件。更换组件前，先将损坏声道的半导体组件和功放管发射极回馈电阻等仔细检查一遍。将损坏组件更换后，再测量功放管和激励管等各级对地阻值，其阻值如果与正常声道各对应点阻值不一致时，则应再仔细检测相关电阻和电容是否有损坏。

对比检测法的基本技巧：先比较在路电阻、电压、电流值的测量数据，当两者基本相同时，再测信号的波形是否一致，最后焊下元器件进行检测。

10. 替代检测法

替代检测法是用规格相同且性能良好的元器件或电路，代替故障电器上某个被怀疑而又不便测量的元器件或电路，从而来判断故障的一种检测方法。在查找电路故障时，有些元器件性能变坏，用万用表检测又不能判断其好坏，这样只好采用替代法。

替代法俗称万能检测法，适用于任何一种电路故障。该方法在确定故障原因时准确性为百分之百，但操作时比较麻烦，有时很困难，对电路板有一定的损伤。因此，使用替代法要根据电路故障具体情况、检修者现有的备件和代换的难易程度而定。要注意的是，在代换元器件或电路的过程中，连接要正确可靠，不要损坏周围其他组件，从而正确地判断故障，提高检修速度，并避免人为造成故障。

替代检测法的基本技巧：对开路的元器件，不需焊下，替代的元器件也不要焊接，用手拿住元器件直接并联在印制电路板上相应的焊接盘上，看故障是否消除，如果故障消除，说明替代正确。如怀疑电容量变小就可直接并联上一只电容器来判断。为减小引脚脱焊与焊接的不便，在替代被怀疑的晶体管时，可将 3 只引脚中的两只脱焊，然后将好晶体管的 2 只引脚插入印制电路板焊好，另 1 只引脚与未脱焊的引脚相并接即可。

11. 假负载法

假负载法就是在检修开关电源的故障时，切断行输出负载（通称+B 负载）或所有电源负载，在+B 端接上灯泡模拟负载，该方法有利于快速判断故障部位，即根据接假负载时电源输出情况与接真负载的输出情况进行比较，就可判断是负载故障还是电源本身故障。

假负载灯泡的亮度能够直接显示电压高低，有经验的维修人员可通过观察灯泡的亮度来判断+B 电源是否正常或输出电压有无明显变化。采用灯泡作假负载一般用小瓦数的灯泡，主要目的是根据灯泡亮度判断+B 电压是否正常，避免频繁的检测，除非涉及负载能力差的故障才用大灯泡试验。如果电源稳压失控（多数并非完全失控），用小灯泡比用大灯泡烧开关管的机会要小，而且小灯泡造成电源不启动的机会也小。维修早期的彩色电视机电源，用假负载法比较稳妥，而新型彩色电视机电源大多为他激式（使用振荡集成电路），稳压控制性能好，空载不至于电压升高，而且过流和过压保护功能完善，因此可以不用或少用假负载法。

假负载法的基本技巧：为了快速地判断是开关电源电路故障还是负载或 CPU 方面故障，一般采用开路切割法与假负载法相结合，即：切断负载（短路行管发射结），切断 CPU 控制电路，在电源进线串联 200 W 白炽灯（利用与灯泡串联的插座），+B 接上 40 W 白炽灯作为假负载。通电后如果负载灯泡忽亮忽暗，而限流灯泡不亮，这说明故障在开关电源电路，并且没有过流故障。

3.2.3 典型直流稳压电源电路识读、分析

能为负载提供稳定直流电源的电子装置。直流稳压电源的供电电源大都是交流电源，当交流供电电源的电压或负载电阻变化时，稳压器的直流输出电压都会保持稳定。直流稳压电源随着电子设备向高精度、高稳定性和高可靠性的方向发展，对电子设备的供电电源提出了高的要求。

直流稳压电源按调整管的工作状态分为线性串联型稳压电源和开关稳压电源两种常见电源。线性串联型稳压电源和开关稳压电源是构成直流恒压源与恒流源的两种基本类型，其工作原理与电路特性有较大的差异，其特性比较如表 3.2.1 所示。在使用中可根据技术指标要求选用不同的电路结构形式。

表 3.2.1 线性串联型稳压电源与开关稳压电源比较

性能比较	调整管工作状态	优点	缺点
线性串联型稳压电源	放大	控制电路简单、输出电压可调范围大及带负载能力较强	自身功耗大、频率低、机内温升高、体积大、效率低及稳压范围窄
开关稳压电源	开关	效率高、功耗小、体积小、重量轻、稳压范围宽、可有多组稳定电压输出及使用灵活方便等	省去电源降压和变压，会造成部分电路或全部电路底板带电；电路结构较为复杂；输出电压可调范围较窄；输出纹波相对较高等

3.2.3.1 直流稳压电源技术指标

直流稳压电源的技术指标可以分为两大类：一类是特性指标，反映直流稳压电源的固有特性，如输入电压、输出电压、输出电流和输出电压调节范围；另一类是质量指标，反映直流稳压电源的优劣，包括稳定度、等效内阻（输出电阻）、纹波电压及温度系数等。

1. 直流稳压电源特性指标

（1）输出电压范围。

符合直流稳压电源工作条件情况下，能够正常工作的输出电压范围。该指标的上限是由最大输入电压和最小输入-输出电压差所规定，而其下限由直流稳压电源内部的基准电压值决定。

（2）最大输入-输出电压差。

该指标表征在保证直流稳压电源正常工作条件下，所允许的最大输入-输出之间的电压差值，其值主要取决于直流稳压电源内部调整晶体管的耐压指标。

（3）最小输入-输出电压差。

该指标表征在保证直流稳压电源正常工作条件下，所需的最小输入-输出之间的电压差值。

（4）输出负载电流范围。

输出负载电流范围又称为输出电流范围，在这一电流范围内，直流稳压电源应能保证符合指标规范所给出的指标。

2. 直流稳压电源质量指标

（1）电压调整率 S_V。

电压调整率是表征直流稳压电源稳压性能的优劣的重要指标，又称为稳压系数或稳定系数，它表征当输入电压 V_I 变化时直流稳压电源输出电压 V_O 稳定的程度，通常以单位输出电压下的输入和输出电压的相对变化的百分比表示。

（2）电流调整率 S_I。

电流调整率是反映直流稳压电源负载能力的一项主要指标，又称为电流稳定系数。它表征当输入电压不变时，直流稳压电源对由于负载电流（输出电流）变化而引起的输出电压的波动的抑制能力，在规定的负载电流变化的条件下，通常以单位输出电压下的输出电压变化值的百分比来表示直流稳压电源的电流调整率。

（3）纹波抑制比 S_R。

纹波抑制比反映了直流稳压电源对输入端引入的市电电压的抑制能力，当直流稳压电源输入和输出条件保持不变时，纹波抑制比常以输入纹波电压峰–峰值与输出纹波电压峰–峰值之比表示，一般用分贝数表示，但是有时也可以用百分数表示，或直接用两者的比值表示。

（4）温度稳定性 K。

集成直流稳压电源的温度稳定性是以在所规定的直流稳压电源工作温度 T_i 最大变化范围内（$T_{min} \leqslant T_i \leqslant T_{max}$）直流稳压电源输出电压的相对变化的百分比值。

3. 直流稳压电源执行标准

国际电工委员会（IEC）已经制定了一些有关电源的标准，如直流稳压电源源标准：IEC478.1 – 1974《直流输出稳定电源术语》；IEC478.2 – 1986《直流输出稳定电源额定值和性能》；IEC478.3 – 1989《直流输出稳定电源传导电磁干扰的基准电平和测量》；IEC 478.4 – 1976《直流输出稳定电源除射频干扰外的试验方法》；IEC478.5 – 1993《直流输出稳定电源电抗性近场磁场分量的测量》。这一套标准颁布实施的时间较早，我国相应的国家标准尚未颁布。而有关直流稳定电源的电子行业标准 SJ2811.1 – 87《通用直流稳定电源术语及定义、性能与额定值》、SJ2811.2 – 87《通用直流稳定电源测试方法》。长期以来，这两份标准对我国直流稳定电源的科研生产起到了很大的作用。

3.2.3.2　直流电源基本工作原理

1. 线性串联型稳压电源

串联型稳压电路主要由电源降压变压电路、整流电路、滤波电路和稳压电路 4 部分组成，其中稳压电路部分一般由调整环节、基准电压、比较放大器和取样电路 4 个环节构成。其组成原理图如图 3.2.1 所示。

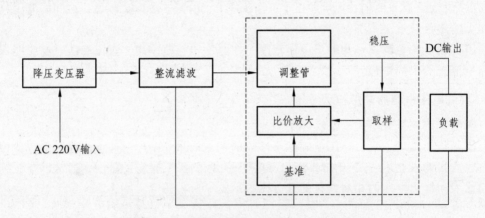

图 3.2.1　线性串联型稳压电源原理示意图

如图 3.2.1 所示，调整管与负载连接机构是串联关系；电源稳压调整管工作在放大状态，即恒流区间，调整管电流与电压呈现线性关系，所以，该结构称为线性串联型稳压电源。

如图 3.2.1 所示，由于线性串联型稳压电源调整管工作在放大状态，且与负载呈现串联关系，其集电极与发射极压差过大导致管耗增加，效率降低，容易过热而损坏调整管。在电路中必须引入电压降压变压器将输入市电降低到安全、可控范围内。

电源降压变压器输出的是交流电压，在电路中需要 AC-DC 转换电路，引入整流滤波电路首先将变压器输出交流电利用二极管的单向导电性转化为脉动直流电。由于脉动直流电交流分量较大，加上滤波电路滤除交流分量形成直流电，完成 AC-DC 转换转化，形成直流输出。

在电源电路中存在两个响应，即输入响应与负载响应。输入响应是指输出电压随着市电输入电压变化。我国规定市电交流电压为 220(1 ± 10%)为正常配送，220 V 电压将随着电网负荷变化而发生改变，由于降压变压器与整流滤波电路输入与输出在低频状态下呈现线性变化关系，导致直流输出电压将随着电网电压变化而发生改变。负载响应是指负载发生改变时，在线性关系的前提下，其两端的电压会发生改变。

为克服输入响应与负载响应，在直流电源中必须引入稳定环节，是输出电压或电流维持恒定不变，即恒压源与恒流源，其中恒压源与恒流源工作原理类似。

当电网电压或负载变动引起输出电压 V_O 变化时，取样电路将输出电压 V_O 的一部分馈送回比较放大器和基准电压进行比较，产生的误差电压经放大后去控制调整管的基极电流，自动地改变调整管集射极间的电压，补偿 V_O 的变化，从而维持输出电压基本不变。

2. 开关稳压电源

电源调整管工作在开关状态的电源称为开关电源，开关稳压电源的特点：功耗小并且效率高，其效率通常可达 80%～90% 左右；稳压范围宽，如在电视机中主电压输出 130 V 的情况下稳压范围在 130～260 V 之间变化；滤波电容容量小，一般情况下，开关电源的工作频率为几十千赫兹以上；省去了体积庞大的电源变压器，重量轻并且体积小。

开关电源使用广泛，在当前电子产品供电中从手机电源适配器到工业控制系统中用大的大型不间断电源(Uninterruptible Power System，缩写 UPS)，绝大多数都是使用的开关电源。开关电源结构形式多样，常见的如表 3.2.2 所示。

表 3.2.2　线性串联型稳压电源与开关稳压电源比较

分类方式	类型	特点
按负载与储能电感连接方式	串联型	开关电源中的开关管串联在输入电压与输出负载之间，形成串联的连接形式。
	并联型	开关电源中的开关管并联在输入电压与输出负载之间，形成串联的连接形式。
	变压器耦合型	负载与开关管之间通过高频变压器耦合来实现连接，如下图所示。 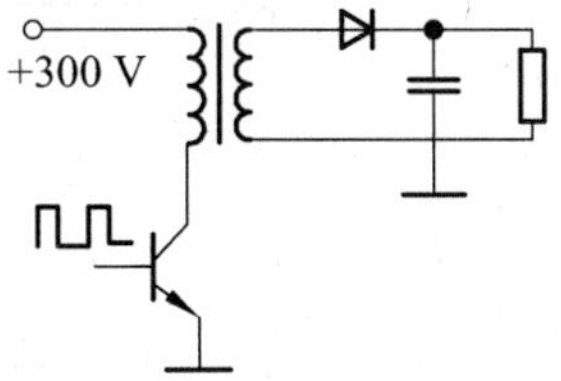
按激励方式	自激式	利用电路中的开关晶体管和脉冲变压器构成正反馈环路，完成自激振荡。
	它激式	开关电源的电路中必修附加一个振荡器，在开机时起振，使开关电源有直流输出。
按稳压方式	调频式	通过反馈来控制开关脉冲的频率，使输出电压达到稳定。
	调宽式	通过改变开关脉冲的宽度，调整开关管的导通时间来达到稳定输出电压的目的。

开关稳压电源主要由抗干扰电路、整流滤波电路、振荡电路、稳压控制电路、保护电路以及待机控制电路组成，振荡电路由开关变压器、开关调整管、启动电路以及正反馈电路构成。稳压控制电路由取样电路、基准电压、比较放大以及控制电路构成，如图 3.2.2 所示。

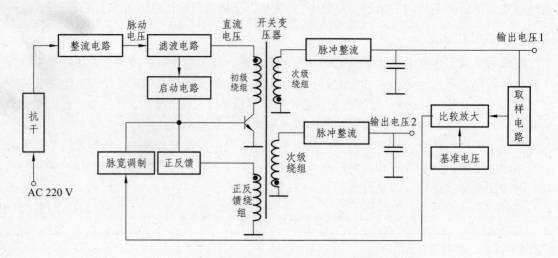

图 3.2.2　变压器耦合式开关稳压电源原理示意图

① 抗干扰电路。

抗干扰电路由互感滤波器和高频旁路电容组成。它用于阻止电网的杂波干扰进入电视机及开关电源本身的干扰杂波污染电源。

② 整流滤波电路。

整流滤波电路采用桥式整流和电容滤波,它把输入的 220 V 交流电整流滤波成+300 V 左右的直流电。

③ 自激振荡电路。

自激振荡电路用于把+300 V 左右的直流电压变换成高频脉冲电压加至开关变压器的初级绕组。

④ 稳压电路。

稳压电路的作用是自动调整电源开关管的导通时间,从而调整高频脉冲的占空比,使输出电压稳定。

1）开关稳压电路的基本工作原理

开关电源的稳压原理:改变开关脉冲宽度来实现输出电压稳定。具体讲是通过对主输出电压取样、比较及误差放大,反馈控制自激振荡器开关脉冲的占空系数实现。在开关电源中称开关管导通时间和开关周期的比值为占空系数。开关电源的稳压方式有调宽式和调频式 2 种,如图 3.2.3 所示。

如图 3.2.3（a）所示开关周期不变而占空系数改变实现稳压的开关电源称为调宽式开关电源。

如图 3.2.3（b）所示当开关周期改变时,其占空系数也改变的开关电源称为调频式开关电源。

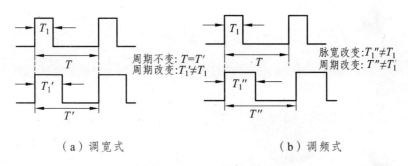

（a）调宽式　　　　　　　　　　　（b）调频式

图 3.2.3　开关电源的稳压方式

下面介绍开关电源的工作过程：

如图 3.2.4 所示为变压器耦合式开关电源电路工作过程图。其中，如图 3.2.4（a）所示为基本原理图，V 为开关电源开关三极管，工作在开关（饱和和截止）状态，当基极为高电平时，三极管处于深度饱和状态，其 V_{CE} 结压降为 0.3 V 左右，对于 +300 V 的输入电压近似为短路，当基极为低电平时，三极管处于截止状态，其 I_C 电流近似为零，三极管视为开路。

在开关管饱和导通时，如图 3.2.4（b）所示。电源通过开关变压器初级电感和开关管形成回路，在开关变压器中储能，此时次级整流二极管截止，负载电流靠滤波电容放电提供。

开关管截止时，如图 3.2.4（c）所示。开关变压器次级的感应电动势使整流二极管 VD 导通，向负载释放能量，同时向滤波电容充电。

这样周而复始，电源所提供的能量先以磁能的形式储存在开关变压器中，然后再以电能的形式向负载提供并补充给滤波电容 C。

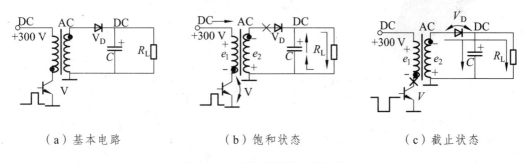

（a）基本电路　　　　　　　（b）饱和状态　　　　　　　（c）截止状态

图 3.2.4　开关电源的工作过程

注意：

① 整流二极管与开关管必须是处于交替导通状态，以保证开关变压器中的磁通回路不中断。否则，在开关管截止时，开关变压器初级将产生很高的自感电动势而导致开关管击穿；

② 开关管饱和时，负载电流是由滤波电容放电提供的。

2）开关电源中调整输出电压过程

开关电源中输入电压与输出电压之间的关系可以如图 3.2.5 所示。

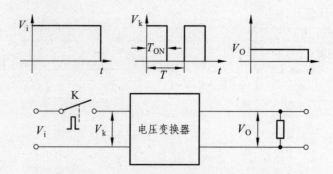

图 3.2.5　开关电源中调整输出电压过程

图 3.2.5 中：K 为受控开关，即开关电源中的开关管或叫电源调整管，开关 K 不断接通与断开，将输入直流电压截成一个个矩形脉冲。设输入电压为 V_i，输出电压为 V_O，开关上的电压（即储能元件的输入电压）为 V_K，则在开关接通时，$V_K = V_i$；在开关断开时，$V_K = 0\text{ V}$。若将开关周期设为 T，将开关导通时间设为 V_{ON}，则输出电压与输入电压之间的关系可以用下列关系表示：

$$V_o = \frac{T_{ON}}{T} \cdot V_i = \delta \cdot V_i \qquad\qquad (3.2.1)$$

式中，δ 称为开关脉冲的占空比（又叫占空系数）。

由式 3.2.1 中可知，只要改变开关脉冲的占空比，就可以改变输出电压的高低。或者说，改变开关管导通时间的长短就能改变输出电压的高低。根据占空比的调节方法不同，得到 2 种不同稳压方式的开关电源，如表 3.2.3 所示。

表 3.2.3　两种不同稳压方式的开关电源

开关电源控制方式	定义	示意图	
调宽式 开关稳压电源	周期保持不变而改变脉冲宽度		周期不变: $T=T'$ 周期改变: $T'_1 \neq T_1$
调频式 开关稳压电源	改变占空比时，整个周期也改变		脉宽改变: $T''_1 \neq T_1$ 周期改变: $T'' \neq T_1$

184

3. 恒流源与恒压源比较

恒压源就是我们常说的稳压电源，能保证负载（输出电流）变动的情况下，保持电压不变。

恒流源则是在负载变化的情况下，能相应调整自己的输出电压，使得输出电流保持不变。我们见到的开关电源，基本全部都是恒压源。恒流源的开关电源实际上就是在恒压源的基础上，内部在输出电路上，加上取样电阻，电路保证这个取样电阻上的压降不变，来实现恒流输出的。

恒压电源（稳压电源）：能够对负载输出恒定电压的电源。理想的恒压电源的内阻为零，使用时不能短路。

恒流电源（恒流源）：能够对负载输出恒定电流的电源。理想的恒流电源的内阻为无穷大，使用时不能开路。恒流源的实质是利用器件对电流进行反馈，动态调节设备的供电状态，从而使得电流趋于恒定。只要能够得到电流，就可以有效形成反馈，从而建立恒流源。

能够进行电流反馈的器件，还有电流互感器，或者利用霍尔元件对电流回路上某些器件的磁场进行反馈，也可以利用回路上的发光器件（例如光电耦合器和发光管等）进行反馈。这些方式都能够构成有效的恒流源，而且更适合大电流等特殊场合，不过因为这些实现形式的电路都比较复杂，这里就不再介绍了。

基本的恒流源电路主要是由输入级和输出级构成，输入级提供参考电流，输出级输出需要的恒定电流。

1）构成恒流源电路的基本原则

恒流源电路就是要能够提供一个稳定的电流以保证其他电路稳定工作的基础。即要求恒流源电路输出恒定电流，因此作为输出级的器件应该是具有饱和输出电流的伏安特性。这可以采用工作于输出电流饱和状态的 BJT 或者 MOSFET 来实现。

为了保证输出晶体管的电流稳定，就必须要满足两个条件：

（1）其输入电压要稳定，即输入级为恒压源；

（2）输出功率管的输出电阻尽量大（最好是无穷大），即输出级需要是恒流源。

2）对于输入级器件的要求

因为输入级需要是恒压源，所以可以采用具有电压饱和伏安特性的器件来作为输入级。一般的 PN 结二极管就具有指数式上升的伏安特性；另外，把增强型 MOSFET 的源—漏极短接所构成的二极管，也具有类似的伏安特性，即抛物线式上升的伏安特性。

3）对于输出级器件的要求

如果采用 BJT，为了使其输出电阻增大，就需要设法减小 Early 效应（基区宽度调制效应），即要尽量提高 Early 电压。

如果采用 MOSFET，为了使其输出电阻增大，就需要设法减小其沟道长度调制效应和衬偏效应。因此，这里一般是选用长沟道 MOSFET，而不用短沟道器件。典型恒流源模型电路如图 3.2.6 所示。

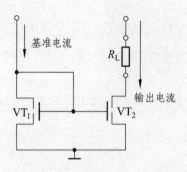

（a）MOSFET 构成的恒流源模型

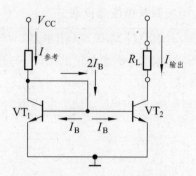

（b）BJT 构成的恒流源模型

图 3.2.6　典型恒流源模型

　　如图 3.2.6（a）所示是采用增强型 n-MOSFET 管构成的一种基本恒流源电路。为了保证输出 MOS 管 VT_2 的栅—源电压稳定，其直流电源供电就应当设置一个恒压源。实际上，VT_1 管在此处的作用也就是为了给 VT_2 提供一个稳定的栅—源电压，即起着一个恒压源的作用。因此 VT_1 应该具有很小的交流电导和较高的跨导，以保证其具有较好的恒压性能。VT_2 应该具有很大的输出交流电阻，为此就需要采用长沟道 MOSFET，并且要减小沟道长度调制效应等不良影响。

　　如图 3.2.6（b）所示是用 BJT 构成的一种基本恒流源电路。其中 VT_2 是输出恒定电流的晶体管，晶体管 VT_1 就是一个给 VT_2 提供稳定基极电压的发射结二极管。当然，VT_1 的电流放大系数越大、跨导越高，则其恒压性能也就越好。同时，为了输出电流恒定（即提高输出交流电阻），自然还需要尽量减小 VT_2 的基区宽度调变效应（即 Early 效应）。另外，如果采用两个基极相连接的 PNP 晶体管来构成恒流源的话，那么在 IC 芯片中这两个晶体管可以放置在同一个隔离区内，这将有利于减小芯片面积，但是为了获得较好的输出电流恒定的性能，即需要特别注意增大横向 PNP 晶体管的电流放大系数。

3.2.3.3　直流稳压电源典型电路识读与分析

1. 整流滤波电路识读

　　整流电路的作用是将市电降压后转换成单向脉动性直流电。整流电路主要由整流二极管组成，经过整流电路之后的电压已经不是交流电压，而是一种含有直流电压和交流电压的混合电压，习惯上称单向脉动性直流电压。

　　1）整流电路分类

　　整流电路应用较为广泛，电路结构形式多样，分类标准也不相同。

　　（1）按组成器件分为不可控电路、半可控电路及全控电路 3 种：

　　不可控整流电路完全由不可控二极管组成，电路结构一定之后其直流整流电压和交流电源电压值的比是固定不变的。

　　半可控整流电路由可控元件和二极管混合组成，在这种电路中，负载电源极性不能改变，但平均值可以调节。

　　在全控整流电路中，所有的整流元件都是可控的（SCR、GTR 和 GTO 等），其输出直流电压的平均值及极性可以通过控制元件的导通状况而得到调节，在这种电路中，功率既可以由电源向负载传送，也可以由负载反馈给电源，即所谓的有源逆变。

（2）按组成电路结构形式主要有半波整流电路、全波整流电路、桥式整流和倍压整流电路 4 种。

前 3 种整流电路输出的单向脉动性直流电特性有所不同，半波整流电路输出的电压只有半周，所以这种单向脉动性直流电主要成分仍然是 50 Hz 的，因为输入交流市电的频率是 50 Hz，半波整流电路去掉了交流电的半周，没有改变单向脉动性直流电中交流成分的频率；全波和桥式整流电路相同，用到了输入交流电压的正、负半周，使频率扩大一倍为 100 Hz，所以这种单向脉动性直流电的交流成分主要成分是 100 Hz 的，这是因为整流电路将输入交流电压的一个半周转换了极性，使输出的直流脉动性电压的频率比输入交流电压提高了一倍，这一频率的提高有利于滤波电路的滤波。倍压整流是利用二极管的整流和导引作用，将电压分别贮存到各自的电容上，然后把它们按极性相加的原理串接起来，输出高于输入电压的高压来。

在一般电子产品中，电源整流滤波电路一般由二极管与电容构成。整流二极管是利用 PN 结的单向导电特性，把交流电变成脉动直流电。整流二极管流电流较大，多数采用面接触性料封装的二极管，常用整流二极管参数如表 3.2.4 所示。

表 3.2.4 常用整流二极管参数

型号	最高反向峰值电压/V	平均整流电流/A	最大峰值浪涌电流/A	最大反向漏电流/μA	正向压降/V	封装
IN4001	50	1.0	30	5.0	1.0	DO—41
IN4002	100	1.0	30	5.0	1.0	DO—41
IN4004	400	1.0	30	5.0	1.0	DO—41
IN4007	1000	1.0	30	5.0	1.0	DO—41
IN5391	50	1.5	50	5.0	1.5	DO—15
IN5392	100	1.5	50	5.0	1.5	DO—15
IN5395	400	1.5	50	5.0	1.5	DO—15
IN5399	1000	1.5	50	5.0	1.5	DO—15
RL157	1000	1.5	60	5.0	1.5	DO—15
RL207	1000	2	70	5.0	1.0	DO—15
RY251	200	3	150	5.0	3.0	DO—27
RY255	1300	3	150	5.0	3.0	DO—27
IN5401	50	3	200	5.0	1.0	DO—27
IN5408	1000	3	200	5.0	1.0	DO—27

2）整流二极管主要参数

（1）最大平均整流电流 I_F。

指二极管长期工作时允许通过的最大正向平均电流。该电流由 PN 结的结面积和散热条件决定。使用时应注意通过二极管的平均电流不能大于此值，并要满足散热条件。例如 1N4000 系列二极管的 I_F 为 1 A。

（2）最高反向工作电压 V_{RM}。

指二极管两端允许施加的最大反向电压。若大于此值，则反向电流（I_R）剧增，二极管的单向导电性被破坏，从而引起反向击穿。通常取反向击穿电压（V_B）的一半作为（V_R）。例如 1N4001 的 V_R 为 50 V，1N4002 ~ 1N4007 分别为 100 V、200 V、400 V、600 V、800 V 和 1 000 V。

（3）最大反向电流 I_{RM}。

它是二极管在最高反向工作电压下允许流过的反向电流，此参数反映了二极管单向导电性能的好坏。因此这个电流值越小，表明二极管质量越好。

（4）击穿电压 V_R。

指二极管反向伏安特性曲线急剧弯曲点的电压值。反向为软特性时，则指给定反向漏电流条件下的电压值。

（5）最高工作频率 f_m。

它是二极管在正常情况下的最高工作频率。主要由 PN 结的结电容及扩散电容决定，若工作频率超过 f_m，则二极管的单向导电性能将不能很好地体现。例如 1N4000 系列二极管的 f_m 为 3 kHz。

（6）反向恢复时间 t_{re}。

指在规定的负载、正向电流及最大反向瞬态电压下的反向恢复时间。

（7）零偏压电容 C_o。

指二极管两端电压为零时，扩散电容及结电容的容量之和。

值得注意的是，由于制造工艺的限制，即使同一型号的二极管其参数的离散性也很大。手册中给出的参数往往是一个范围，若测试条件改变，则相应的参数也会发生变化，例如 25℃ 时测得 1N5200 系列硅塑封整流二极管的 I_{RM} 小于 10 μA，而在 100 ℃ 时 I_{RM} 则变为小于 500 μA。

3）常见典型不可控整流滤波电路

利用二极管构成的整流电路应用范例较多，但其基本结构不会发生改变，常见典型整流滤波电路如图 3.2.7 所示。

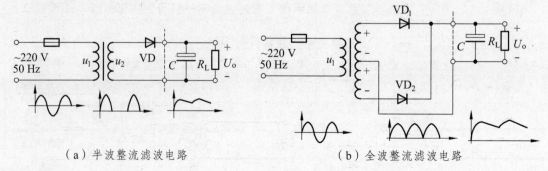

（a）半波整流滤波电路　　　　（b）全波整流滤波电路

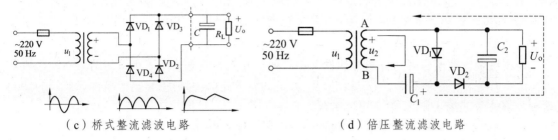

（c）桥式整流滤波电路　　　　　　　　（d）倍压整流滤波电路

图 3.2.7　整流滤波电路

如图 3.2.7（a）所示为半波整流滤波电路，是最简单的一种整流滤波电路，该电路在开关电源中的变压器耦合次级输出中较为常用。该电路的工作原理为：当 u_2 正半周时，变压器副边绕组电压极性为上 "+" 下 "–"，当二极管正向偏置且电压大于二极管内电场电压（死区电压）时，二极管 VD 正向导通，整流输出电压为 $\sqrt{2}U_2 \sin \omega t(\omega t = 0-\pi)$ V；当 u_2 负半周时，变压器副边绕组电压极性为上 "–" 下 "+–"，二极管 *VD* 处于截止状态，整流输出电压为 0 V。在整个周期内输出电压的平均值为

$$U_{\text{o(AV)}} = \frac{1}{2\pi} \int_0^\pi \sqrt{2}U_2 \sin \omega t \mathrm{d}(\omega t) \approx 0.45U_2 \tag{3.2.2}$$

加上滤波电容 C 之后的输出电压为：

$$U_{\text{o}} = \sqrt{2}U_2 \left(1 - \frac{T}{4R_{\text{L}}C}\right) = 0.9U_2 \tag{3.2.3}$$

在半波整流电路中，一般应根据流过二极管的电流平均值和它所承受的最大反向电压来选取二极管的型号。

半波整流电路负载平均电流为

$$I_{\text{D(AV)}} = \frac{U_{\text{o(AV)}}}{R_{\text{L}}} = \frac{\dfrac{1}{2\pi} \displaystyle\int_0^\pi \sqrt{2}U_2 \sin \omega t \mathrm{d}(\omega t)}{R_{\text{L}}} \approx \frac{0.45U_2}{R_{\text{L}}} \tag{3.2.4}$$

二极管承受的最大反向电压等于变压器副边的峰值电压，即

$$U_{\text{Rmax}} = \sqrt{2}U_2 \tag{3.2.5}$$

一般情况下，允许电网电压由 ±10%的波动，即变压器原边电压为 198～242 V，因此在选用二极管时需要留 10%的余量，以保证二极管安全可靠工作。

如图 3.2.7（b）所示为全波整流滤波电路。该电路的工作原理为：当 u_2 正半周时，变压器副边绕组电压极性为上 "+" 下 "–"，当二极管正向偏置且电压大于二极管内电场电压（死区电压）时，二极管 VD$_1$ 正向导通，VD$_2$ 截止，整流输出电压为 $\sqrt{2}U_2 \sin \omega t(\omega t = 0-\pi)$ V；反之，当 u_2 负半周时，VD$_1$ 反偏截止，VD$_2$ 正偏导通，整流输出电压为 $\sqrt{2}U_2 \sin \omega t(\omega t = \pi - 2\pi)$。在整个周期内输出电压的平均值为半波整流的 2 倍，即

$$U_{\text{o(AV)}} = \frac{1}{\pi} \int_0^\pi \sqrt{2}U_2 \sin \omega t \mathrm{d}(\omega t) \approx 0.9U_2 \tag{3.2.6}$$

加上滤波电容 C 之后，当负载开路时，即 $R_L = \infty$，$U_0 = \sqrt{2}U_2$；当 $R_L C = (3 \sim 5)\dfrac{T}{2}$ 时，输出电压为 $U_o = 1.2U_2$。

在全波整流电路中，二极管平均电流为

$$I_{D(AV)} = \frac{1}{2}\frac{U_{o(AV)}}{R_L} \approx \frac{1.2U_2}{2R_L} \tag{3.2.7}$$

二极管承受的最大反向电压等于变压器副边的峰值电压，即

$$U_{Rmax} = \sqrt{2}U_2 \tag{3.2.8}$$

一般情况下，允许电网电压由 ±10% 的波动，即变压器原边电压为 198 ~ 242 V，因此在选用二极管时需要留 10% 的余量，以保证二极管安全可靠工作。

如图 3.2.7（c）所示为桥式整流滤波电路，是目前应用最为广泛的整流滤波电路。该电路的工作原理为：当 u_2 正半周时，变压器副边绕组电压极性为上 "+" 下 "–"，当二极管正向偏置且电压大于二极管内电场电压（死区电压）时，二极管 VD_1、VD_2 正向导通，VD_3、VD_4 截止，整流输出电压为 $\sqrt{2}U_2 \sin\omega t(\omega t = 0 - \pi)$ V；反之，当 u_2 负半周时，VD_1、VD_2 反偏截止，VD_3、VD_4 正偏导通，整流输出电压为 $\sqrt{2}U_2 \sin\omega t(\omega t = \pi - 2\pi)$ V。在整个周期内输出电压的平均值为半波整流的 2 倍，即

$$U_{o(AV)} = \frac{1}{\pi}\int_0^\pi \sqrt{2}U_2 \sin\omega t \mathrm{d}(\omega t) \approx 0.9U_2 \tag{3.2.9}$$

加上滤波电容 C 之后，当负载开路时，即 $R_L = \infty$，$U_o = \sqrt{2}U_2$；当 $R_L C = (3 \sim 5)\dfrac{T}{2}$ 时，输出电压为 $U_o = 1.2U_2$。

在全波整流电路中，二极管平均电流为

$$I_{D(AV)} = \frac{1}{2}\frac{U_{o(AV)}}{R_L} \approx \frac{1.2U_2}{2R_L} \tag{3.2.10}$$

二极管承受的最大反向电压等于变压器副边的峰值电压的一半，即

$$U_{Rmax} = \sqrt{2}U_2/2 \tag{3.2.11}$$

一般情况下，允许电网电压有 ±10% 的波动，即变压器原边电压为 198 ~ 242 V，因此在选用二极管时需要留 10% 的余量，以保证二极管安全可靠工作。

如如图 3.2.7（d）所示所示为倍压整流滤波电路，利用滤波电容的存储作用，由多个电容和二极管可以获得几倍于变压器副边电压的输出电压，称为倍压整流电路。

U_2 为变压器副边电压有效值。其工作原理为：当 u_2 正半周时，A 点为 "+"，B 点为 "–"，使得二极管 VD_1 导通，VD_2 截止；C_1 充电，电流如图实线所示；C_1 上电压极性右为 "+"，左为 "–"，最大值可达到 $\sqrt{2}U_2$。当 u_2 负半周时，A 点为 "–"，B 点为 "+"，C_1 上电压与变压器副边电压相同，使得 VD_2 导通，VD_1 截止；C_2 充电，电流如图虚线所示；C_2 上电压的极性下为 "+"，上为 "–"，最大值可达到 $2\sqrt{2}U_2$。可见，是 C_1 对电荷的存储作用，使得输出

电压（即电容 C_2 上的电压）为变压器副边电压的 2 倍。利用同样的原理可以实现所需倍数的输出电压。

注意： 对于倍压整流电路，它能够输出比输入交流电压更高的直流电压，但这种电路输出电流的能力较差，所以具有高电压，小电流的输出特性。常用于其他交流信号的整流，例如用于发光二极管电平指示器电路中，对音频信号进行整流。

在半波整流电路中，当整流二极管截止时，交流电压峰值全部加到二极管两端。对于全波整流电路而言也是这样，当一只二极管导通时，另一只二极管截止，承受全部交流峰值电压。所以对这两种整流电路，要求电路的整流二极管其承受反向峰值电压的能力较强；对于桥式整流电路而言，两只二极管导通，另两只二极管截止，它们串联起来承受反向峰值电压，在每只二极管两端只有反向峰值电压的一半，所以对这一电路中整流二极管承受反向峰值电压的能力要求较低。

2. 线性集成稳压电路识读

1）线性集成稳压器

国内外各厂家生产的三端（电压输入端、电压输出端及公共接地端）固定式正压稳压器均命名为 78 系列，该系列稳压器有过流、过热和调整管安全工作区保护，以防过载而损坏。其中 78 后面的数字代表稳压器输出的正电压数值（一般有 5 V、6 V、8 V、9 V、10 V、12 V、15 V、18 V、20 V 及 24 V 伏共 9 种输出电压），各厂家在 78 前面冠以不同的英文字母代号。78 系列稳压器最大输出电流分 0.5 A、1 A、1.5 A、5 A 及 10 A 共 5 种，以插入 78 和电压数字之间的字母来表示。插入 P 表示 10 A，插入 H 表示 5 A，L 表示 1.5 A，插入 M 表示 0.5 A，如不插入字母则表示 1 A。此外，78（L、M）×× 的后面往往还附有表示输出电压容差和封装外壳类型的字母。常见的封装形式有 TO-3 金属封装，如图 3.2.8（a）所示；金属封装形式输出电流可以达到 10 A。TO-220 的塑料封装，如图 3.2.8（b）、（c）和（d）所示，塑料封装的集成稳压器目前应用最多。

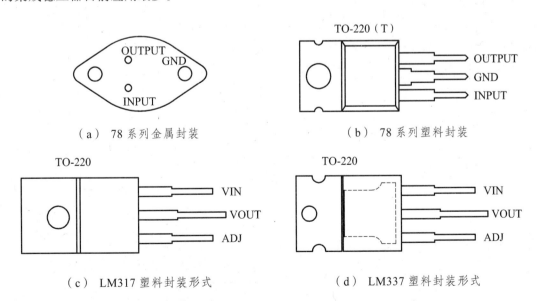

（a）78 系列金属封装　　　　　　　　　　（b）78 系列塑料封装

（c）LM317 塑料封装形式　　　　　　　　（d）LM337 塑料封装形式

图 3.2.8　常见三端稳压器的封装形式

2）线性集成稳压器构成的稳压电源电路识读

三端固定式正压稳压器命名为 78 系列，例如 MC7805M，输出正电压 5 V，最大输出电流 500 mA。三端固定式正压稳压器的基本应用电路如图 3.2.9（a）所示，只要把大于输出电压 3 V 以上的输入电压 U_I 加到 MC7805 的输入端，MC7805 的公共端接地，其输出端便能输出芯片标称正电压 U_O。实际应用电路中，芯片输入端和输出端与地之间除分别接大容量滤波电容外，通常还需在芯片引出脚根部接小容量（0.1 ~ 10 μF）电容 C_i 和 C_O 到地。C_i 用于抑制芯片自激振荡，如图 3.2.9（a）所示的 C_1 和 C_2；C_O 用于压窄芯片的高频带宽，减小高频噪声如图 3.2.9（a）所示的 C_3 和 C_4。C_i 和 C_O 的具体取值应随芯片输出电压高低及应用电路的方式不同而异。

三端固定式负压稳压器命名为 79 系列，79 前、后的字母、数字意义与 78 系列完全相同。如图 3.2.9（b）所示为 79 的基本应用电路（以 MC7905 为例）。图中芯片的输入端加上负输入电压 U_I，芯片的公共端接地，在输出端得到标称的负输出电压 U_O，电容 C_1 和 C_2 用来抑制输入电压 U_I 中的纹波和防止芯片自激振荡，C_3、C_4 用于抑制输出噪声。二极管 VD 为大电流保护二极管，防止在输入端偶然短路到地时，输出端大电容上储存的电压反极性加到输出、输入端之间而损坏芯片。

正、负输出稳压电源能同时输出 2 组数值相同而极性相反的恒定电压。

如图 3.2.9（c）所示为正、负输出电压固定的稳压电源。它由输出电压极性不同的两片集成稳压器 MC7815 和 MC7915 构成，电路十分简单。两芯片输入端分别加上 ±20 V 的输入电压，输出端便能输出 ±15 V 的电压，输出电流为 1 A。图中二极管为集成稳压器的保护器件。当负载接在两输出端之间时，如工作过程中某一芯片输入电压断开而没有输出，则另一芯片的输出电压将通过负载施加到没有输出的芯片输出端，造成芯片的损坏。接入二极管起的箝位作用，保护了芯片。

三端(输入端、输出端及电压调节端)可调式稳压器品种繁多，如正压输出的 317（217/117）系列、123 系列、138 系列、140 系列和 150 系列；负压输出的 337 系列等。LM317 和 LM337 的封装形式和引脚如图 3.2.9（d）所示。LM317 系列稳压器能在输出电压为 1.25 ~ 37 V 的范围内连续可调，外接元件只需 1 个固定电阻和 1 个电位器。其芯片内也有过流、过热和安全工作区保护。最大输出电流为 1.5 A。

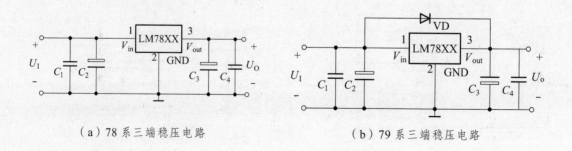

（a）78 系三端稳压电路　　　　　　　　　（b）79 系三端稳压电路

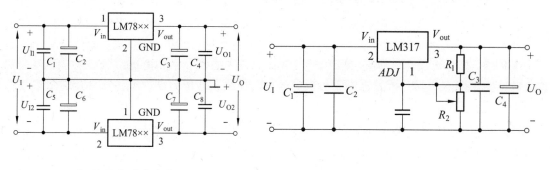

（c）正负对称电源　　　　　　　　　　（d）三端可调电源

图 3.2.9　三端稳压集成构成的稳压电源

3. DC-DC 变换稳压电源电路识读

1）LM2576 集成 DC-DC 变换

DC-DC 开关集成稳压器芯片较多，如美国国家半导体公司生产 LM2575 和 LM2576 等，该类开关集成稳压器具有外围电路结构简单、工作效率较高以及输出电压系列较多等优点。在简单电源设计中使用较为普遍，下面以 LM2576 芯片应用进行介绍。

开关电源芯片 LM2576 是美国国家半导体公司生产的 3A 集成稳压电路，内部结构如图 3.2.10（a）所示。它内部集成了一个固定的振荡器，只需极少外围器件便可构成一种高效的稳压电路，可大大减小散热片的体积，而在大多数情况下不需散热片；内部有完善的保护电路，包括电流限制及热关断电路等；芯片可提供外部控制引脚（ON/OFF），是传统三端式稳压集成电路的理想替代产品。

LM2576 系列开关稳压集成电路芯片的主要参数如下：①最大输出电流 3 A；②最大输入电压 45 V；③输出电压 3.3 V、5 V、12 V、15 V 及 *ADJ*（可调）；④最大稳压误差 4%；⑤转换效率 77% ~ 88%（不同的电压输出的效率不同）。

LM2576 和 LM2575 引脚如图 3.2.10（a）所示。其引脚功能如下：①VIN 未稳压电压输入端；②OUTPUT 开关电压输出，接电感及快恢复二极管；③GND 公共端；④FEEDBACK 反馈输入端；⑤ON/OFF 控制输入端，接公共端时，稳压电路工作，接高电平时，稳压电路停止。

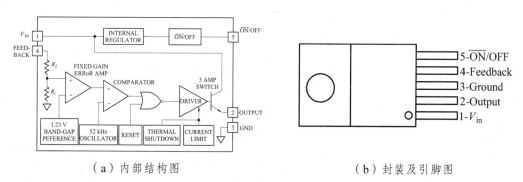

（a）内部结构图　　　　　　　　　　（b）封装及引脚图

图 3.2.10　LM2576 开关集成稳压器

LM2576 应用方法与三端稳压集成电路类似，典型应用电路如图 3.2.11 所示。在典型应用电路中主要包含 2 类，一种是固定输出，如图 3.2.11（a）所示；一种是可调输出，如图 3.2.11（b）所示。

如图 3.2.11（a）所示，输入滤波电容 C_1 一般应大于或等于 100 μF，安装时要求尽量靠近 LM2576 的输入引脚，其耐压值应与最大输入电压值相匹配；C_2 为输入高频滤波，其容量一般为 0.1 μF。

而输出电容 C_3 的值应依据下式进行计算（单位 μF）：

$$C \geqslant 13\,300 \times \frac{V_{\text{IN}}}{V_{\text{OUT}}} \times L \qquad\qquad (3.2.12)$$

式中　V_{IN}——LM2576 的最大输入电压；

V_{OUT}——LM2576 的输出电压；

L——经计算并查表选出的电感 L_1 的值，μH。

电容 C_3 耐压值应大于额定输出电压的 1.5 ~ 2 倍。C_4 为输出高频滤波电容，其值一般为 0.1 μF。二极管 VD 为肖特基二极管，其额定电流值应大于最大负载电流的 1.2 倍，考虑到负载短路的情况，二极管的额定电流值应大于 LM2576 的最大电流限制。二极管的反向电压应大于最大输入电压的 1.25 倍。

V_{IN} 的选择应考虑交流电压最低跌落值所对应的 LM2576 输入电压值及 LM2576 的最小输入允许电压值（以 5 V 电压输出为例，该值为 8 V）。

工作模式可控应用设计 LM2576 的 5 脚输入电平可用于控制 LM2576 的工作状态。5 脚输入电平与 TTL 电平兼容。当输入为低电平时，LM2576 正常工作；当输入为高电平时，LM2576 停止输出并进入低功耗状态。

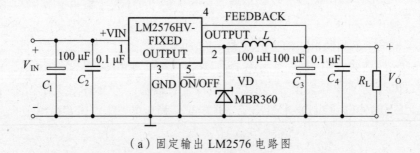

（a）固定输出 LM2576 电路图

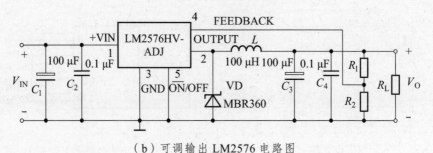

（b）可调输出 LM2576 电路图

图 3.2.11　LM2576 开关集成稳压器典型应用电路

如图 3.2.11（b）所示，电路基本结构形式与图 3.2.11（a）相同，唯一的差异在 LM2576 反馈连接不一样，如图 3.2.11（a）所示输出电压直接反馈接到 4 脚上；如图 3.2.11（b）所示输出电压进取样电路取样分压后反馈接到 4 脚上，调节 R_1 和 R_2 的分压比即可调节输出电压。

$$V_{OUT} = V_{REF}\left(1 + \frac{R_2}{R_1}\right) \tag{3.2.13}$$

$$R_2 = R_1\left(\frac{V_{OUT}}{V_{REF}} - 1\right) \tag{3.2.14}$$

式（3.2.13）和（3.2.14）中，$V_{REF} = 1.23\ V$，R_1 在 $1.0 \sim 5.0\ k\Omega$ 之间。

2）斩波调压电源电路

MC33063A/MC34063A/MC35063A 是单片 DC/DC 变换器控制电路，只需配用少量的外部元件，就可以组成升压、降压及电压反转 DC/DC 变换器。该系列变换器的电压输入范围为 $3 \sim 40\ V$，输出电压可以调整，输出开关电流可达 1.5 A；工作频率可达 100 kHz，内部参考电压精度为 2%。

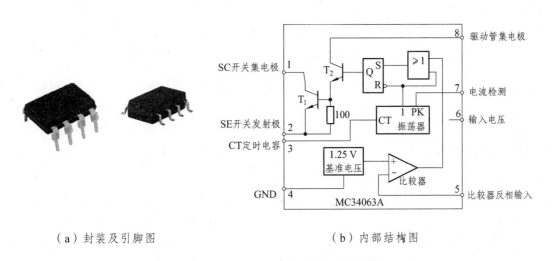

（a）封装及引脚图　　　　　（b）内部结构图

图 3.2.12　MC34063A 开关集成稳压器

MC34063A 封装及其外形如图 3.2.12（a）所示。引脚功能为：1 脚，开关管 T_1 集电极引出端；2 脚，开关管 T_2 发射极引出端；3 脚，定时电容 C_T 接线端，调节 C_T 可使工作频率在 $100 \sim 100$ kHz 范围内变化；4 脚，电源地；5 脚，电压比较器反相输入端，同时也是输出电压取样端，使用时应外接 2 个精度不低于 1% 的精密电阻；6 脚，电源端；7 脚，负载峰值电流取样端；6、7 脚之间电压超过 300 mV 时，芯片将启动内部过流保护功能；8 脚，驱动管 T_2 集电极引出端。

如图 3.2.12（b）所示为 MC34063A 内部电路结构。它是由带温度补偿的参考电压源（1.25 V）、比较器、能有效限制电流及控制工作周期的振荡器、驱动器及大电流输出开关等组成的。其主要参数为：电源电压为 40 V（直流）；比较器输入电压范围为 −0.3 ~ 40 V（直流）；开关发射极电压为 40 V（直流）；开关集电极电压为 40V（直流）；驱动集电极电流为 100 mA；开关电流为 1.5 A。

如图 3.2.13（a）所示是由 MC34063A 组成的升压式 DC/DC 变换器。电路的输入电压为 +12 V，输出电压为 +28 V，输出电流可达 175 mA。电路中的电阻 R_{SC} 为检测电流，由它产生的信号控制芯片内部的振荡器，可达到限制电流的目的。输出电压经 R_1 和 R_2 组成的分压器输入比较器的反向端，以保证输出电压的稳定性。本电路的效率可达 89.2%。如果需要，本电路在加入扩流管后输出电流可达 1.5 A 以上。

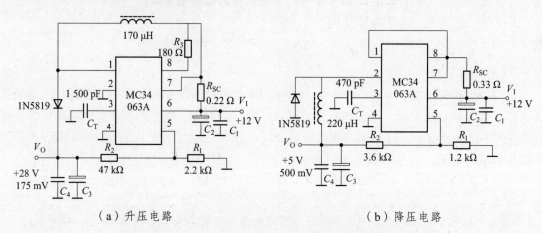

（a）升压电路　　　　　　　　　　　　　　（b）降压电路

图 3.2.13　MC34063A 开关集成稳压器构成的稳压电路

如图 3.2.13（b）所示是由 MC34063A 组成的降压式 DC/DC 变换器电路。电路的输入电压为 25 V，输出电压为 5 V/500 mA。电路将 1、8 脚连接起来组成达林顿驱动电路，如果外接扩流管，则可把输出电流增加到 1.5 A。当电路中的电阻 R_{SC} 选择 0.1 Ω 时，其限制电流为 1.1 A。本电路的效率为 82.5%。

4. 精密稳压电源电路

基准电压源是当代模拟集成电路极为重要的组成部分，它为串联型稳压电路、A/D 和 D/A 转化器等提供基准电压 V_{REF}，也是大多数传感器的稳压供电电源或激励源。另外，基准电压源也可作为标准电池、仪器表头的刻度标准和精密电流源等。

几乎在所有先进的电子产品中都可以找到电压基准源，它们可能是独立的，也可能集成在具有更多功能的器件中。例如：在数据转换器中，基准源提供了一个绝对电压，与输入电压进行比较以确定适当的数字输出。在电压调节器中，基准源提供了一个已知的电压值，用它与输出作比较，得到一个用于调节输出电压的反馈。在电压检测器中，基准源被当作一个设置触发点的门限。

理想的电压基准源应该具有完美的初始精度，并且在负载电流、温度和时间变化时电压保持稳定不变。实际应用中，设计人员必须在初始电压精度、电压温漂、迟滞以及供出/吸入电流的能力、静态电流（即功率消耗）、长期稳定性、噪声和成本等指标中进行权衡与折中。

两种常见的基准源是齐纳基准源和带隙基准源。齐纳基准源通常采用两端并联拓扑；带隙基准源通常采用三端串联拓扑。

德州仪器公司（TI）生产的 TL431 是一个有良好的热稳定性能的三端可调分流基准源。他的输出电压用 2 个电阻就可以任意的设置到从 V_{REF}（2.5 V）到 36 V 范围内的任何值。该器件的典型动态阻抗为 0.2 Ω，在很多应用中用它代替齐纳二极管。例如数字电压表、运放电路、可调压电源以及开关电源等。

TL431 是一种并联稳压集成电路。因其性能好且价格低，因此广泛应用在各种电源电路中。其封装形式与塑封三极管 9013 等相同，如图 3.2.14（a）所示。

下面介绍 TL431 基准源主要参数：

① 可编程输出电压 2.5 ~ 36 V；② 电压参考误差 ± 0.4%；③ 低动态输出阻抗 0.22 Ω（典型值）；④ 稳压值从 2.5 ~ 36 V 连续可调，参考电压原误差 ± 1.0%；⑤ 低动态输出电阻，典型值为 0.22 Ω；⑥ 输出电流 1.0 ~ 100 mA；⑦ 内基准电压为 2.5 V；⑧ 常见封装为 TO-92、PDIP-8、Micro-8、SOIC-8 及 SOT-23。

TL431 的具体功能可以用如图 3.2.14（b）所示的功能模块示意。由图可以看到，V_I 是一个内部的 2.5 V 的基准源，接在运放的反向输入端。由运放的特性可知，只有当 V_{REF} 端（同向端）的电压非常接近 V_I（2.5 V）时，三极管中才会有一个稳定的非饱和电流通过，而且随着 V_{REF} 端电压的微小变化，通过三极管的电流将 1 ~ 100 mA 变化。

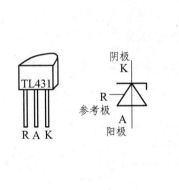

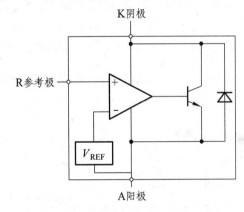

（a）TL431 外形及符号图　　　　　　（b）TL431 内部电路图

图 3.2.14　TL431 基准电源

TL431 可等效为一只稳压二极管，其基本连接方法如图 3.2.15（a）所示。TL431 可作可调基准源，电阻 R_2 和 R_3 与输出电压的关系为 $U_O = \left(1 + \dfrac{R_2}{R_3}\right) \times 2.5\ \text{V}$。

利用三端稳压器 MC7805，配合可编程精密电压基准 TL431，可以组成简单的精密高压可调压电路。如图 3.2.15（b）所示。

这个电路的输出电压可以用下式计算：$U_O = \left(1 + \dfrac{R_2}{R_3}\right) \times 2.5\ \text{V}$。

最小输出电压 2.5 V，最大输出电压 40 V。从电路输出电压表达式可以看到：当电路中可调电阻 R_1 为零时，即 TL431 的参考端与阴极相接时，输出电压为 2.495 V。

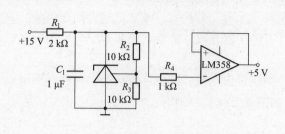
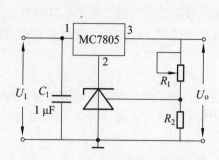

（a）TL431 等效稳压二极管应用　　　　　（b）TL431 基准应用电路

图 3.2.15　TL431 基准电源

5. 恒流电路

在当前国家大力扶持绿色节能产品，在光源中，LED 具有发光效率高，节能环保，是当前重点发展产业。为减小二极管光衰，提高 LED 灯具使用寿命，提高发光效率，要求 LED 灯具必修使用恒流电源。恒流源控制芯片较多，下边以 MT72XX 系列恒流芯片为例介绍恒流 IC 的应用。

MT7200 能够驱动多达 12 W 的高功率的 LED；MT7201 可以驱动多达 36 W 的高功率的 LED。MT7200 和 MT7201 是两款连续电感电流导通模式的降压恒流源，它具有较宽的 7 ~ 40 V 的自流输入电压范围，分别输出 350 mA 和 1 A 恒定直流，可驱动点亮 1 ~ 12 颗串联的大功率 LED 或多颗串并联的小功率 LED。

该系列芯片采用先进的系统架构，系统效率高，转换效率可高达 97% 以上。MT7200 和 MT7201 采用了 PWM 调光和直流电压模拟 2 种调光技术。PWM 调光的精度高，与模拟调光相比，不会出现 LED 颜色偏移的现象，可以满足在 100 ~ 500 Hz（低频 PWM）和 10 kHz 以上（高频 PWM）范围内从 0 ~ 100% 的调光要求。LED 的亮度是由 PWM 信号的占空比决定的。其中，PWM 调光模式可以有以下 3 种实现方式：直接用 PWM 信号控制；通过开集电极/漏极晶体管用 PWM 信号控制；用微控制器产生的 PWM 信号控制。

MT7201 采用 SOT89-5 的封装，如图 3.2.16（a）所示。芯片的管芯可通过直接连通到封装外的金属板散热，导热十分有效。MT7201 内部设置了过温保护功能，以保证系统稳定可靠的工作。当芯片温度超出 165℃，IC 即会进入过温保护状态并停止电流输出，并在温度低于 145℃ 时重新恢复至工作状态。同时，该芯片还有 LED 开路保护，以及限流电路等多重保护电路，以保证 LED 灯的工作环境正常，延长其使用寿命。MT7200 因其电流相对小，可根据客户需求而采用 SOT23-5 和 SOT89-5 封装。

与整流桥配套，MT7200/MT7201 可应用于 12 V、24 V 和 36 V 交流供电的 LED 灯具。MT7200/MT72 典型应用电路如图 3.2.16（b）所示。外部零件很少，且工作效率高达 97%，是真正的绿色驱动 IC。MT7200/MT7201 广泛应用于使用 LED 灯的 MR11、MR16、水灯和路灯等各类 LED 灯具。

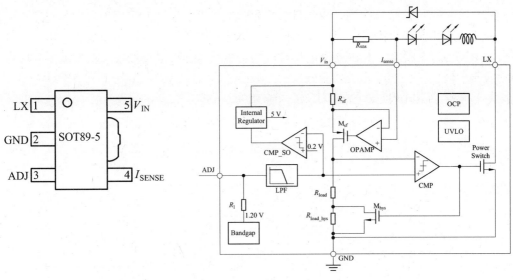

（a）MT7201 封装　　　　　（b）由 MT7201 构成的 LED 恒流电路

图 3.2.16　MT7201 恒流源

MT7200/MT72 引脚如表 3.2.5 所示。

表 3.2.5　MT7201 引脚说明

管脚	编号	描　述
LX	1	功率开关的漏极端
GND	2	地
ADJ	3	开关使能控制、模拟控制及 PWM 调光控制端： 一般工作情况时处于悬空状态，此时输出电流为 $I_{OUTNO} = 0.1/R_S$； V_{ADJ} 小于 0.2 V 时系统属于关闭状态； V_{ADJ} 处于 0.3 V 到 2.5 V 区间时，对输出电流进行调节，25%～200%，I_{OUTNO}； 用 PWM 信号通过开漏或者开集连接方式的晶体管也可以控制输出电流。
I_{SENSE}	4	电流采样端，采样电阻 R_S 接在 I_{OUTNO} 和 V_{IN} 端之间决定输出电流 （注意：当 ADJ 管脚悬空时，R_S 最小值是 0.1 Ω）
V_{IN}	5	电源输入端，必修就近接旁路电容

3.3　情境决策与实施

3.3.1　参考数控直流电流源方案论证与选取

从任务要求可见，数控直流恒流源输出电流 2 A 以下，最小分度为 1 mA，输出电压不高于 10 V，要求采用数字控制。要实现设计任务要求，设计思想主要有 2 个方向，一是以单片机为核心，采用 D/A 转换控制功率器件实现恒流源设计，恒流源采用恒流源控制芯片为核心通过扩流的形式实现数控恒流源，或者使用功率管直接放大及驱动控制恒流输出；一是利用恒压和恒流的定义关系，采用输出电压可调的集成稳压器做成精度极高的恒流源。

3.3.1.1　单片机设计数控恒流源方案论证

利用单片机将电流步进值或设定值通过换算由 D/A 转换，驱动恒流源电路实现电流输出。输出电流经处理电路作 A/D 转换反馈到单片机系统，软件上采用流行的 PID 算法，实时对电流进行反馈控制，最大限度地保证电流的稳定性和准确性。通过补偿算法调整电流的输出，以此提高输出的精度和稳定性。系统框图如图 3.3.1 所示。

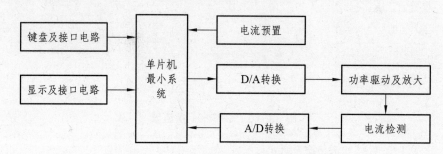

图 3.3.1　单片机控制电流源原理示意图

为了达到输出电流步进 1 mA，D/A 和 A/D 转换器件选用要求相对较高，选用 12 位及以上的 D/A 和 A/D 器件，可实现高精度控制。优质 D/A 转换芯片 AD5320，直接输出电压值，A/D 转换器选用高精度 12 位模数转换芯片 MAX1241。而且该芯片是采用串行数据传送方式，硬件电路简单。同时反馈系统控制灵活，易于达到 1 mA 的步进要求。

对于单片机最小系统的选取就比较灵活，不论是8位单片机或者16位单片机均可以实现。8 位单片机如 AT89SC52 是目前在教学中常用的单片机系统，软件编程采用 C 语言，对于选用此最小系统入手较快，实现也较为简单；16 位单片机如 TI 公司的 MSP430-169 微功耗单片机最小系统，该单片机内置 D/A 和 A/D，所需外围电路较为简单，在设计时主要重点就可放在恒流驱动及输出上。

单片机控制是在软、硬件结合的情况下实现的。运用此方案要注意以下几个问题：涉及 D/A 和 A/D 转换，软件编程相对较为复杂，硬件 D/A 的位数及响应速度受限，输出精度不高；采用单片机控制，很容易就会将噪声引入到扩流功放的输出端，使得将其噪声放大，从而产生较大的输出纹波，在本题中对于纹波指标要求相对较高。

3.3.1.2　数字控制系统实现直流电流源方案论证

数字控制系统实现直流电流源框图如图 3.3.2 所示。该方案的核心是计数器构成步进控制电路，由拨码开关可以实现其预置功能，通过计数器的加、减计数功能实现步进控制。另外，计数器的输出为 8421BCD 码，可以很方便地连接数码管驱动控制电路，实现显示功能。也正是利用计数器输出的 BCD 编码格式，可以用输出电压可调的集成稳压器分别做成精度极高的恒流源。利用继电器切换组合不同电流值恒流源实现不同输出要求的电流值，具体的固定恒流源电路共计有以下 14 种：1 mA、2 mA、4 mA、8 mA、10 mA、20 mA、40 mA、80 mA、100 mA、200 mA、400 mA、800 mA、1 000 mA 和 2 000 mA。这样不仅精度高，而且控制方式简单，抗干扰能力强。

在本方案中利用恒流和恒压源可以相互转换的特点。在设计实现中，有 2 种方案可实现恒流源设计。

方案一：固定恒流源输出。

如果不考虑成本，可以采用多只 LM317 三端可调集成稳压器实现，按 8421 码和毫安、十毫安、百毫安及千毫安的方式分别用 LM317 实现 2 mA、4 mA、8 mA、10 mA、20 mA、40 mA、80 mA、100 mA、200 mA、400 mA、2 个 400 mA 和 6 个 500 mA 的恒流源。其中，1 A 和 2 A 的恒流源分别采用 2 只和 4 只 500 mA 的恒流源并联实现，这样做的好处是不仅可以降低集成稳压器的最小输入/输出电压差、减小集成稳压器的功耗，而且较小的输出电流检测电阻比较好匹配。由于 LM317 在一般状态下的最小不可控的电流值约为 3 mA，而常温下可以稳定控制的电流可以降低到 1.2 mA。因此，1 mA 挡只能采用晶体管恒流源的方式。

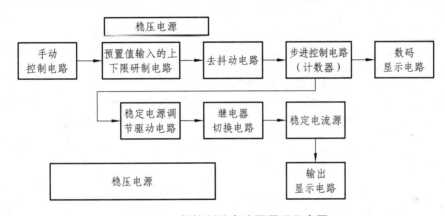

图 3.3.2　数控制流电流源原理示意图

方案二：切换恒流源。

恒流源固定电流输出的方案尽管可以得到及其精确的输出电流，所付出的代价是所应用的集成稳压器数量比较多，为了尽量减少集成稳压器的数量，每个电流数量级可以采用一个集成稳压器，用继电器控制电流检测电阻的方式，可以选用 8421 的方式选择电流检测电阻。这种方式对于 100 mA 以下的电流源是比较容易做到的，这是因为电流检测电阻值比较大，PCB 线路板和继电器的寄生电阻可以忽略。而 400 mA 以上的恒流源则最好是采用固定电流的恒流源方式。

3.3.1.3　方案比较与选取

比较上述两种方向性框架方案，不难看出，以单片机为核心的数控直流电流源设计较为灵和，硬件电路结构简单，由于应用了 12 位以上的 A/D 和 D/A，作为 A/D 和 D/A 转换器件价格与位数和转化速率成正比，系统电路不论采用片内集成 A/D 和 D/A 单片机，还是外置 A/D 和 D/A，整个系统的成本相对较高；但此方案将硬件软化，在编程中涉及键盘、显示、A/D 和 D/A 等控制，软件编写较为复杂；容易就会将噪声引入到扩流功放的输出端，使得将其噪声放大，从而产生较大的输出纹波，在电路优化设计中对滤波处理相对较苛刻一些。

采用数字控制系统实现直流电流源具有以下几个特点：不用考虑软件编程的复杂性和硬件的兼容性，精度很高；稳定性强不容易受到干扰，纹波抑制比较高；在数字电路中，由于结构简单且集成度高，可以容易实现精度的递增和递减的预置功能控制；由于没有单片机，便没有单片机工作时的干扰问题，电路的输出波形比价干净；由于各个固定恒流源单元相互独立，互不干扰，可以很容易实现精细电流调节。

比较上述 2 种框架性方案，各自的优缺点比价明显，在设计中未考虑时间系统完成时间相对较短，采用单片机为核心的数控直流电流源设计方案。电路结构简单，调试方便，在有单片机最小系统的基础上能够在较短的时间内完成设计、自作和调试。

3.3.2　参考单元电路设计与计算

3.3.2.1　恒流原理设计与计算

下面介绍恒流源方案选择。

方案一：采用恒流二极管或者恒流三极管，精度比较高，但这种电路能实现的恒流范围很小，只能达到十几毫安，不能达到题目的要求。

方案二：采用四端可调恒流源，这种器件靠改变外围电阻元件参数，从而使电流达到可调的目的，这种器件能够达到 $1 \sim 2\,000$ mA 的输出电流。改变输出电流，通常有 2 种方法：一是通过手动调节来改变输出电流，这种方法不能满足题目的数控调节要求；二是通过数字电位器来改变需要的电阻参数，虽然可以达到数控的目的，但数字电位器的每一级步进电阻比较大，所以很难调节输出电流。

方案三：压控恒流源，通过改变恒流源的外围电压，利用电压的大小来控制输出电流的大小。电压控制电路采用数控的方式，利用单片机送出数字量，经过 D/A 转换转变成模拟信号，再送到大功率三极管进行放大。单片机系统实时对输出电流进行监控，采用数字方式作为反馈调整环节，由程序控制调节功率管的输出电流恒定。当改变负载大小时，基本上不影响电流的输出，采用这样一个闭路环节使得系统一直在设定值维持电流恒定。该方案通过软件方法实现输出电流稳定，易于功能的实现，便于操作，故选择此方案。电路原理图如图 3.3.3 所示。

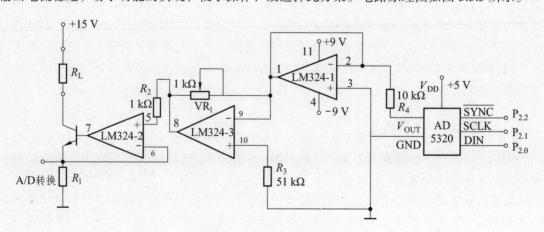

图 3.3.3　压控恒流源原理

根据题目扩展功能要求输出 20 ~ 2 000 mA，以 1 mA 为单位步进，在进行 D/A 转换时所需要的级数为：

$$级数 = \frac{(2\,000 - 20)\,\text{mA}}{1\,\text{mA}} = 1980$$

因 $2^{10} = 1\,024$，$2^{11} = 2\,048$，由此可见采用 11 位的 D/A 转换芯片即可满足要求，但市场上并没有 11 位转换器，所以系统中采用了 12 为 D/A 转换芯片，12 位 D/A 转换芯片较多，其中串行 12 位 AD5320 芯片较为常用。

AD5320 是美国 Analog Devices 公司生产的具有电压缓冲输出的高速串行 12 位 DAC，它与 AD5300 高速串行 8 位和 10 位数模转换器 AD5310 数模转换器在引脚功能上完全兼容。

AD5320 具有如下特点：

（1）采用单电源供电，电压范围为 2.7 ~ 5.5 V；

（2）微功耗，正常模式下的典型功耗为 0.7 mW（V_{DD} = 5 V）或 0.35 mW（V_{DD} = 3 V），是电池供电设备的理想选择；

（3）具有独特的掉电工作模式，可大大降低芯片功耗，掉电模式下的典型工作电流为 50 nA（V_{DD} = 3 V）或 200 nA（V_{DD} = 5 V）；

（4）具有上电复位电路（Power-On-Reset），可在每次上电后自动复位；

（5）以电源电压 V_{DD} 为芯片参考电压，从而使 DAC 具有 0 V ~ V_{DD} 最充容的动态输出范围；

（6）内含输出缓冲放大器，因而使 DAC 具有高达 1V/μs 的转换速率；

（7）采用高效的三级串行接口，可与 SPI、QSPI、MICROWIRE 总线及 DSP 接口标准兼容，串行时钟频率可高达 30 MHz。

AD5320 共有两种封装形式：6 脚 SOT-23 和 8 脚 μSOIC，如图 3.3.4（b）所示。各引脚的功能说明如表 3.3.1 所示。

表 3.3.1　AD5320 引脚说明

管脚	编号	描述
V_{OUT}	1	DAC 的模拟电压输出端，V_{OUT} = 0 ~ V_{DD}
GND	2	地
V_{DD}	3	电源端，范围为 2.5 ~ 5.5 V
DIN	4	串行数据输入端，数据在 SCLK 的下降沿输入
SCLK	5	串行时钟输入端，频率可高达 30 MHz
SYNC	6	电平触发控制输入端（低电平有效）

AD5320 的功能框图如图 3.3.4（b）所示。它主要由施密特触发输入电路、输入控制逻辑、移位寄存器、上电复位逻辑、12 位 DAC、输出缓冲放大器、掉电模式控制逻辑和电阻网络等部分组成。

下面介绍 AD5320 的工作原理。

AD5320 具有一个三线串行接口（SYNC，SCLK 和 DIN），它与 SPI、QSPI、MICROWIRE

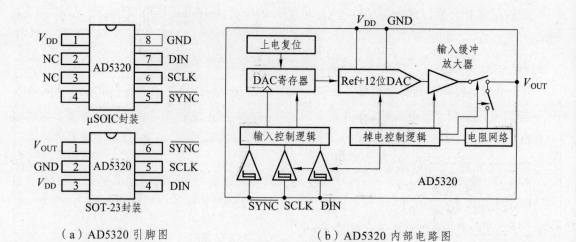

（a）AD5320 引脚图　　　　　　　（b）AD5320 内部电路图

图 3.3.4　AD5320 器件内部框图

及 DSP 接口标准兼容。AD5320 通过这三线串行接口与外部通信，接收模式控制字及 D/A 转换的数字量存放在片内的 16 bit 移位寄存器中，一旦通信完成，DAC 即把数字量进行 D/A 转换以输出与数字量成正比的模拟电压 V_{OUT}，V_{OUT} 由下式计算：

$$V_{OUT} = \frac{V_{DD} \cdot D}{256} \qquad (3.3.1)$$

式中，V_{DD} 为芯片的工作电源电压；D 为 D/A 转换的数字量。

AD5320 为单向通信，它只有外部的写操作，其通信时序如图 3.3.5 所示。当 SYNC 由高变低时，通信开始，DIN 在 SCLK 时钟信号的控制下，在 SCLK 的下降沿将数据输入移位寄存器。只有当 16 位数据全部输入寄存器，即 SCLK 的第 16 个下降沿过后，移位寄存器才将最新输入的数据加载进去，从而完成一次写操作。在串行数据输入 AD5300 时，其顺序是从 D_{15} 开始，最后一位为 D_0。在串行数据输入过程中，SYNC 必须保持为低电平，直到通信结束，否则，写操作无效。如果外部对 AD5300 进行一次写操作后，紧接着要进行第二次写操作，那么 SYNC 在第一次写操作完成后至少应保持 33 ns（$V_{DD} = 3.6 \sim 5.5$ V）或 50 ns（$V_{DD} = 2.7 \sim 3.6$ V）的高电平，以使 SYNC 能产生一个下降沿来启动下一次写时序。

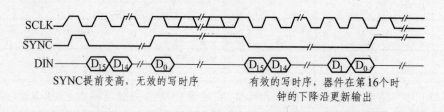

图 3.3.5　AD5320 通信时序图

下面介绍 AD5320 的工作模式

AD5320 有 4 个独立的工作模式，即 1 个正常工作模式和 3 个掉电工作模式（Power

Down），模式选择可通过移位寄存器的 PD_1 和 PD_0 来决定，具体的工作模式分配情况如表 3.3.2 所示。

表 3.3.2　AD5320 引脚说明

PD_1	PD_0	工作模式
0	0	正常模式
0	1	输出端接 1 kΩ电阻到地
1	0	输出端接 100 kΩ电阻到地
1	1	三态

恒流源控制电路如图 3.3.3 所示，电流的输出级别可这样计算

$$D_X = 2^{12} \tag{3.3.2}$$

式中　D_X——控制级数。

电压 u_i 由集成运算放大器输出，根据 T 型电阻网络型的 D/A 转换关系可知，u_i 存在如下通式：

$$u_i = -(D_{x-1} \cdot 2^{x-1} + D_{x-2} \cdot 2^{x-2} + \cdots + D^0 \cdot 2^0) \cdot \frac{V_{REF}}{2^n \cdot R} \cdot R_f = -D\frac{V_{REF}}{2^n} \tag{3.3.3}$$

式中　u_i——运放输出电压，V；

V_{REF}——基准电源参考电压，V；

R_f——外接反馈电阻，Ω。

电流放大电路存在如下关系：

$$I_b = \frac{-u_i}{R_1} \cdot \frac{(R_2 + R_{W1})}{(\beta + 1)R_2} \tag{3.3.4}$$

$$I_L = \beta I_b \tag{3.3.5}$$

式中　I_b——恒流功率输出管基极电流，mA；

u_i——输入电压，V；

I_L——负载电流，mA。

由式 3.3.4 和 3.3.5 可得到：

$$I_L = \frac{-u_i}{R_1} \cdot \frac{(R_2 + R_{W1})}{(\beta + 1)R_2} \cdot \beta \tag{3.3.6}$$

由于电路中的放大系数 β 值远大于 1，电阻 R_2 保持恒定不变，所以可推出负载电流与输入电压存在如下关系：

$$I_L = -k \frac{u_i}{R_1} \qquad\qquad (3.3.7)$$

由式 3.3.7 和 3.3.3 可得到：

$$I_L = kD \frac{V_{REF}}{2^n \cdot R_1} \qquad\qquad (3.3.8)$$

式中　k——比例系数。

由式 3.3.8 可知，负载电流不随外部负载的变化而改变。当保持不变时（即 AD5320 的输入数字量保持不变），输出电流维持不变，能够达到恒流的目的。为了实现数控的目的，可以通过微处理器控制 AD5320 的模拟量输出，从而间接改变电流源的输出电流。从理论上来说，通过控制 AD7543 的输出等级，可以达到 1 mA 的输出精度。但是本系统恒流源要求输出电流范围是 20 ~ 2 000 mA，而当器件处于 2 000 mA 的工作电流时，属于工作在大电流状态，晶体管长时间工作在这种状态，集电结发热严重，导致晶体管值下降，从而导致电流不能维持恒定。为了克服大电流工作时电流的波动，在输出部分增加了一个反馈环节来控制电流稳定，减小电流的波动，此反馈回路采用数字形式反馈，通过微处理器的实时采样分析后，根据实际输出对电流源进行实时调节。经测试表明，采用常用的大功率电阻作为采样电阻 R_0，输出电流波动比较大，而选用锰铜电阻丝制作采样电阻，电流稳定性得到了改善。

3.3.2.2　输出采样及接口

输出电流经处理电路作 A/D 转换反馈到单片机系统，软件上采用流行的 PID 算法，实时对电流进行反馈控制，最大限度地保证电流的稳定性和准确性。通过补偿算法调整电流的输出，以此提高输出的精度和稳定性。为提高精度，A/D 转换还是选用 12 位的 ADC，12 位 A/D 转换芯片较多，选用 MAX1241。

MAX1241 是一种低功耗、低电压的 12 位串行 ADC。它使用逐次逼近技术完成 A/D 转换过程。最大非线性误差小于 1LSB，转换时间 9 μs。采用三线式串行接口，内置快速采样/保持电路。其内部框图如图 3.3.6 所示。

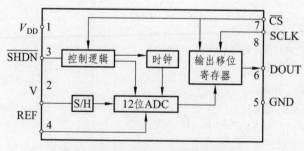

图 3.3.6　MAX1241 器件内部框图

采用单电源供电，动态功耗在以每秒 73 K 转换速率工作时，仅需 0.9 mA 电流。在停止转换时，可通过控制 $\overline{SHDN}$ 端使其处于休眠状态，以降低静态功耗。休眠方式下，电源电流仅 1 μA。其管脚功能如表 3.3.3 所示。

表 3.3.3　MAX1241 引脚说明

管脚	编号	描　　述
V_{DD}	1	电源输入，+2.7~+5.2 V
V_{IN}	2	模拟电压输入，0 V~V_{REF}
$\overline{SHDN}$	3	节电方式控制端，"0"——节电方式（休眠状态），"1"或浮空——工作
V_{REF}	4	参考电压 V_{REF} 输入端，1.0 V~V_{DD}
GND	5	模拟、数字地
D_{OUT}	6	串行数据输出，三态
$\overline{CS}$	7	芯片选通，"0"为选通，"1"为禁止
SCLK	8	串行输出驱动时钟输入，频率范围：0~2.1 MHz

恒流源输出反馈采样及 A/D 转换电路如图 3.3.7 所示。

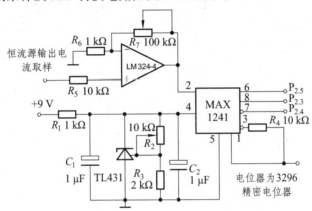

图 3.3.7　MAX1241 器件内部框图

3.3.2.3　其他单元电路

1. 单片机最小系统

最小系统的核心为 AT89SC52，P_1 口接上拉电阻，P_1 口及 $P_{3.0}$~$P_{3.2}$ 是 LCD 接口；P_0 口为键盘接口；$P_{2.0}$~$P_{2.2}$ 为 DA 接口；$P_{2.3}$~$P_{2.5}$ 为 AD 接口。

单片机系统在项目二中已有详细的介绍，在此不再复述。

2. 自制稳压电源

方案一：用开关稳压电源给整机供电，此方案能够完成本作品电流源的供电，但开关电源比较复杂，而且体积也比较大，制作不便，因而此方案难以实现。

方案二：单片机控制系统以及外围芯片供电采用 78 系列三端稳压器件，通过全波整流，然后进行滤波稳压。电流源部分由于要给外围测试电路提供比较大的功率，采用大功率输出器件。考虑到该电流源输出电压在 10 V 以内，最大输出电流不大于 2 000 mA，由公式 P = U·I 可以粗略估算电流源的功耗为 20 W。同时，考虑到恒流源功率管部分的功耗，需要预留功率余量，供电电源要求能输出 30 W 以上。为了尽量减少输出电流的纹波，要求供电电源要稳定，因此采用隔离电源，选用由 LM338 构成的高精度大电流稳压电源。此方案输出电流精度高，能满足题目要求，而且简单实用，易于自制，故选用方案二。

电路在本任务中的情境资讯中有详细的介绍，在此不再复述。

3.3.3 参考程序流程图设计

系统软件主要有设置模块,比较处理模块,显示模块。软件设计采用 C 语言,对 STC89C52 单片机进行编程实现各种功能。

软件实现的功能是:

(1)设置预置电流值;

(2)测量输出电流值;

(3)控制 AD5320 工作;

(4)控制 MAX1241 工作;

(5)对反馈回单片机的电流值进行补偿处理;

(6)驱动液晶显示器显示电流设置值与测量值;

(7)通过键盘扫描,确定电流步进调整,及检测各设置功能。

3.3.3.1 主程序流程图

主程序设计流程图如图 3.3.8 所示。

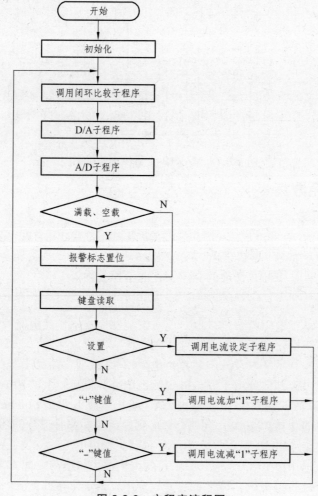

图 3.3.8 主程序流程图

3.3.3.2 闭环比较子程序流程图

闭环比价子程序设计流程图如图 3.3.9 所示。

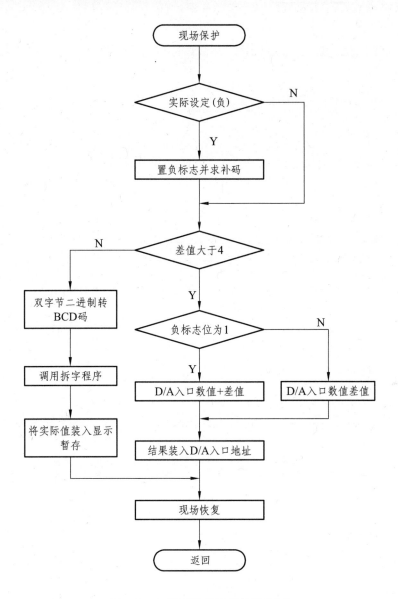

图 3.3.9 闭环比价子程序流程图

3.3.3.3 电流设置子程序流程图

电流设置子程序设计流程图如图 3.3.10 所示。

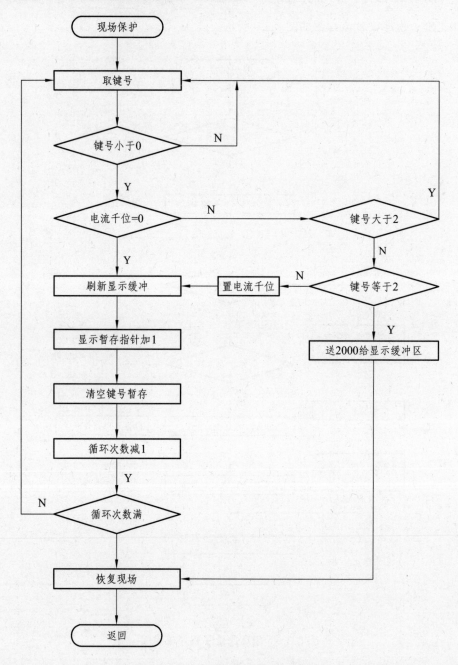

图 3.3.10 电流设置子程序模块

3.3.3.4 其他子程序流程图

中断服务子程序设计流程图如图 3.3.11 所示。

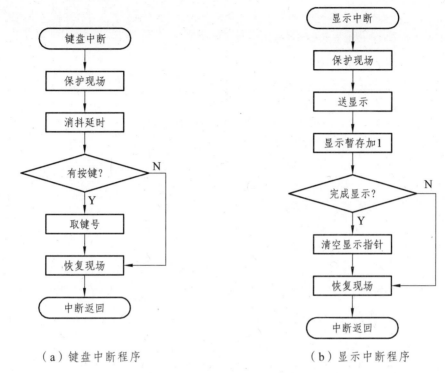

（a）键盘中断程序　　　　　　　　（b）显示中断程序

图 3.3.11　中断子程序模块

3.3.4　情境实施

3.3.4.1　系统框架设计任务单

工作任务描述：根据数控直流电流源设计目标、技术指标要求和给定条件，分析设计目标。分组并协同查阅相关的资源，通过分析技术指标，研讨、比较选择最佳方案完成数控直流电流源系统框架设计。工作任务如表 3.3.4 所示。

表 3.3.4　系统框架设计工作任务单

学习情景	电源类电子产品设计与实现		情境载体	数控直流电流源设计与实现
工作任务	数控直流电流源方案论证与选取		参考学时	90 分钟
班　　级		小组编号		成员名单	
任务目标	支撑知识	1. 电子系统软硬件模块化设计基本方法； 2. 信息检索、收集、处理基本方法； 3. 典型线性稳压电源电路工作原理基本分析方法； 4. 典型开关稳压电源电路工作原理基本分析方法； 5. 恒流源基本工作原理及其使用用途。		

任务目标	专业技能	1. 能读懂课题任务需求，据技术参数会分解其技术指标； 2. 会合理的运用各类资源完成系统方案设计； 3. 会分析典型恒压、恒流电路，根据其工作特性选择合适的参考电路； 4. 电路系统成本估算。
工作任务		1. 阅读数控直流电流源方案论证与选取，总结方案论证设计的基本方法； 2. 查阅 5 篇以上的关于数控直流电流源设计的网络或纸质文档，写出其设计要点； 3. 对查阅的技术资源进行技术参数分析，探讨其工作特性； 4. 根据查阅资源，结合小组特点与实践教学条件选择并完成方案论证与方案设计； 5. 根据设计框架，分解单元技术指标； 6. 写出数控直流电流源实施计划书。
提交成果		1. 系统设计基本思路与实现方法； 2. 数控直流电流源方案设计； 3. 数控直流电流源实施计划书； 4. 其他相关技术文档。
完成时间及签名		

3.3.4.2 单元电路选取与参数工程计算

工作任务描述：根据数控直流电流源系统设计方案及其分解单元模块技术指标，按实施计划书分配方案并协同查阅相关的资源，查找数控直流电流源典型应用电路，分析并选取最优电路，通过计算和调整单元电路参数，完成数控直流电流源系统单元电路设计。工作任务如表 3.3.5 所示。

表 3.3.5 单元电路选取与参数工程计算工作任务单

学习情景	电源类电子产品设计与实现		情境载体	数控直流电流源设计与实现
工作任务	单元电路选取与参数工程计算		参考学时	180 分钟
班　　级		小组编号		成员名单	
任务目标	支撑知识	1. 整流滤波电路识读、分析及参数计算； 2. 直流稳压电源电路识读、分析及参数计算； 3. 恒流源电路识读、分析及参数计算； 4. 信号检测与处理电路识读、分析及参数计算； 5. 元器件厂家 PDF 文件阅读及器件参数指标分析和选型； 6. 程序设计与调试。
	专业技能	1. 能对直流稳压电源、输出接口、控制最小系统电路的工作原理、性能指标及特征特点分析； 2. 会合理的选用参考电路； 3. 会根据设计指标要求修改参考电路及其元器件参数； 4. 会阅读厂家器件 PDF 文档，比较性能特点，合理的对器件进行选型； 5. 会在设计中插入可调元件和测试点，简化电路元件参数计算。

工作任务	1. 阅读典型直流稳压电源、输出接口、控制最小系统电路； 2. 根据设计框图完成单元电路设计分工； 3. 利用网络或纸质文档每个单元电路查阅 5 篇以上的案例电路，分析案例电路结构及其特点； 4. 小组讨论并选取合适的参考案例电路，简述选取的原因； 5. 根据单元电路设计指标要求，修改参考电路； 6. 单元电路元器件参数工程计算； 7. 利用网络或纸质文档，查阅器件参数，并合理地选择元器件； 8. 完成单元电路设计。
提交成果	1. 单元电路设计图、原理分析及参数计算、器件选型文档； 2. 相关技术文档。
完成时间及签名	

3.3.4.3 电路仿真测试与修订

工作任务描述：根据数控直流电流源设计电路及其元件参数，绘制电路原理图，标注测试点，完成相关虚拟测量仪器仪表连接，当设计系统电路涉及单片机及 FPGA 等可编程系统时，完成软件程序编写与软件系统联调设置。根据设计任务技术指标要求，调整电路元器件参数及程序算法，完成系统仿真测试及电路软硬件优化设计。工作任务如表 3.3.6 所示。

表 3.3.6　电路仿真测试工作任务单

学习情景	电源类电子产品设计与实现		情境载体	数控直流电流源设计与实现
工作任务	数控直流电流源电路仿真测试		参考学时	90 分钟
班　级		小组编号		成员名单	
任务目标	支撑知识	1. Proteus 或 Multisim 虚拟实验室软件基本操作； 2. 基于 Proteus 或 Multisim 虚拟实验室软件的电路原理图绘制； 3. 测量误差与测量实验数据处理方法； 4. 基于 Proteus 或 Multisim 虚拟软件电路参数调试与修改； 5. 技术参数测试与实验数据分析。		
	专业技能	1. 会 Proteus 或 Multisim 软件基本操作； 2. 会利用 Proteus 或 Multisim 软件实现电路仿真验证； 3. 会利用软件系统提供的虚拟仪器、仪表实现技术指标或参数测试； 4. 会处理测量误差； 5. 会根据测量参数实现电路参数调试与修改。		
工作任务	1. 熟悉 Proteus 或 Multisim 虚拟实验室软件； 2. 在软件中完成每个单元电路原理图绘制； 3. 在软件中完成每个单元电路原理仿真与技术参数测试； 4. 完成单元电路元器件参数修改； 5. 在软件中完成系统统调； 6. 输出仿真文件。			
提交成果	1. 输出仿真文件； 2. 相关技术文档。			
完成时间及签名				

3.3.4.4 基于万能电路板的数控直流电流源整机装配

工作任务描述：根据数控直流电流源仿真调试后的优化设计电路，列出元件清单并领取元器件（注：当库房没有相同型号元器件时，需查阅元件手册，找相关器件代换或修改设计电路），对领取元器件进行筛选、测试并完成装配预处理；根据设计原理图在多孔板上完成设计电路整机装配，并预留测试点。工作任务如表 3.3.7 所示。

表 3.3.7　基于万能电路板的数控直流电流源整机装配工作任务单

学习情景	电源类电子产品设计与实现		情境载体	数控直流电流源设计与实现
工作任务	数控直流电流源电路整机装配		参考学时	90 分钟
班　　级		小组编号	成员名单	
任务目标	支撑知识	1. 电子元器件识别； 2. 万用表、集成电路测试仪、晶体管图示仪、数字电桥等仪器及其焊接、装配工具正确使用； 3. 电子元器件检测与筛选； 4. 电子产品基本焊接与拆焊； 5. 电路装配基本原则。		
	专业技能	1. 能识别元器件并且知道元器件相关标示符的含义； 2. 能对常用仪器、仪表及其工具正确操作； 3. 会利用万用表、集成电路测试仪、晶体管图示仪及数字电桥等完成元器件参数测试，并对元器件进行品质筛选； 4. 会利用成型工具或自制工具根据原理图对元件成行处理； 5. 正确使用恒温焊台、热风枪及吸锡泵等常用焊接工具。 6. 会根据在万能电路板上完成电路装配。		
工作任务	1. 提交元件清单，对比实训室元件库提供元器件表找出已有元器件，没有的查阅元器件手册，找出代换元器件； 2. 领取元器件，完成出库管理相关手续； 3. 测试并筛选元器件； 4. 完成元器件成型处理； 5. 完成电路装配和焊接； 6. 焊接输入、输出和及其测试点导线焊接。			
提交成果	1. 电路板成品； 2. 相关技术文档。			
完成时间及签名				

3.3.4.5 软硬件电路调试

工作任务描述：根据数控直流电流源整机装配电路、设计技术指标及其测试参数特性，设计参数测试方法。完成设计电路整机测试，对测试数据进行分析处理，当呈现数据偏差较大时分析产生的原因后进行修订或重新设计，直到达到任务书技术指标要求。工作任务如表 3.3.8 所示。

表 3.3.8　数控直流电流源整机软硬件电路工作任务单

学习情景	电源类电子产品设计与实现		情境载体	数控直流电流源设计与实现
工作任务	数控直流电流源电路整机软硬件调试		参考学时	90 分钟
班　级		小组编号	成员名单	
任务目标	支撑知识	1. 电路基本调试方法； 2. 示波器、功率表、函数信号发生器、相位失真仪及毫伏表等测量仪器正确使用； 3. 数控直流电流源参数基本测试方法； 4. 电路故障基本维修方法； 5. 测量数据处理。		
	专业技能	1. 会针对电不同电路工作特性选择合适的电路调试方法； 2. 能正确利用示波器、功率表、函数信号发生器、相位失真仪及毫伏表等完成电路技术参数测试； 3. 能根据测试数据判定电路工作状态，对工作不正常的电路进行电路参数调试； 4. 当电路出现故障，能根据故障现象判断故障范围，并对其进行维修； 5. 会正确处理测量数据。		
工作任务	1. 数控直流电流源与测量仪器仪表连接； 2. 波形、电压及电流等参数指标测试； 3. 调试调整元件，使电路工作在最佳工作状态； 4. 系统统调； 5. 故障维修。			
提交成果	1. 电路测试报告； 2. 相关技术文档。			
完成时间及签名				

3.4　情境评价

3.4.1　考核评价标准

展示评价内容包括：

（1）小组展示制作产品；

（2）教师根据小组展示汇报整体情况进行小组评价；

（3）在学生展示汇报中，教师可针对小组成员分工并对个别成员进行提问，给出个人评价；

（4）组内成员自评与互评；

（5）评选制作之星。

过程考核评价标准如表 3.4.1 所示。

表 3.4.1　过程考核评价标准

项目编号	考核点及占项目分比例	建议考核方式	评价标准			成绩比例
			优	良	及格	
3	1. 资讯成果（20%）	教师评价+小组互评	通过资讯，熟练掌握单项技能与功能单元电路调试。小组方案思路清晰，方法正确，思考问题周到。	通过资讯，掌握单项技能与功能单元电路调试。小组方案思路清晰，方法正确。	通过资讯，了解单项技能与功能单元电路调试。小组方案思路清晰，方法正确，无明显缺陷。	40%
	2. 实施（30%）	教师评价+小组互评	正确操作相应仪器、工具等，书面记录完整、正确，产品制作质量好，完全满足要求。	正确操作相应仪器、工具等，书面记录较正确，产品制作质量好。	无重大操作损失，产品质量基本满足要求。	
	3. 检查与产品上交（20%）	教师评价+作品展评	项目检查过程、结论正确，流畅表达产品使用说明。	项目检查过程、结论较正确，较流畅表达产品使用说明。	项目检查过程、结论无重大失误现象，基本能将产品使用说明表达清楚。	
	4. 项目公共考核点（30%）	详见表 3.4.2				

项目公共考核评价标准如表 3.4.2 所示。

表 3.4.2　项目公共考核评价标准

项目公共考核点	建议考核方式	评价标准		
		优	良	及格
1. 工作于职业操守（30%）	教师评价+自评+互评	安全、文明工作，具有良好的职业操守。	安全、文明工作，职业操守好。	没出现违纪现象
2. 学习态度（30%）	教师评价	学习积极性高，虚心好学。	学习积极性高。	没有厌学现象
3. 团队合作精神（20%）	互评	具有良好的团队合作净胜，热心帮组小组其他成员。	具有良好的团队合作净胜，能帮助小组其他成员。	能配合小组完成项目任务。
4. 交流及表达能力（10%）	互评+教师评价	能用专业语言正确流利地展示项目成果。	能用专业语言正确地阐述项目。	能用专业语言正确地阐述项目，无重大失误。
5. 组织协调能力（10%）	互评+教师评价	能根据工作任务对资源进行合理分配，同时正确控制、激励和协调小组活动过程。	能根据工作任务对资源进行较合理分配，同时较正确地控制、激励和协调小组活动过程。	能根据工作任务对资源进行分配，同时控制、激励和协调小组活动过程，无重大失误。

3.4.2　展示评价

在完成情景任务后，需要撰写技术文档，技术文档中应包括：

（1）产品功能说明；

（2）电路整体结构图及其电路分析；

（3）元器件清单；

（4）装配线路板图；

（5）装配工具和测试仪器仪表；

（6）电路制作工艺流程说明；

（7）测试结果；

（8）总结。

技术文档必须按国家标准对其进行标准化，经相关人员审核后存入技术档案室进行统一管理。

3.5　小　结

3.5.1　模块化设计

模块化设计（Block-based design），模块化设计是对一定范围内的不同功能或相同功能不同性能、不同规格的产品进行功能分析的基础上，划分并设计出一系列功能模块，通过模块的选择和组合构成不同的顾客定制的产品，以满足市场的不同需求。简单地说就是将产品的某些要素组合在一起，构成一个具有特定功能的子系统，将这个子系统作为通用性的模块与其他产品要素进行多种组合，构成新的系统，产生多种不同功能或相同功能、不同性能的系列产品。模块化设计是绿色设计方法之一，它已经从理念转变为较成熟的设计方法。将绿色设计思想与模块化设计方法结合起来，可以同时满足产品的功能属性和环境属性。一方面，可以缩短产品研发与制造周期，增加产品系列，提高产品质量，快速应对市场变化；另一方面，可以减少或消除对环境的不利影响，方便重用、升级、维修和产品废弃后的拆卸、回收和处理。

3.5.2　电子产品维修基本原则

先动口再动手；先外部后内部；先机械后电气；先静态后动态；先清洁后维修；先电源后设备先一般后特殊；先外围后内部。

3.5.3　电子产品维修基本方法

1. 直观检查法

直观检查法是指在不采用任何仪器设备以及不焊动任何电路元器件的情况下，凭人的感觉——视觉、嗅觉、听觉和触觉来检查电子设备故障的一种方法。直观检查法是最简单的一种查找设备故障的方法。

2. 电阻检测法

电阻检测法是在不通电的情况下，利用万用表的电阻挡检测元器件质量、线路的通与断以及电阻值的大小，测量电路中的可疑点、可疑组件以及集成电路各引脚的对地电阻，来判断电路故障的具体部位。

3. 电压检测法

电压检查法是运用万用表的电压挡测量电路中关键点的电压或电路中元器件的工作电压，并与正常值进行比较来判断故障电路的一种检测方法。因为电子电路有了故障以后，它最明显的特征是相关的电压会发生变化，因此测量电路中的电压是查找故障时最基本、最常用的一种方法。

4. 电流检测法

电流检查法通过测量整机电路、集成电路或三极管的静态直流工作电流的大小，并与其正常值进行比较，从中来判断故障的部位。用电流检查法检测电路电流时，需要将万用表串入电路，这样会给检测带来一定的不便。

5. 干扰检测法

干扰检测法是利用人体感应产生杂波信号作为注入的信号源，通过扬声器有无响声反映或屏幕上有无杂波，以及响声、杂波大与小来判断故障的部位。它是信号注入检查法的简化形式，业余条件下，干扰法是一种简单方便又迅速有效的方法。

6. 示波器检测法

用示波器测试电路中信号的波形，与用万用表测试电路中的电流、电压和电阻一样，都是通过测试电路信号的参数来寻找电路故障原因。

7. 短路检查法

短路检查法通过人为地使电路中的交流信号与地短接，不让信号送到后级电路中去，或是通过短接使某振荡电路暂时停止工作，然后根据信号短接后扬声器中的响声来判断故障部位，或通过观察图像来判断故障部位，或通过振荡电路中电压或电流的变化来判断振荡电路是否起振。

8. 开路分割法

开路分割法是指将某一单元、负载电路或某只元件开路，然后通过检测电阻、电流及电压的方法，来判断故障范围或故障点。若当电源出现短路击穿等故障时，运用开路分割法，可以逐步缩小故障范围，最终找到故障部位。

9. 对比检测法

对比检测法是用两台同一型号的设备或同一种电路进行比较，找出故障的部位和原因的一种方法。

10. 替代检测法

替代检测法是用规格相同并且性能良好的元器件或电路，代替故障电器上某个被怀疑而又不便测量的元器件或电路，从而来判断故障的一种检测方法。

11．假负载法

假负载法就是在检修开关电源的故障时，切断行输出负载（通称+B负载）或所有电源负载，在+B端接上灯泡模拟负载，该方法有利于快速判断故障部位，即根据接假负载时电源输出情况与接真负载的输出情况进行比较，就可判断是负载故障还是电源本身故障。

3.5.4　整流电路

整流电路的作用是将交流降压电路输出的电压较低的交流电转换成单向脉动性直流电，这就是交流电的整流过程，整流电路主要由整流二极管组成。经过整流电路之后的电压已经不是交流电压，而是一种含有直流电压和交流电压的混合电压，习惯上称单向脉动性直流电压。

3.5.5　线性集成稳压器

国内外各厂家生产的三端（电压输入端、电压输出端及公共接地端）固定式止压稳压器均命名为78系列，该系列稳压器有过流、过热和调整管安全工作区保护，以防过载而损坏。其中78后面的数字代表稳压器输出的正电压数值（一般有5 V、6 V、8 V、9 V、10 V、12 V、15 V、18 V、20 V和24V共9种输出电压），各厂家在78前面冠以不同的英文字母代号。78系列稳压器最大输出电流分0.5 A、1 A、1.5 A、5 A和10 A共5种，以插入78和电压数字之间的字母来表示。插入P表示10 A，插入H表示5 A，L表示1.5 A，插入M表示0.5 A，如不插入字母则表示1 A。此外，78（L、M）××的后面往往还附有表示输出电压容差和封装外壳类型的字母。常见的封装形式有TO-3金属封装，如图3.2.8（a）所示；金属封装形式输出电流可以达到10 A。TO-220的塑料封装，如图3.5.1（b）、（c）和（d），塑料封装的集成稳压器目前应用最多。

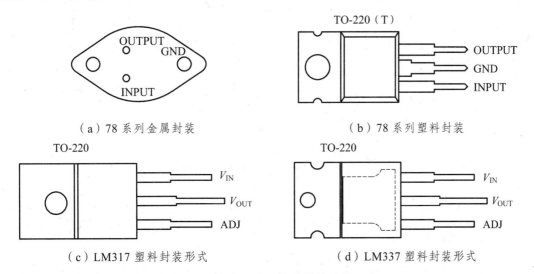

（a）78系列金属封装　　　　　　　　　　（b）78系列塑料封装

（c）LM317塑料封装形式　　　　　　　　（d）LM337塑料封装形式

图3.5.1　常见三端稳压器的封装形式

3.5.6　开关集成稳压器

开关电源芯片 LM2576 是美国国家半导体公司生产的 3A 集成稳压电路，内部结构如图图 3.5.2（a）所示。它内部集成了一个固定的振荡器，只需极少外围器件便可构成一种高效的稳压电路，可大大减小散热片的体积，而在大多数情况下不需散热片；内部有完善的保护电路，包括电流限制及热关断电路等；芯片可提供外部控制引脚（ON/OFF），是传统三端式稳压集成电路的理想替代产品。

LM2576 系列开关稳压集成电路芯片的主要参数如下：

（1）最大输出电流 3 A；

（2）最大输入电压 45 V；

（3）输出电压 3.3 V、5 V、12 V、15 V、ADJ（可调）；

（4）最大稳压误差 4%；

（5）转换效率 77% ~ 88%（不同的电压输出的效率不同）。

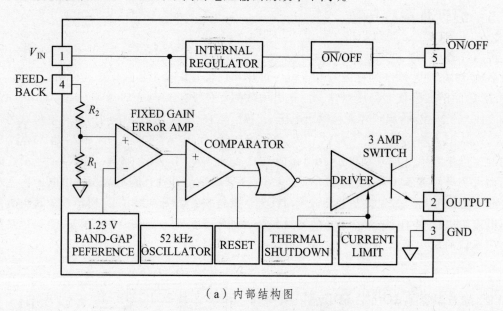

（a）内部结构图

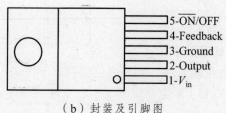

（b）封装及引脚图

图 3.5.2　LM2576 开关集成稳压器

3.5.7　精密稳压电源电路

基准电压源是当代模拟集成电路极为重要的组成部分，它为串联型稳压电路、A/D 和 D/A

转化器提供基准电压，也是大多数传感器的稳压供电电源或激励源。另外，基准电压源也可作为标准电池、仪器表头的刻度标准和精密电流源。

TL431 是一种并联稳压集成电路。因其性能好且价格低，因此广泛应用在各种电源电路中。其封装形式与塑封三极管 9013 等相同，如图 3.5.3（a）所示。

TL431 基准源主要参数：

（1）可编程输出电压 2.5 ~ 36 V；

（2）电压参考误差 ± 0.4%；

（3）低动态输出阻抗 0.22 Ω（典型值）；

（4）稳压值从 2.5 ~ 36 V 连续可调，参考电压原误差 ± 1.0%；

（5）低动态输出电阻，典型值为 0.22 Ω；

（6）输出电流 1.0 ~ 100 mA；

（7）内基准电压为 2.5 V；

（8）常见封装为 TO-92、PDIP-8、Micro-8、SOIC-8 和 SOT-23。

项目四　信号源类电子产品设计

凡是能产生测试信号的仪器，统称为信号源，也称为信号发生器。它用于产生被测电路所需特定参数的测试信号。在测试、研究或调整电子电路及设备时，为测定电路的一些电参量，如测量频率响应和噪声系数等，都要求提供符合所定技术条件的电信号，以模拟在实际工作中所使用的待测设备激励信号。

当要求进行系统的稳态特性测量时，需使用振幅和频率已知的正弦信号源。当测试系统的瞬态特性时，又需使用前沿时间、脉冲宽度和重复周期已知的矩形脉冲源。

4.1　情境任务及目标

4.1.1　电压控制 *LC* 振荡器设计与实现任务书

4.1.1.1　设计任务

设计并制作一个电压控制 *LC* 振荡器。

4.1.1.2　设计要求

1. 基本要求

（1）振荡器输出为正弦波，波形无明显失真。

（2）输出频率范围：15～35 MHz。

（3）输出频率稳定度：优于 10^{-3}。

（4）输出电压峰-峰值：$V_{P-P} = 1 \pm 0.1$ V。

（5）实时测量并显示振荡器输出电压峰-峰值，精度优于 10%。

（6）可实现输出频率步进，步进间隔为 1 MHz ± 100 kHz。

2. 发挥部分

（1）进一步扩大输出频率范围。

（2）采用锁相环进一步提高输出频率稳定度，输出频率步进间隔为 100 kHz。

（3）实时测量并显示振荡器的输出频率。

（4）制作一个功率放大器，放大 *LC* 振荡器输出的 30 MHz 正弦信号，限定使用 $E = 12$ V 的单直流电源为功率放大器供电，要求在 50 Ω纯电阻负载上的输出功率 ≥ 20 mW，尽可能提高功率放大器的效率。

（5）功率放大器负载改为 50 Ω电阻与 20 pF 电容串联，在此条件下 50 Ω电阻上的输出功率≥20 mW，尽可能提高放大器效率。

（6）其他。

3. 说 明

需留出末级功率放大器电源电流 I_{C0}（或 I_{D0}）的测量端，用于测试功率放大器的效率。

4.1.2 情境教学目标

通过以"全国大学生电子设计竞赛 2003 年赛题（第六届）电压控制 LC 振荡器"赛题为情境载体，涉及的基础知识与制作能力包含：PCB 制板、单片机（或者可编程逻辑器件）、锁相环 PLL、LC 振荡器、数字显示与控制、滤波器以及高频功率放大器等。实现电压控制 LC 振荡器设计与制作，初步掌握信号源类电子产品设计开发方法，达到以下几个目标。

4.1.2.1 知识目标

（1）掌握 PCB 板线路图绘制基本原则，熟悉基于 Protel99 SE 软件的 PCB 线路图输出参数选择与设置；

（2）熟悉 PCB 常用制板工艺流程，掌握 PCB 转印制板工艺制板方法；

（3）熟悉整机装配的顺序、基本要求及印制电路板的组装工艺流程；

（4）掌握电子产品整机调试与老化、目的与方法；

（5）掌握 LC 振荡器、压控振荡器、锁相环 PLL、低通滤波器和高频功率放大器等典型电路原理分析与参数近似计算。

4.1.2.2 能力目标

（1）能熟练使用一种以上的 PCB 绘制软件操作，并能利用 PCB 绘制软件合理的完成 PCB 板线路图设计；

（2）能熟练操作 PCB 转印工艺设备与化学制剂配制，会使用 PCB 转印制板工艺完成线路板制作；

（3）能根据设计的 PCB 线路板标准完成线路板整机装配；

（4）能根据设计电路基本工作原理与技术指标参数选择合适的测试方法进行电路的数据测试与整机老化测试；

（5）会合理选用最小控制系统、LC 振荡器、压控振荡器、锁相环 PLL、低通滤波器和高频功率放大器等典型电路完成电压控制 LC 振荡器电路软硬件设计；

（6）会根据任务技术指标要求查阅并选择合适的典型电路；

（7）能熟练查阅常用电子元器件和芯片的规格、型号及使用方法等技术资料。

4.1.2.3 素质目标

（1）具有良好的职业道德、规范操作意识；

（2）具备良好的团队合作精神；

（3）具备良好的组织协调能力；

（4）具有求真务实的工作作风；

（5）具有开拓创新的学习精神；

（6）具有良好的语言文字表达能力。

4.2 数控直流电流源情境资讯

4.2.1 PCB电路制板工艺

印制电路板，又称印刷电路板或印刷线路板，简称印制板，英文简称 PCB（Printed Circuit Board）或 PWB（Printed Wiring Board），以绝缘板为基材，切成一定尺寸，其上至少附有一个导电图形，并布有孔（如元件孔、紧固孔和金属化孔等），用来代替以往装置电子元器件的底盘，并实现电子元器件之间的相互连接。由于这种板是采用电子印刷术制作的，故被称为"印刷"电路板。习惯称"印制线路板"为"印制电路"是不确切的，因为在印制板上并没有"印制元件"而仅有布线。

电路板主要由以下组成

（1）线路与图面（Pattern）：线路是作为元器件之间导电的载体，在设计上会另外设计大铜面作为接地及电源层。线路与图面是同时做出的。

（2）介电层（Dielectric）：用来保持线路及各层之间的绝缘性，俗称为基材。

（3）孔（Through hole / Via）：导通孔可使 2 层次以上的线路彼此导通，较大的导通孔则作为零件插件用，另外有非导通孔（nPTH）通常用来作为表面贴装定位，组装时固定螺丝用。

（4）防焊油墨（Solder resistant /Solder Mask）：并非全部的铜面都要吃锡上零件，因此非吃锡的区域，会印一层隔绝铜面吃锡的物质（通常为环氧树脂），避免非吃锡的线路间短路。根据不同的工艺，分为绿油、红油和蓝油。

（5）丝印（Legend /Marking/Silk screen）：此为非必要之构成，主要的功能是在电路板上标注各零件的名称和位置框，方便组装后维修及辨识用。

（6）表面处理（Surface Finish）：由于铜面在一般环境中，很容易氧化，导致无法上锡（焊锡性不良），因此会在要吃锡的铜面上进行保护。保护的方式有镀锡（HASL）、化金（ENIG）、化银（Immersion Silver）、化锡（Immersion Tin）以及有机保焊剂（OSP），方法各有优缺点，统称为表面处理。

4.2.1.1 PCB板设计原则

在印制电路板的设计中，元器件布局和电路连接的布线是关键的两个环节。

1. 布　局

布局，是把电路器件放在印制电路板布线区内。布局是否合理不仅影响后面的布线工作，而且对整个电路板的性能也有重要影响。在保证电路功能和性能指标后，要满足工艺性、检测和维修方面的要求，元件应均匀、整齐并紧凑布放在 PCB 上，尽量减少和缩短各元器件之间的引线和连接，以得到均匀的组装密度。

（1）电气性能。

① 信号通畅。按电路流程安排各个功能电路单元的位置，使布局便于信号流通，输入和输出信号、高电平和低电平部分尽可能不交叉，信号传输路线最短。

② 功能区分。元器件的位置应按电源电压、数字及模拟电路、速度快慢及电流大小等进行分组，以免相互干扰。

电路板上同时安装数字电路和模拟电路时，两种电路的地线和供电系统完全分开，有条件时将数字电路和模拟电路安排在不同层内。电路板上需要布置高速、中速和低速逻辑电路时，高、中速逻辑电路应安放在紧靠连接器范围内；而低速逻辑和存储器，应安放在远离连接器范围内。这样，有利于减小共阻抗耦合、辐射和交扰的减小。时钟电路和高频电路是主要的骚扰辐射源，一定要单独安排，远离敏感电路。

③ 热磁兼顾。发热元件与热敏元件尽可能远离，要考虑电磁兼容的影响。

（2）工艺性。

① 层面：贴装元件尽可能在一面，简化组装工艺。

② 距离：元器件之间距离的最小限制根据元件外形和其他相关性能确定，目前元器件之间的距离一般不小于 0.2 ~ 0.3 mm，元器件距印制板边缘的距离应大于 2 mm。

③ 方向：元件排列的方向和疏密程度应有利于空气的对流。考虑组装工艺，元件方向尽可能一致。

2. 布　线

（1）导线。

① 宽度：印制导线的最小宽度，主要由导线和绝缘基板间的黏附强度和流过它们的电流值决定。印制导线可尽量宽一些，尤其是电源线和地线，在板面允许的条件下尽量宽一些，即使面积紧张的条件下一般不小于 1 mm。特别是地线，即使局部不允许加宽，也应在允许的地方加宽，以降低整个地线系统的电阻。对长度超过 80 mm 的导线，即使工作电流不大，也应加宽以减小导线压降对电路的影响。

② 长度：要极小化布线的长度，布线越短，干扰和串扰越少，并且它的寄生电抗也越低，辐射更少。特别是场效应管栅极，三极管的基极和高频回路更应注意布线要短。

③ 间距：相邻导线之间的距离应满足电气安全的要求，串扰和电压击穿是影响布线间距的主要电气特性。为了便于操作和生产，间距应尽量宽些，选择最小间距至少应该适合所施加的电压。这个电压包括工作电压、附加的波动电压、过电压和因其他原因产生的峰值电压。当电路中存在有市电电压时，出于安全的需要间距应该更宽些。

④ 路径：信号路径的宽度，从驱动到负载应该是常数。改变路径宽度对路径阻抗（电阻、

电感和电容）产生改变，会产生反射和造成线路阻抗不平衡。所以，最好保持路径的宽度不变。在布线中，最好避免使用直角和锐角，一般拐角应该大于 90°。直角的路径内部的边缘能产生集中的电场，该电场产生耦合到相邻路径的噪声，45°路径优于直角和锐角路径。当两条导线以锐角相遇连接时，应将锐角改成圆形。

（2）孔径和焊盘尺寸。

元件安装孔的直径应该与元件的引线直径较好的匹配，使安装孔的直径略大于元件引线直径的 0.15 ~ 0.3 mm。通常 DIL 封装的管脚和绝大多数的小型元件使用 0.8 mm 的孔径，焊盘直径大约为 2mm。对于大孔径焊盘为了获得较好的附着能力，焊盘的直径与孔径之比，对于环氧玻璃板基大约为 2，而对于苯酚纸板基应为 2.5 ~ 3。

过孔，一般被使用在多层 PCB 中，它的最小可用直径是与板基的厚度相关，通常基板的厚度与过孔直径比是 6∶1。高速信号时，过孔产生 1 ~ 4 nH 的电感和 0.3 ~ 0.8 pF 的电容的路径。因此，当铺设高速信号通道时，过孔应该被保持到绝对的最小。对于高速的并行线（例如地址和数据线），如果层的改变是不可避免，应该确保每根信号线的过孔数一样。并且应尽量减少过孔数量，必要时需设置印制导线保护环或保护线，以防止振荡和改善电路性能。

（3）地线设计。

不合理的地线设计会使印制电路板产生干扰，达不到设计指标，甚至无法工作。地线是电路中电位的参考点，又是电流公共通道。地电位理论上是零电位，但实际上由于导线阻抗的存在，地线各处电位不都是零。因为地线只要有一定长度就不是一个处处为零的等电位点，地线不仅是必不可少的电路公共通道，又是产生干扰的一个渠道。

一点接地是消除地线干扰的基本原则。所有电路和设备的地线都必须接到统一的接地点上，以该点作为电路和设备的零电位参考点（面）。一点接地分公用地线串联一点接地和独立地线并联一点接地。

公用地线串联一点接地方式比较简单，各个电路接地引线比较短，其电阻相对小，这种接地方式常用于设备机柜中的接地。独立地线并联一点接地，只有一个物理点被定义为接地参考点，其他各个需要接地的点都直接接到这一点上，各电路的地电位只与本电路的接地阻抗有关，不受其他电路的影响。

（4）具体布线时应注意以下几点：

① 走线长度尽量短，以便使引线电感极小化。在低频电路中，因为所有电路的地电流流经公共的接地阻抗或接地平面，所以避免采用多点接地。

② 公共地线应尽量布置在印制电路板边缘部分。电路板上应尽可能多保留铜箔做地线，可以增强屏蔽能力。

③ 双层板可以使用地线面，地线面的目的是提供一个低阻抗的地线。

④ 多层印制电路板中，可设置接地层，接地层设计成网状。地线网格的间距不能太大，因为地线的一个主要作用是提供信号回流路径，若网格的间距过大，会形成较大的信号环路面积。大环路面积会引起辐射和敏感度问题。另外，信号回流实际走环路面积小的路径，其他地线并不起作用。

⑤ 地线面能够使辐射的环路最小。

4.2.1.2　PCB 板设计步骤

印刷电路板设计是电子设计制作中很关键的一步。印制电路板的设计软件目前主要有 Protel99 和 Orcad 等。

1．设计步骤

（1）设计好电路原理图；

（2）根据所设计的原理图准备好所需要的元器件；

（3）根据实物给原理图中的元器件制作或调用封装形式；

（4）形成网络表连接文件；

（5）在 PCB 设计环境下，规划电路板的大小和板层数量等；

（6）调用网络表连接文件，并布局元器件的位置（自动加手工布局）；

（7）设置好自动布线规则，并自动布线；

（8）形成第二个网络表连接文件，并比较两个网络表文件，若相同则说明没有问题，否则要查找原因；

（9）手工布线并优化处理；

（10）输出 PCB 文件并制版。

2．设计电路板时应该注意的问题

（1）注意元器件的位置安排要满足散热的要求；

（2）注意数字地和模拟地的分开；

（3）当制作双面电路板时，由于是手工制作电路板，不可能进行过孔金属化，所以在制版时要尽量减少电路板层之间的过孔，并尽量用电阻、电容、三极管及二极管等实现过孔金属化工艺，但不能使用集成电路的引脚实现过孔金属化，换句话说是在设计电路板时，使用双列直插的集成电路时，与集成电路相连的覆铜线应全部放在电路板的底层；

（4）高阻抗、高灵敏度、低漂移的模拟电路、高速数字电路及高频电路的印制电路板设计需要专门的知识和技巧，需要参考有关资料。

其他有关印制电路板设计的问题可以参考有关资料。

4.2.1.3　热转印工艺 PCB 板制作

热转印工艺具有投资小、制作周期短、损耗小和对环境要求低等优点。电子产品开发设计中，PCB 板制作一般是小批量制作，由于开发周期的限制，为缩短整个开发时间，对制板一般要求为快速制板，常常使用热转印工艺来完成。

热转印工艺流程：线路底片制作→抛光→图形转移→腐蚀→打孔→检验。

1．线路底片制作

制作前准备：PCB 文件说明（需包含边框层 Keepoutlayer、底层 Bottomlayer 和顶层 Toplayer），每做一张线路板需 1 张菲林底片、计算机、激光打印机和 Protel99 SE 软件。

（1）启动 Protel99SE 软件，打开需输出的 PCB 设计图，如图 4.2.1 所示。

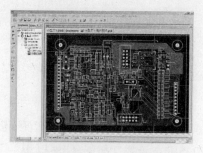

图 4.2.1　打开 PCB 设计图

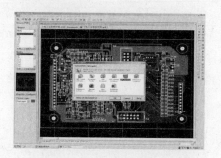

图 4.2.2　选择 PCB Printer 项

（2）点击 Document 窗口，选择[File]菜单中[New]功能项，并选择[PCB Printer]，新建 PCB 输出打印文件，如图 4.2.2 所示。

（3）点击[OK]按钮，如下图所示出现一个"XXXXXXX.PCB"文件名项，默认文件名为工程文件名称，如图 4.2.3 所示。

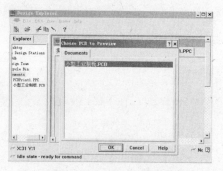

图 4.2.3　建立输出打印文件名

图 4.2.4　生成 PCB 打印文件

（4）点击[OK]图标，生成 PCB 打印文件，并在屏幕中以预览的形式出现，如图 4.2.4 所示

（5）右键点击左边功能框[BrowsePCBPrint]内[Multilayer Composite Print]按钮，并点[Properties]，出现如 4.2.5 图所示对话框。

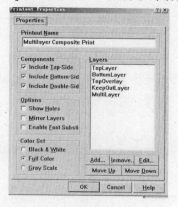

图 4.2.5　建立输出打印文件名

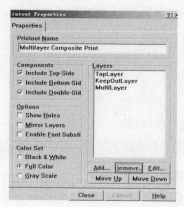

图 4.2.6　打印顶层图片的设置示意图

（6）只保留 Keepoutlayer（边框层）、MultiLayer（多层）和 Toplayer（顶层），点击 [BottomLayer]、[TopOverlay]按钮，并点击[Remove]出现如下界面，如图 4.2.6 所示。

（7）Options（选择项）中勾选 Mirror Layers（镜像）并在颜色选项中勾选 Black&White（黑白），出现如下界面，如图 4.2.7 所示。

图 4.2.7　建立输出打印文件名

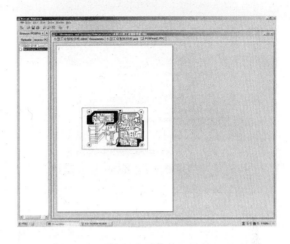

图 4.2.8　打印顶层图片的设置示意图

（8）点击[Close]，出现如下界面，如图 4.2.8 所示。

在打印机中加入热转印纸或者菲林底片，打印设计 PCB 图，在 PCB 板版图较小的情况下，可裁剪后粘贴到 A4 打印纸上打印。

2. 覆铜板裁剪抛光

对下一步要转印的覆铜板裁剪并抛光，因为 PCB 图里的线条很细，如果覆铜板上有杂物或油物会使图形转不上去或不牢固。抛光一般采用砂纸（1 000 目水砂）打磨，用砂纸在板上摩擦，使覆铜板光滑既可。在条件允许的情趣况下可使用裁板机进行板裁后利用抛光机进行清洗抛光，如图 4.2.9 所示。使用抛光机抛光后的覆铜板表面较为干净、均匀，转印效果较好。

（a）裁板机

（b）自动抛光机

图 4.2.9　板裁剪抛光设备

3. 线路图形热转移

热转印机是转印 PCB 制板工艺中使用到的核心设备，热转印机如图 4.2.10 所示。主要利用静电成像设备代替专用印制板制板照相设备，利用含树脂的静电墨粉（或普通碳粉）代替光化学显影定影材料，通过静电印制电路制板机在敷铜板上生成电路板图的防蚀图层，经蚀刻（腐蚀）成印制电路板。在转印中普通碳粉转印成像效果相对较差，对高密度细线宽的 PCB 图转印后一定要仔细检查。

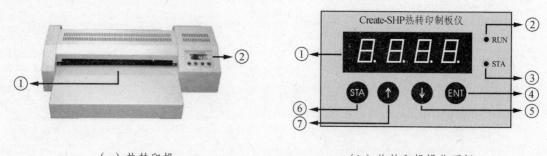

（a）热转印机　　　　　　　　　（b）热转印机操作面板

图 4.2.10　热转印机及其操作面板

热转印机如图 4.2.10（a）所示，其中，①为进料口，②为控制面板；热转印机控制面板如图 4.2.10（b）所示，其中①为显示，②为 RUN 指示灯，③为 STA 指示灯，④为 ENT 键，⑤为加键，⑥为 STA 键，⑦为减键。

热转印机操作步骤如下：

打开电源开关，按一下启动按钮，启动热转印机，电源指示灯（绿灯）常亮，使其进入工作状态。按[SET]键，此时显示字符"C"，进入温度设定状态，通过[↑]键、[↓]键可调至所需温度值，按[ENT]键保存并退出温度设置。注：一般温度设定为：170℃~180℃。当温度设定值设置后，此时显示转速字符"N"，进入转速设定状态，通过[↑]键、[↓]键可调至所需转速值（转/分），按[ENT]键保存并退出转速设置，进入工作控温状态。注：一般转速设定为：1.8 转/min。

将打印好的图形，贴在已处理干净的敷铜板上，将转印纸超出敷铜板的其中一边紧贴敷铜板折向背面，固定好，然后送入转印机，稍候片刻，敷铜板将从转印机的后部送出。待其温度下降后，小心地将热转印纸从敷铜板上揭起，此时转印纸上的图形已被转印在敷铜板上。制作时敷铜板反复进入机器，将影响转印质量。转印后，将转印纸轻轻揭起一角，对电路板认真检查，如果有较大缺陷，应将转印纸按原位置贴好，送入转印机，再转印如有较小缺陷，用油性记号笔进行修补。也可在腐蚀完毕后再进行打孔。

点按[ENT]键，此时显示[OFF]，再长按[ENT]键，此时显示延时过程"4、3、2、1、0"至蜂鸣器报警，即可松开[ENT]键，此时进入关机状态，当显示温度低于 150℃ 时，此时微电脑切断电源。

关机时一定要采用按键软关机，切勿直接关闭设备总电源开关或拔除电源线，否则极易造成橡胶辊局部受热时间过长，导致橡胶辊烧坏。

4. 腐　蚀

腐蚀原理：反应原理可用 $FeCl_3$ 溶液与金属 Cu 反应的方程式表示为 $2FeCl_3 + Cu = 2FeCl_2 + CuCl_2$；铁虽然比铜活泼，能从硫酸铜溶液中置换出金属铜，本身生成硫酸亚铁，但三价铁却有比二价铜还强的氧化性，所以金属铜能与三价铁反应。印刷电路板是在复合物材料板上单面附有一薄层铜板，印刷电路时将电路部分以抗腐蚀的涂料印在铜板一面上，放入三氯化铁溶液中，没有印刷上涂料的铜被腐蚀掉，最后只剩下电路部分。

转印好的 PCB 板放进 $FeCl_3$ 溶液里，通过手摇动容器或蚀刻机进行腐蚀，当线路板非线路部分铜箔被腐蚀掉后将其取出来，并进行清洗。

使用蚀刻机时首先打开全自动蚀刻机电源开关，按下[加热]按钮，即开始对腐蚀液加热，此时加热指示灯闪烁，表明液体正在加热。按下[对流]按钮，液体开始对流，待蚀刻液温度升至机器设定温度后，加热指示灯变为常亮。将转印好的线路板用防腐挂钩挂好，置于碱性蚀刻槽中，约 3 min 左右，取出线路板检查是否腐蚀完毕，如有部分铜箔未腐蚀完，需再置于蚀刻液中腐蚀片刻。

注意事项：

（1）设备无蚀刻液或蚀刻液液面未处于安全区切勿通电；

（2）工作时请带好橡胶手套，不要用手直接接触腐蚀液；

（3）谨防腐蚀液溅到眼睛或皮肤上，一旦接触，立即用水冲洗干净。

5. 打　孔

打孔方式有多种，可以通过手枪钻、高精度台钻或数控钻孔。

高精度台钻如图 4.2.11（a）所示。其中，①为压杆，②为电源插头，③为钻头夹具，④为固定旋钮，⑤为工作台，⑥为台钻底座。

（a）高精度台钻　　　　　　　　（b）全自动数控钻床

图 4.2.11　PCB 钻孔常用钻床

高精度台钻操作：接通电源，把 PCB 板放在工作台面上，待钻孔的孔心放在钻头的垂直线上，左手压住 PCB 板，右手抓住压杆慢慢往下压，高精度钻床自带了软开关，在压杆下压的同时，电机开始转动，当钻头把 PCB 板钻穿时，右手慢慢上抬，钻头缓缓抬起，直至钻头抬出高于 PCB 板，即完成了一次钻孔，用同样的方法，将其他孔钻完。

全自动数控钻床能根据 Protel 生成的 PCB 文件的钻孔信息，快速、精确地完成定位，钻孔等任务。用户只需在计算机上完成 PCB 文件设计并将其通过 RS-232 串行通讯口传送给数控钻床，数控钻床就能快速地完成终点定位及分批钻孔等动作。全自动数控钻床如图 4.2.11（b）所示。

其操作步骤：放置并固定敷铜板→手动任意定位原点→软件自动定位终点→调节钻头高度→按序选择孔径规格→分批钻孔。

4.2.2　电子产品装配与调试

4.2.2.1　整机装配工艺过程

整机装配工艺过程即为整机的装接工序安排，就是以设计文件为依据，按照工艺文件的工艺规程和具体要求，把各种电子元器件、机电元件及结构件装连在印制电路板、机壳和面板等指定位置上，构成具有一定功能的完整的电子产品的过程。

整机装配工艺过程根据产品的复杂程度和产量大小等方面的不同而有所区别。但总体来看，有装配准备、部件装配、整件调试、整机检验和包装入库等几个环节，如图 4.2.12 所示。

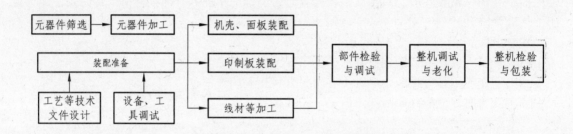

图 4.2.12　整机装配工艺流程

通常电子整机的装配是在流水线上通过流水作业的方式完成的。

为提高生产效率，确保流水线连续均衡地移动，应合理编制工艺流程，使每道工序的操作时间（称节拍）相等。流水线作业虽带有一定的强制性，但由于工作内容简单，动作单纯，记忆方便，故能减少差错，提高功效，保证产品质量。

1. 整机装配的顺序和基本要求

电子设备组装在电气上是以印制电路板为支撑主体的电子元器件的电路连接；在结构上是以组成产品钣金硬件和模型壳体通过紧固件由内到外按一定顺序的安装。电子产品属于技术密集型产品，组装电子产品的主要特点是：

① 组装工作是由多种基本技术构成的。

② 装配操作质量难以分析。在多种情况下，都难以进行质量分析，如焊接质量的好坏通常以目测判断，刻度盘和旋钮等的装配质量多以手感鉴定等。

③ 进行装配工作的人员必须进行专业岗前培训和训练，持证上岗。

（1）整机安装步骤。

按组装级别来分，整机装配按元件级，插件级，插箱板级和箱、柜级顺序进行，如图 4.2.13 所示。

元件级：是最低的组装级别，其特点是结构简单和最小单元不可分割。

插件级：用于组装和互连电子元器件及其机械连接性材料。

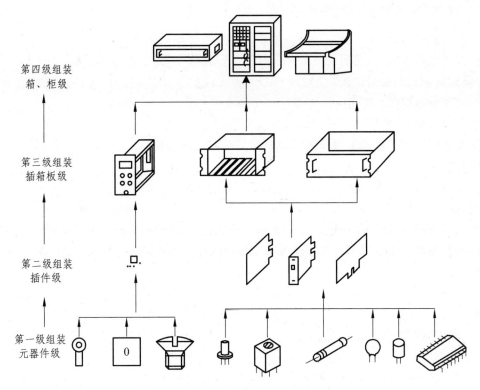

图 4.2.13　整机装配顺序

插箱板级：用于安装和互连的插件或印制电路板部件。

箱、柜级：它主要通过电缆及连接器互连插件和插箱，并通过电源电缆送电构成独立的有一定功能的电子仪器、设备和系统。

整机装配的一般原则是：先轻后重，先小后大，先铆后装，先装后焊，先里后外，先下后上，先平后高，易碎易损坏后装，上道工序不得影响下道工序。

（2）整机装配的基本要求。

① 未经检验合格的装配件（零、部、整件）不得安装，已检验合格的装配件必须保持清洁。

② 认真阅读工艺文件和设计文件，严格遵守工艺规程。装配完成后的整机应符合图纸和工艺文件的要求。

③ 严格遵守装配的一般顺序，防止前后顺序颠倒，注意前后工序的衔接。

④ 装配过程不要损伤元器件，避免碰坏机箱和元器件上的涂覆层，以免损害绝缘性能。

⑤ 熟练掌握操作技能，保证质量，严格执行三检（自检、互检和专职检验）制度。

2. 电子整机装配前的准备工艺

（1）搪锡技术。

搪锡就是预先在元器件的引线、导线端头和各类线端子上挂上一层薄而均匀的焊锡，以便整机装配时顺利进行焊接工作。

① 搪锡方法。

导线端头和元器件引线的搪锡方法有电烙铁搪锡、搪锡槽搪锡和超声波搪锡，3 种方法的搪锡温度和搪锡时间如表 4.2.1 所示。

表 4.2.1　整机装配顺序

搪锡方式	温度/°C	时间/s
电烙铁搪锡	300±10	1
搪锡槽搪锡	≤290	1～2
超声波搪锡	240～260	1～2

电烙铁搪锡：电烙铁搪锡适用于少量元器件和导线焊接前的搪锡，如图 4.2.14（a）所示。搪锡前应先去除元器件引线和导线端头表面的氧化层，清洁烙铁头的工作面，然后加热引线和导线端头，在接触处加入适量有焊剂芯的焊锡丝，烙铁头带动融化的焊锡来回移动，完成搪锡。

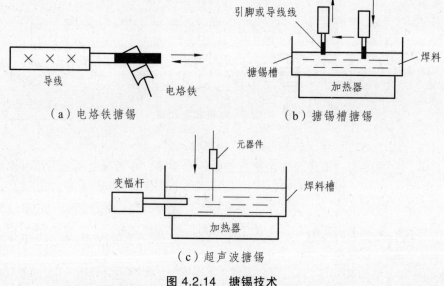

（a）电烙铁搪锡　　　（b）搪锡槽搪锡

（c）超声波搪锡

图 4.2.14　搪锡技术

搪锡槽搪锡：搪锡槽搪锡如图 4.2.14（b）所示。搪锡前应刮除焊料表面的氧化层，将导线或引线沾少量焊剂，垂直插入搪锡槽焊料中来回移动，搪锡后垂直取出。对温度敏感的元器件引线，应采取散热措施，以防元器件过热损坏。

超声波搪锡：超声波搪锡机发出的超声波在融化液态焊料中传播，在变幅杆端面产生强烈高频振荡，从而破坏引线表面的氧化层，净化引线表面。因此，事先可不必刮除表面氧化层，就能使引线被顺利地搪上锡。把待搪锡的引线沿变幅杆的端面插入焊料槽焊料中，并在规定的时间内垂直取出即完成搪锡，如图 4.2.14（c）所示。

② 搪锡的质量要求及操作注意事项。

质量要求。经过搪锡的元器件引线和导线端头，其根部与离搪锡处应留有一定的距离，导线留 1 mm，元器件留 2 mm 以上。

搪锡操作应注意的事项如下：

a. 进行搪锡操作，应严格控制搪锡的温度和时间。

b. 当元器件引线去除氧化层且导线剥去绝缘层后，应立即搪锡，以免再次氧化或污染。

c. 对轴向引线的元器件搪锡时，一端引线搪锡后，要等元器件充分冷却后才能进行另一端引线的搪锡。

d. 非密封继电器、波段开关等部分元器件，一般不宜用搪锡槽搪锡，可采用电烙铁搪锡。搪锡时严防焊料和焊剂渗入元器件内部。

e. 经搪锡处理的元器件和导线要及时使用，一般不得超过 3 天，并需妥善保存。

f. 搪锡场地应通风良好，及时排除污染气体。

（2）元器件引线的成型和屏蔽导线的端头处理。

① 元器件引线的成型。

为了便于安装和焊接，提高装配质量和效率，加强电子设备的防震性和可靠性，在安装前，根据安装位置的特点及技术方面的要求，要预先把元器件引线弯曲成一定的形状。

手工操作时，为了保证成形质量和成形的一致性，也可应用简便的专用工具，如图 4.2.15 所示。如图 4.2.15（a）所示为模具，如图 4.2.15（b）所示为卡尺，它们均可方便地把元器件引线成形为如图 4.2.15（c）所示的形状。

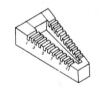

（a）直插元件成型模具　　　　（b）测量卡尺　　　　（c）成型示意图

图 4.2.15　元件引线成型工具

② 引线成形的技术要求。

a. 引线成形后，元器件本体不应产生破裂，表面封装不应损坏，引线弯曲部分不允许出现模印、压痕和裂纹。

b. 引线成形后，其直径的减小或变形不应超过 10%，其表面镀层剥落长度不应大于引线直径的 1/10。

c. 若引线上有熔接点，则在熔接点和元器件本体之间不允许有弯曲点，熔接点到弯曲点之间应保持 2 mm 的间距。

d. 引线成形尺寸应符合安装要求。

弯曲点到元器件端面的最小距离 A 不应小于 2 mm，弯曲半径 R 应大于或等于 2 倍的引线直径，如图 4.2.16 所示。图中，$A \geqslant 2$ mm；$R \geqslant 2d$（d 为引线直径）；h 在垂直安装时大于等于 2 mm，在水平安装时为 0～2 mm。

扁平封装集成电路的引线成形要求如图 4.2.16（c）所示。图中 W 为带状引线厚度，$R \geqslant 2W$，带状引线弯曲点到引线根部的距离应大于等于 1 mm。

e. 引线成形后的元器件应放在专门的容器中保存，元器件的型号、规格和标志应向上。

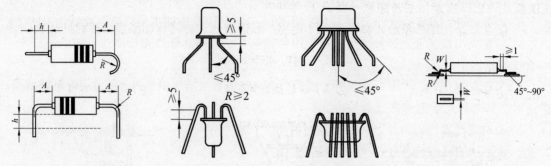

（a）两引脚元件成型　　（b）三引脚元件成型　　（c）圆形外壳集成电路　（d）表明贴装引脚成型

图 4.2.16　元件引脚成型示意图

③ 屏蔽导线的端头处理。

为了防止导线周围的电场或磁场干扰电路正常工作而在导线外加上金属屏蔽层，即构成了屏蔽导线。在对屏蔽导线进行端头处理时应注意去除的屏蔽层不宜太多，否则会影响屏蔽效果。屏蔽线是两端接地还是一端接地要根据设计要求来定，一般短的屏蔽线均采用一端接地。

屏蔽导线端头去除屏蔽层的长度如图 4.2.17（a）所示。具体长度应根据导线的工作电压而定，通常可电压越高去屏蔽层越长。通常应在屏蔽导线的线端处剥落一段屏蔽层，并做好接地焊接的准备。

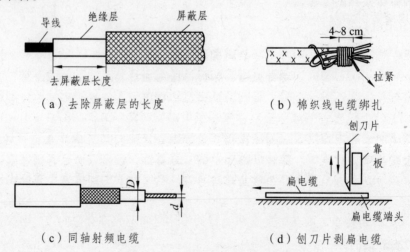

（a）去除屏蔽层的长度　　　　　　（b）棉织线电缆绑扎

（c）同轴射频电缆　　　　　　　　（d）刨刀片剥扁电缆

图 4.2.17　屏蔽导线的端头处理

a. 棉织线套低频电缆端头绑扎。

棉织线套多股电缆一般用作经常移动的器件的连线，如电话线、航空帽上的耳机线及送话器线等。绑扎端头时，根据工艺要求，先剪去适当长度的棉织线套，然后用棉线绑扎线套端，缠绕宽度 4～8 mm，缠绕方法如图 4.2.17（b）所示，绑线上涂以清漆胶。

b. 绝缘同轴射频电缆加工。

对绝缘同轴射频电缆进行加工时，应特别注意芯线与金属屏蔽层间的径向距离，如图

4.2.17（c）所示。

如果芯线不在屏蔽层的中心位置，则会造成特性阻抗不准确，信号传输受到损耗。焊接在射频电缆上的插头或插座要与射频电缆相匹配，如 50 Ω的射频电缆应焊接在 50 Ω的射频插头上。焊接处芯线应与插头同心。射频同轴电缆特性阻抗计算公式如下：

$$Z = \frac{138}{\sqrt{\varepsilon}} \cdot \lg \frac{D}{d}$$

式中　Z——特性阻抗，Ω；

　　　D——金属屏蔽层直径；

　　　d——芯线直径；

　　　ε——介质损耗。

c. 扁电缆的加工。

扁电缆又称带状电缆，是由许多根导线结合在一起，相互之间绝缘，整体对外绝缘的一种扁平带状多路导线的软电缆。这种电缆造价低、重量轻、韧性强并且使用范围广，可用作插座间的连接线和印制电路板之间的连接线及各种信息传递的输入/输出柔性连接。

如图 4.2.17（d）所示是一种用刨刀片去除扁电缆绝缘层的方法。刨刀片可用电加热，当刨刀片被加热到足以熔化绝缘层时，将刨刀片压紧在扁电缆上，按图示方向拉动扁电缆，绝缘层即被刮去。剥去了绝缘层的端头可用抛光的方法或用合适的溶剂清理干净。

扁电缆与电路板的连接常用焊接或专用固定夹具完成。

3. 印制电路板的组装

（1）印制电路板装配工艺。

① 元器件在印制板上的安装方法。

元器件在印制板上的安装方法有手工安装和机械安装 2 种，前者简单易行，但效率低、误装率高；后者安装速度快，误装率低，但设备成本高，引线成形要求严格。一般有以下几种安装形式：

a. 贴板安装。其安装形式如图 4.2.18 所示，它适用于防震要求高的产品。元器件贴紧印制基板面，安装间隙小于 1 mm。当元器件为金属外壳，安装面又有印制导线时，应加垫绝缘衬垫或绝缘套管。

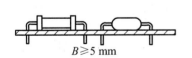

（a）两引脚贴板安装

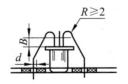

（b）三引脚贴板安装

（c）多引脚贴板安装

图 4.2.18　贴板安装

b. 悬空安装。其安装形式如图 4.2.19 所示，它适用于发热元件的安装。元器件距印制基板面要有一定的距离，安装距离一般为 3 ~ 8 mm。

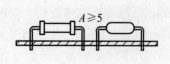
（a）两引脚贴板安装

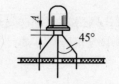
（b）三引脚贴板安装

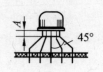
（c）多引脚贴板安装

图 4.2.19　悬空安装

c. 垂直安装。其安装形式如图 4.2.20 所示，它适用于安装密度较高的场合。元器件垂直于印制基板面，但大质量细引线的元器件不宜采用这种形式。

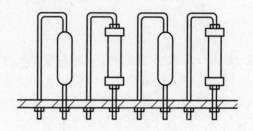

图 4.2.20　垂直安装

d. 埋头安装。其安装形式如图 4.2.21 所示。这种方式可提高元器件防震能力，降低安装高度。由于元器件的壳体埋于印制基板的嵌入孔内，因此又称为嵌入式安装。

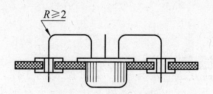

图 4.2.21　埋头安装

e. 有高度限制时的安装。其安装形式如图 4.2.22 所示。元器件安装高度的限制一般在图纸上是标明的，通常处理的方法是垂直插入后，再朝水平方向弯曲。对大型元器件要特殊处理，以保证有足够的机械强度，经得起震动和冲击。

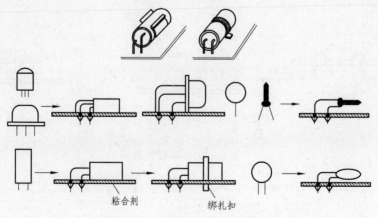

图 4.2.22　有高度限制时的安装

② 元器件安装注意事项。

a. 元器件插好后，其引线的外形有弯头时，要根据要求处理好，所有弯脚的弯折方向都应与铜箔走线方向相同，如图 4.2.23（a）所示。如图 4.2.23（b）和 4.2.23（c）所示的走线方向则应根据实际情况处理。

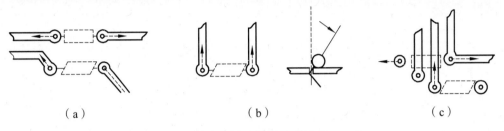

（a）　　　　　　　　　　　（b）　　　　　　　　　　　（c）

图 4.2.23　引线弯脚方向

b. 安装二极管时，除注意极性外，还要注意外壳封装，特别是在玻璃壳体易碎，引线弯曲时易爆裂的情况下，在安装时可将引线先绕 1～2 圈再装。

c. 为了区别晶体管和电解电容等器件的正负端，一般是在安装时，加带有颜色的套管以示区别。

d. 大功率三极管一般不宜装在印制板上，因为它发热量大，易使印制板受热变形。

（2）印制电路板组装工艺流程。

① 手工方式。

在产品的样机试制阶段或小批量试生产时，印制板装配主要靠手工操作，即操作者把散装的元器件逐个装配到印制基板上。其操作顺序是：

待装元件→引线整形→插件→调整位置→剪切引线→固定位置→焊接→检验。

对于这种操作方式，每个操作者都要从头装到结束，效率低，而且容易出差错。

对于设计稳定，大批量生产的产品，印制板装配工作量大，宜采用流水线装配。这种方式可大大提高生产效率，减少差错，提高产品合格率。

流水操作是把一次复杂的工作分成若干道简单的工序，每个操作者在规定的时间内完成指定的工作量（一般限定每人约 6 个元器件插件的工作量）。

每拍元件（约 6 个）插入→全部元器件插入→一次性切割引线→一次性锡焊→检查。引线切割一般用专用设备——割头机一次切割完成，锡焊通常用波峰焊机完成。

② 自动装配工艺流程。

手工装配使用灵活方便，广泛应用于各道工序或各种场合，但速度慢，易出差错，效率低，不适应现代化生产的需要。尤其是对于设计稳定、产量大和装配工作量大而元器件又无需选配的产品，宜采用自动装配方式。

a. 自动装配工艺过程。自动装配工艺过程框图如图 4.2.24 所示。经过处理的元器件装在专用的传输带上，间断地向前移动，保证每 1 次有 1 个元器件进到自动装配机的装插头的夹具里。

b. 自动装配对元器件的工艺要求。自动插装是在自动装配机上完成的，对元器件装配的一系列工艺措施都必须适合于自动装配的一些特殊要求，并不是所有的元器件都可以进行自动装配，在这里最重要的是采用标准元器件和尺寸。

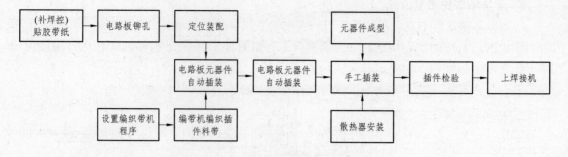

图 4.2.24　电路板自动装配工艺流程

4.2.2.2　整机调试与老化

1. 整机调试的内容和程序

（1）调试工作的主要内容。

调试一般包括调整和测试 2 部分工作。整机内有可调电感、电位器及微调可变电容器等可调元件，也有与电气指标有关的机械传动部分及调谐系统部分等可调部件。

调试的主要内容如下：

① 熟悉产品的调试目的和调试要求。

② 正确合理地选择和使用测试所需要的仪器仪表。

③ 严格按照调试工艺指导卡，对单元电路板或整机进行调试和测试。调试完毕，用封蜡和点漆的方法固定元器件的调整部位。

④ 运用电路和元器件的基础理论知识分析和排除调试中出现的故障，对调试数据进行正确处理和分析。

（2）整机调试的一般程序。

电子整机因为各自的单元电路的种类和数量不同，所以在具体的测试程序上也不尽相同。通常调试的一般程序是：接线通电、调试电源、调试电路、全参数测量、温度环境试验以及整机参数复调。

① 接线通电。按调试工艺规定的接线图正确接线，检查测试设备、测试仪器仪表、被调试设备的功能选择开关、量程挡位及有关附件是否处于正确的位置。经检查无误后，方可开始通电调试。

② 调试电源。调试电源分 3 个步骤进行：电源的空载初调；等效负载下的细调；真实负载下的精调。

③ 电路的调试。电路的调试通常按各单元电路的顺序进行。

④ 全参数测试。经过单元电路的调试并锁定各可调元件后，应对产品进行全参数的测试。

⑤ 温度环境试验。温度环境试验用来考验电子整机在指定的环境下正常工作的能力，通常分低温试验和高温试验 2 类。

⑥ 整机参数复调。在整机调试的全过程中，设备的各项技术参数还会有一定程度的变化，通常在交付使用前应对整机参数再进行复核调整，以保证整机设备处于最佳的技术状态。

2. 整机的加电老化

（1）加电老化的目的。

整机产品总装调试完毕后，通常要按一定的技术规定对整机实施较长时间的连续通电考验，即加电老化试验。加电老化的目的是通过老化发现并剔除早期失效的电子元器件，提高电子设备工作可靠性及使用寿命，同时稳定整机参数，保证调试质量。

（2）加电老化的技术要求。

整机加电老化的技术要求有：温度、循环周期、积累时间、测试次数和测试间隔时间等几个方面。

① 温度。整机加电老化通常在常温下进行。有时需对整机中的单板、组合件进行部分的高温加电老化试验，一般分 3 级：（40±2）℃、（55±2）℃ 和（70±2）℃。

② 循环周期。每个循环连续加电时间一般为 4 h，断电时间通常为 0.5 h。

③ 积累时间。加电老化时间累积计算，积累时间通常为 200 h，也可根据电子整机设备的特殊需要适当缩短或加长。

④ 测试次数。加电老化期间，要进行全参数或部分参数的测试，老化期间的测试次数应根据产品技术设计要求来确定。

⑤ 测试间隔时间。测试间隔时间通常设定为 8 h、12 h、24 h 几种，也可根据需要另定。

（3）整机加电老化前应拟制老化试验大纲作为试验依据，老化试验大纲必须明确以下主要内容：

① 老化试验的电路连接框图；

② 试验环境条件、工作循环周期和累积时间；

③ 试验需用的设备和测试仪器仪表；

④ 测试次数、测试时间和检测项目；

⑤ 数据采集的方法和要求；

⑥ 加电老化应注意的事项。

（4）加电老化试验的一般程序。

① 按试验电路连接框图接线并通电。

② 在常温条件下对整机进行全参数测试，掌握整机老化试验前的数据。

③ 在试验环境条件下开始通电老化试验。

④ 按循环周期进行老化和测试。

⑤ 老化试验结束前再进行一次全参数测试，以作为老化试验的最终数据。

⑥ 停电后，打开设备外壳，检查机内是否正常。

⑦ 按技术要求重新调整和测试。

4.2.3　典型信号发生器电路分析、识读

4.2.3.1　振荡器工作原理

振荡器是一种不需要外加输入信号控制，就能自动地将直流电能转换为所需的交变信号

能量的电路，若产生的交变信号为正弦波，则称为正弦波振荡器。

正弦波振荡器广泛用于各种电子设备中，例如，在无线电发射机中用来产生载波信号，在接收设备中用来产生本振信号，对这类振荡器的主要要求是应有较高的振荡频率和振荡幅度的准确性和稳定性，其中，频率的准确性和稳定度最为重要。正弦波振荡器也可作为高频加热设备和医用电疗仪器中的正弦交变能源，对这类振荡器的主要要求是高效率地产生足够大的正弦交变功率，而对振荡频率的准确性和稳定性的要求一般不作苛求。

正弦波振荡器按工作原理不同可分为两大类：一类是利用反馈原理构成的反馈振荡器，它是目前应用最广的一类振荡器；另一类是负阻振荡器，它是将负阻抗元件直接连接到谐振回路中，利用负阻器件的负阻抗效应去抵消回路中的损耗，从而产生出正弦波振荡，这类振荡器主要工作在微波频段。

正弦波振荡器按照选频网络的不同可分为 LC 振荡器、RC 振荡器和石英晶体振荡器，不同类型振荡器的工作频段如图 4.2.25 所示。

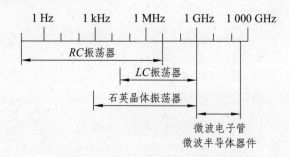

图 4.2.25　不同类型振荡器工作频段

1. 电路组成

反馈型振荡器实质是建立在放大和反馈基础上的振荡器，是由反馈放大器演变而来的，如图 4.2.26 所示。其中，如图 4.2.26（a）所示为单调谐放大器，LC 回路调谐在所需的信号频率上。如图 4.2.26（b）所示为变压器反馈式振荡器，与如图 4.2.26（a）所示相比，只是多了一根反馈线，将输出信号正反馈至输入端，如果电路满足一定条件，不需外加输入信号，也会自动产生输出信号，便成为一个振荡器。

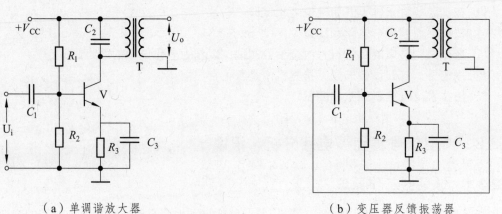

（a）单调谐放大器　　　　　　　　　　　　　　（b）变压器反馈振荡器

图 4.2.26　单调谐放大器与反馈振荡器比较

由此可以看出，一个反馈振荡器应由基本放大器、反馈网路和选频网路组成，其组成框图如图 4.2.27 所示。此外，为了稳定输出信号，有的振荡器还包含了稳幅环节。

基本放大器用于对反馈信号进行放大，选频网路的作用是从放大后的信号中选出特定频率的信号输出，振荡器的输出频率为选频网路的谐振频率，反馈网路的作用是将全部或部分输出信号反馈到基本放大器的输入端。

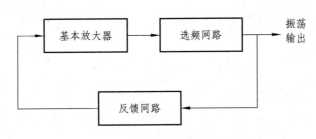

图 4.2.27　反馈型振荡器组成框图

2. 基本原理

反馈振荡器原理框图如图 4.2.28 所示。由图可知，当开关 S 在"1"位置时，信号源输入信号 $\dot{U}_i$ 经放大器放大后输出信号 $\dot{U}_o$，经过反馈网络后在反馈网络的输出端得到反馈信号 $\dot{U}_f$。若 $\dot{U}_f$ 与 $\dot{U}_i$ 不仅大小相等，而且相位也相同，可除去外加信号源，将开关 S 由"1"位置转到"2"位置，即用 $\dot{U}_f$ 取代 $\dot{U}_i$，使放大器和反馈网络构成一个闭合的正反馈回路，此时，电路没有外加输入信号，输出端仍维持一定幅度的电压 $\dot{U}_o$ 输出，即产生了自激振荡。

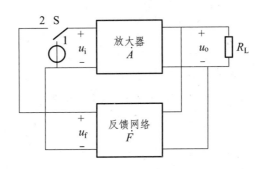

图 4.2.28　反馈振荡器原理框图

3. 振荡条件

1）平衡条件

由反馈振荡器产生振荡的基本原理可知，当反馈电压 $\dot{U}_f$ 等于放大器输入电压 $\dot{U}_i$ 时，振荡器就能维持等幅振荡，有稳定的输出信号，此时的电路状态称为平衡状态，把 $\dot{U}_f = \dot{U}_i$ 称为振荡的平衡条件。

由图 4.2.28 可知

$$\dot{U}_f = \dot{F}\dot{U}_o = \dot{A}\dot{U}_i\dot{F} \tag{4.2.1}$$

式中 $\dot{F}$——反馈网路的反馈系数；

$\dot{A}$——基本放大器的电压放大倍数。

由 $\dot{U}_f = \dot{U}_i$ 可得振荡的平衡条件为

$$\dot{A}\dot{F} = 1 \tag{4.2.2}$$

由于 $\dot{A}\dot{F} = |\dot{A}\dot{F}| \underline{/\varphi_A + \varphi_F}$，其中，$|\dot{A}|$、$\varphi_A$ 为放大倍数 $\dot{A}$ 的模和相角；$|\dot{F}|$、φ_F 为反馈系数 $\dot{F}$ 的模和相角。所以，振荡的平衡条件可分解为振幅平衡条件和相位平衡条件。

（1）相位平衡条件：

$$\varphi_A + \varphi_F = 2n\pi \quad (n = 0,1,2,\cdots) \tag{4.2.3}$$

由式（4.2.3）可知，相位平衡条件实质是要求振荡器在振荡频率处的反馈为正反馈。

（2）振幅平衡条件：

$$|\dot{A}\dot{F}| = 1 \tag{4.2.4}$$

由式（4.2.4）可知，振幅平衡条件实质是要求振荡器在振荡频率处的反馈电压与输入电压的振幅相等。

反馈振荡器要输出一个具有稳定幅值和固定频率的信号，相位平衡条件和振幅平衡条件必须同时满足，利用相位平衡条件可以确定振荡频率，利用振幅平衡条件可以确定振荡器输出信号的幅度。

2）起振条件

为了使振荡器在接通电源后能够产生自激振荡，要求在振荡刚开始（称为起振）时，反馈电压与输入电压同相，且反馈电压幅值大于输入电压的幅值，即

$$|\dot{A}\dot{F}| > 1 \tag{4.2.5}$$

$$\varphi_A + \varphi_F = 2n\pi \quad (n = 0,1,2,\ldots) \tag{4.2.6}$$

式（4.2.5）称为振幅起振条件，式（4.2.6）称为相位起振条件。

反馈振荡器既要满足起振条件，又要满足平衡条件，相位条件是构成振荡电路的关键，即振荡闭合环路必须是正反馈。如果电路不能满足正反馈要求，则肯定不会振荡，至于振幅条件，可以在满足相位条件后，调节电路的有关参数（如放大器的增益和反馈系数）来达到。

为了使振荡器能够产生自激振荡，开始振荡即起振时，放大器工作在线性状态，放大电压倍数较高，满足 $|\dot{A}\dot{F}| > 1$，形成增幅振荡，随着振荡幅度增大，放大器由线性状态进入到非线性状态，放大倍数逐渐减小，直到满足 $|\dot{A}\dot{F}| = 1$，其增幅不在增大，振荡器进入到平衡稳定状态，形成等幅振荡。

4. 自激振荡建立过程

自激振荡器振荡过程如图 4.2.29 所示，通电瞬间由于电压、电流和噪声等变化形成宽频域的电扰动，经过谐振网络谐振选出其频率 f_0 频率分量，滤除其他频率成分，经过线性放大器进行线性增益放大后再经过正反馈网络送入放大器进行信号放大形成增幅振荡。在此过程中放大器始终满足工作在线性放大状态，满足振荡器振荡的起振条件，形成增幅振荡，随着 $\dot{U}_o$ 振幅逐渐增加，其反馈量 $\dot{U}_f$ 也跟随增大，使得其放大器净输入量增大到某一幅值时，放大器进入到非线性状态（饱和区和截止区），$\dot{U}_o$ 和 $\dot{U}_f$ 不在继续增大，放大器净输入量维持不变，振荡器进入等幅振荡，满足振荡器振荡的平衡条件。

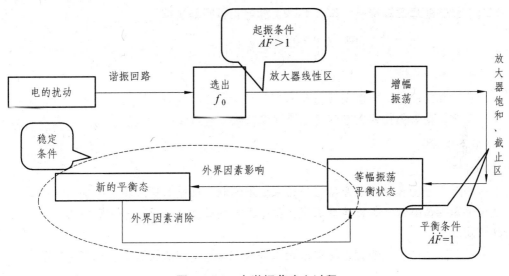

图 4.2.29　自激振荡建立过程

4.2.3.2　典型振荡器电路识图与分析

1. RC 振荡器

采用 RC 选频网络构成的振荡电路称为 RC 振荡电路。由于 RC 元器件在高频段响应时，受分布参数影响较大，导致振荡的可靠性较差，频率输出精度较低，一般情况下，RC 振荡器适用于低频振荡，产生的频率为 1 Hz ~ 1 MHz。

常用的 RC 振荡电路有 RC 桥式振荡电路与 RC 移相式振荡电路 2 类。振荡电路如图 4.2.30 图所示。

如图 4.2.30（a）所示为 RC 桥式振荡电路，图中，RC 串并联选频网络接在运算放大器 μA741 的输出端与同相输入端之间，构成正反馈，R_1、R_F、R_3、V_1 和 V_2 接在运算放大器的输出端与反相输入端之间，构成负反馈。正反馈电路与负反馈电路构成文氏电桥电路，运算放大器的输入端和输出端分别跨接在电桥的对角线上，所以把这种振荡电路称为 RC 桥式振荡电路或文氏电桥振荡电路。

振荡频率为

$$f_0 = \frac{1}{2\pi RC} = \frac{1}{2\pi \times 8.2 \times 10^3 \Omega \times 0.01 \times 10^{-6} \mathrm{F}} = 1.94 \ \mathrm{kHz}$$

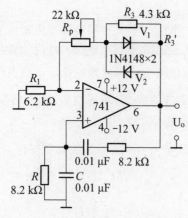

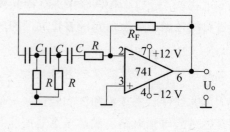

（a）RC 桥式振荡电路

（b）RC 移相式振荡电路

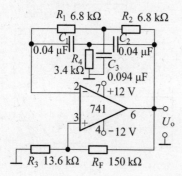

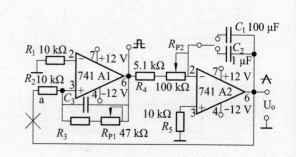

（c）双"T"RC 正弦波振荡电路

（d）方波-三角波振荡电路

图 4.2.30 典型 RC 振荡器

图 4.2.30（a）中二极管 V_1、V_2 用以改善输出电压波形，稳定输出幅度。起振时，由于 U_o 很小，V_1 和 V_2 接近开路，R_3、V_1 和 V_2 并联电路的等效电阻近似等于 R_3，此时

$$\left|\dot{A}_u\right| = 1 + \frac{(R_2 + R_3)}{R_1} > 3$$，电路产生振荡。随着 U_o 的增大，V_1 和 V_2 导通，V_1 和 V_2、R_3 并联电路

的等效电阻减小，$|\dot{A}_u|$ 随之下降，使 $|\dot{A}_u| = 3$，U_o 幅度趋于稳定。R_p 可用来调节输出电压的波形和幅度。

有 RC 移相式振荡电路如图 4.2.30（b）所示。由于集成运算放大器的反相输入端与输出端的相位差为 180°，为满足振荡的相位平衡条件，要求反馈网络对某一频率的信号在移相 180°。如图 4.2.1（b）所示 RC 构成超前相移网络。由于一节 RC 电路的最大移相可以达到 90°，不能满足振荡的相移条件；二节 RC 电路的最大移相可达到 180°，但当相移等于 180°时，输出电压已接近于零，故不能满足起振的幅度条件。所以，这里采用三节 RC 超前相移网络，三节相移网络对不同频率的信号所产生的相移是不同的，但其中总有某一频率的信号，通过此网络产生的相移刚好为 180°，满足相位平衡条件而产生振荡，该频率即为振荡频率 f_0。根据相位平衡条件，可求得相移式振荡电路的振荡频率为

$$f_0 = \frac{1}{2\pi\sqrt{6}RC} \qquad\qquad (4.2.7)$$

RC 移相式振荡电路具有结构简单和经济方便等优点。其缺点是选频性能较差，频率调节不方便，由于输出幅度不够稳定，输出波形较差，一般只用于振荡频率固定以及稳定性要求不高的场合。

如图 4.2.30（c）所示电路为双"T"RC 正弦波振荡器，其双"T"形网络接在负反馈回路中。要求 $R_1 = R_2 = R$，$C_1 = C_2 = C$，$R_4 = R/2$，$C_4 = 2C$，使其对频率 $f_0 = \frac{1}{2\pi RC}$ 的信号呈现的负反馈最弱，因此，在由 R_f 与 R_3 组成的正反馈回路作用下，电路产生振荡频率，振荡频率为

$$f_0 = \frac{1}{2\pi RC} \qquad\qquad (4.2.8)$$

改变 R 或 C 可得到不同的振荡频率。正反馈量要适当，过弱不易起振，过强将使输出波形失真。经验表明，取 $R_f = 10R_3$，$R_3 = 2R$ 时电路容易起振，且输出波形较好。按如图 4.2.30（c）所示参数设置，可得到 500 Hz 正弦波输出。

如图 4.2.30（d）所示电路为方波-三角波振荡电路，图中以集成运算放大器 A_1 为核心的电路构成积分器，以集成运算放大器 A_2 为核心构成的同相输入迟滞电压比较器，其中，C_3 称为加速电容，可加速比较器的翻转。

比较器 A_1 与积分器 A_2 的元件参数计算如下

$$\frac{R_2}{R_3 + RP_1} = \frac{1}{3} \qquad\qquad (4.2.9)$$

取 $R_2 = 10$ kΩ，$R_3 = 20$ kΩ，$R_{P1} = 47$ kΩ。平衡电阻 $R_1 = R_2 // (R_3 + R_{P1}) = 10$ kΩ。输出频率的表达式为

$$R_4 + R_{P2} = \frac{R_3 + R_{P1}}{4R_2C_2f}$$

当 1 Hz ≤ f ≤ 100 Hz 时，取 $C_2 = 1$ μF 以实现频率波段的转换，R_4 及 R_{P2} 的取值不变。取平衡电阻 $R_5 = 10\Omega$。

2. LC 振荡器

LC 振荡器的选频网络是 LC 谐振电路。它们的振荡频率都比较高，常见电路有 3 种，如图 4.2.31 所示。

如图 4.2.31（a）所示是变压器反馈 LC 振荡电路。晶体管 VT 是共发射极放大器。变压器 T 的初级是起选频作用的 LC 谐振电路，变压器 T 的次级向放大器输入提供正反馈信号。接通电源时，LC 回路中出现微弱的瞬变电流，但是只有频率和回路谐振频率 f_0 相同的电流才能在回路两端产生较高的电压，这个电压通过变压器初次级 L_1、L_2 的耦合又送回到晶体管 V 的基极。只要接法没有错误，这个反馈信号电压是和输入信号电压相位相同的，也就是说，它是正反馈。因此电路的振荡迅速加强并最后稳定下来。

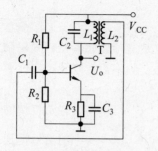
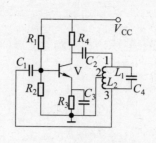
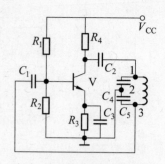

（a）变压器反馈 LC 振荡电路　　　（b）电感三点式振荡电路　　　（c）电容三点式振荡电路

图 4.2.31　LC 振荡器

变压器反馈 LC 振荡电路的特点是：频率范围宽而且容易起振，但频率稳定度不高。它的振荡频率是：$f_0 = \dfrac{1}{2\pi\sqrt{LC}}$。常用于产生几十千赫到几十兆赫的正弦波信号。

如图 4.2.31（b）所示是另一种常用的电感三点式振荡电路。图中电感 L_1、L_2 和电容 C 组成起选频作用的谐振电路。从 L_2 上取出反馈电压加到晶体管 VT 的基极。晶体管的输入电压和反馈电压是同相的，满足相位平衡条件的，因此电路能起振。由于晶体管的 3 个极是分别接在电感的 3 个点上的，因此被称为电感三点式振荡电路。

电感三点式振荡电路的特点是：频率范围宽而且容易起振，但输出含有较多高次谐波，波形较差。它的振荡频率是：$f_0 = \dfrac{1}{2\pi\sqrt{LC}}$，其中 $L = L_1 + L_2 + 2M$。常用于产生几十兆赫以下的正弦波信号。

还有一种常用的振荡电路是电容三点式振荡电路，如图 4.2.31（c）所示。图中电感 L 和电容 C_1、C_2 组成起选频作用的谐振电路，从电容 C_2 上取出反馈电压加到晶体管 VT 的基极。晶体管的输入电压和反馈电压同相，满足相位平衡条件，因此电路能起振。由于电路中晶体管的 3 个极分别接在电容 C_1、C_2 的 3 个点上，因此被称为电容三点式振荡电路。

电容三点式振荡电路的特点是：频率稳定度较高，输出波形好，频率可以高达 100 MHz 以上，但频率调节范围较小，因此适合于作固定频率的振荡器。它的振荡频率是：

$$f_0 = \frac{1}{2\pi\sqrt{LC_\Sigma}}，\quad 其中\ C_\Sigma = \frac{C_1 \cdot C_2}{C_1 + C_2}。$$

上面 3 种振荡电路中的放大器都是用的共发射极电路。共发射极接法的振荡器增益较高，容易起振。也可以把振荡电路中的放大器接成共基极电路形式。共基极接法的振荡器振荡频率比较高，而且频率稳定性好。

如图 4.2.32 所示为 LC 正弦波振荡器与变容二极管构成的调频电路。在该电路中用到了变容二极管 VD，变容二极管（Varactor Diodes）又称"可变电抗二极管"。是一种利用 PN 结电容（变容二极管势垒电容）与其反向偏置电压的依赖关系及原理制成的二极管。

（1）变容二极管工作原理。

变容二极管（Varicose Diodes）为特殊二极管的一种。当外加顺向偏压时，有大量电流产生，PN（正负极）结的耗尽区变窄，电容变大，产生扩散电容效应；当外加反向偏压时，则会产生过渡电容效应。但因加顺向偏压时会有漏电流的产生，所以在应用上均供给反向偏压。

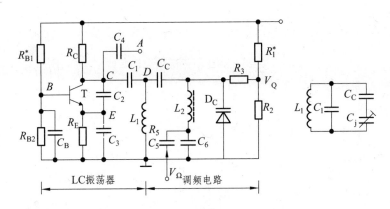

图 4.2.32 调频电路

变容二极管也称为压控变容器，是根据所提供的电压变化而改变结电容的半导体。也就是说，作为可变电容器，可以被应用于 FM 调谐器及 TV 调谐器等谐振电路和 FM 调制电路中。

其实我们可以把变容二极管看成一个 PN 结，我们想，如果在 PN 结上加一个反向电压 V（变容二极管是反向来用的），则 N 型半导体内的电子被引向正极，P 型半导体内的空穴被引向负极，然后形成既没有电子也没有空穴的耗尽层，该耗尽层的宽度我们设为 d，随着反向电压 V 的变化而变化。如此一来，反向电压 V 增大，则耗尽层 d 变宽，二极管的电容量 C 就减少（根据 $C = \varepsilon \dfrac{S}{d}$），而耗尽层宽 d 变窄，二极管的电容量变大。反向电压 V 的改变引起耗尽层的变化，从而改变了压控变容器的结容量 C。达到了变容的目的。

变容二极管的作用变容二极管是利用 PN 结之间电容可变的原理制成的半导体器件，在高频调谐及通信等电路中作可变电容器使用。

变容二极管属于反偏压二极管，改变其 PN 结上的反向偏压，即可改变 PN 结电容量。反向偏压越高，结电容则越少，反向偏压与结电容之间的关系是非线性的。

（2）变容二极管主要参数。

变容二极管有玻璃外壳封装（玻封）、塑料封装（塑封）、金属外壳封装（金封）和无引线表面封装等多种封装形式。通常，中小功率的变容二极管采用玻封、塑封或表面封装，而功率较大的变容二极管多采用金封。常用变容二极管参数如表 4.2.2 所示。

表 4.2.2　常见变容二极管

型号	电容量（工作电压）		电容比率	工作频率
	最小值	最大值		
303B	3～5p（25 V）	18p（3 V）	>6	1 000 MHz
2AC1	2p（25 V）	27p（3 V）	>7	50 MHz
2CC1	3.6p（25 V）	20p（3 V）	4～6	50 MHz
2CB14	3p（25 V）	18～30p（3 V）	5～7	50 MHz

型号	电容量（工作电压）		电容比率	工作频率
	最小值	最大值		
2CC-32	2.5p（25 V）	25p（3 V）	4.5	>800 MHz
ISV-101	12p（10 V）	32p（2.5 V）	2.4	100 MHz
AM-109	30p（9 V）	460p（1 V）	15	AM
BB-112	17p（6 V）	12p（3 V）	1.8	AM
ISV-149	30p（8 V）	540p（1 V）	18	AM
S-153	2.9p（9 V）	16p（2 V）	7	>600 MHz
MV-209	11p（9 V）	33p（1.5 V）	3	UHF
KV-1236	30p（8 V）	540p（1 V）	20	AM
KV-1310	43p（8 V）	93p（2 V）	2.3	>100 MHz
IS149	30p（8 V）	540p（1 V）	18	AM
S208	2.7p（9 V）	17p（4 V）	>4.5	>900 MHz
MV2105	6p（9 V）	22p（4 V）	2.5	UHF
DB300	6.8p（25 V）	18p（3 V）	1.8	50 MHz
BB112	10p（25 V）	180p（3 V）	>16	AM

（3）变容二极管典型应用电路。

如图 4.2.32 所示，晶体管 T 组成电容三点式振荡器的改进型电路即克拉泼电路，它被接成共基组态，C_B 为基极耦合电容，其静态工作点由 R_{B1}、R_{B2}、R_E 及 R_C 所决定，即

$$V_{BQ} = \frac{R_{B2}}{R_{B1} + R_{B2}} \cdot V_{CC} \tag{4.2.10}$$

$$V_{EQ} = V_{BQ} - V_{BEQ} \approx I_{CQ} \cdot R_E \tag{4.2.11}$$

$$I_{CQ} = \frac{V_{CC} - V_{CEQ}}{R_E + R_C} \tag{4.2.12}$$

$$I_{BQ} = \frac{I_{CQ}}{\beta} \tag{4.2.13}$$

小功率振荡器的静态工作电流 I_{CQ} 一般为 1 ~ 4 mA。I_{CQ} 偏大，振荡幅度增加，但波形失真加重，频率稳定性变差。L_1、C_1 与 C_2、C_3 组成并联谐振回路，其中 C_3 两端的电压构成振荡器的反馈电压 $\dot{V}_{BE}$，以满足相位平衡条件 $\sum \phi = 2n\pi$。比值 $C_2/C_3 = F$ 决定反馈电压的大小。

当 $\dot{A}_{vo}\cdot\dot{F}=1$ 时，振荡器满足振幅平衡条件，电路的起振条件为 $\dot{A}_{vo}\cdot\dot{F}>1$。为减小晶体管的极间电容对回路振荡频率的影响，$C_2$ 和 C_3 的取值要大。如果选 $C_1\ll C_2$，$C_1\gg C_3$，则回路的谐振频率 f_0 主要由 C_1 决定，即

$$f_0\approx\frac{1}{2\pi\sqrt{L_1C_1}}$$

如果取 C_1 为几十皮法，则 C_2、C_3 可取几百至几千皮法。反馈系数 F 的取值一般为 $1/8\sim1/2$。

调频电路由变容二极管 D_C 及耦合电容 C_C 组成，R_1 与 R_2 为变容二极管提供静态时的反相直流偏置电压 V_Q，即 $V_Q=\dfrac{R_2}{R_1+R_2}\cdot V_{CC}$。电阻 R_3 称为隔离电阻，常取 $R_3\gg R_2$，$R_3\gg R_1$，以减小调制信号对 V_Q 的影响。C_5 与高频扼流圈 L_2 给 V_Q 提供通路，C_6 起高频滤波作用。

3. 石英晶体振荡器

在 LC 振荡电路中，频率稳定度大约是 $10^{-2}\sim5\times10^{-5}$ 的数量级，并且 Q 值还不是很高，一般在几十到一百的范围内，很少有 200 以上的数量级。这样的性能指标难以满足某些通信设备的要求。

石英晶体振荡器是用石英晶体谐振器作为选频网络构成的振荡器，其频率稳定度随所采用的石英晶体谐振器、电路形式以及稳频措施的不同而不同，一般在 $10^{-4}\sim10^{-11}$ 范围之间。是目前电子设备应用最为广泛的振荡器。

（1）石英谐振器基本特性。

石英谐振器（即石英晶体滤波器）简称晶体，其内部结构如图 4.2.33 所示，主要由支架、晶片、镀银电极（软连接）和屏蔽外壳 4 个部分组成。石英谐振器与陶瓷滤波器一样，也具有压电效应，当交变电压频率等于固有频率时，石英晶片共振，振幅最大，产生的交变电流最大。类似串联谐振。

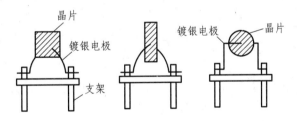

图 4.2.33　石英晶体谐振器内部结构

① 石英谐振器的等效电路。

石英谐振器电路符号如图 4.2.34（a）所示，其等效电路如图 4.2.34（b）和（c）所示，其中，C_0 是晶片工作时的静态电容，它的大小与晶片的几何尺寸和电极的面积有关，一般容量大小为 $1\sim10$ pF；L_q 是晶片振动时的等效动态电感，它的值很大，一般为 $10^{-3}\sim10^2$ H；C_q 是晶片振动时的等效动态电容，它的值很小，一般为 $10^{-4}\sim10^{-1}$ pF；r_q 是晶片振动时的摩擦损耗，它的值较小，一般为几十欧到几百欧。可见，石英晶片的品质因数 Q 值很高，一般可达到 10^5 数量级以上，且石英晶体的物理和化学性能都十分稳定，因此，它的等效谐振回路有

很高的标准性，具有较高的频率稳定度。

石英晶体的振动模式存在着多谐性。也就是说，除了基频振动外，还会产生奇次谐波的泛音振动，泛音振动的频率接近于基频的整数倍，但不是严格整数倍。对于一个石英谐振器，既可以利用其基频振动，也可以利用其泛音振动。前者称为基频晶体，后者称为泛音晶体。泛音晶体大部分应用3次和5次的泛音振动，很少用7次以上的泛音振动。因为泛音次数较高时，振荡器因高次泛音的振幅小而不易起振，抑制低次泛音振动也较困难。

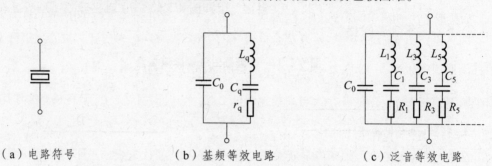

（a）电路符号　　　　　（b）基频等效电路　　　　　（c）泛音等效电路

图 4.2.34　石英晶体谐振器电路符号及其等效电路图

② 石英谐振器的电抗特性。

如图4.2.35所示是石英谐振器的阻抗等效特性曲线，其基本特性与陶瓷滤波器基本相同，只是特性曲线变得更为陡峭。

由图可知，石英晶体的串联谐振频率为

$$f_s = \frac{1}{2\pi\sqrt{L_q C_q}}$$

（4.2.14）

石英晶体的并联谐振频率为

$$f_P = \frac{1}{2\pi\sqrt{L_q \dfrac{C_0 C_q}{C_0 + C_q}}} = f_S \sqrt{1 + \frac{C_q}{C_0}}$$

（4.2.15）

通常 $C_q \ll C_o$ ，所以 f_s 与 f_p 很接近，即石英晶体振荡器串联与并联振荡频率近视相等。

石英谐振器只在 f_s 和 f_p 之间的很窄频率范围内呈感性，且感抗曲线很陡，故当工作于该区域时，具有很强的稳频作用。做振荡器时，一般使晶振工作在此区域。当中心频率大于 f_p 或小于 f_s 时晶振呈现容性，特性曲线变化相对平缓，稳频效果较差，在实际应用中很少工作在电容区。

③ 石英谐振器的使用注意。

石英谐振器的使用注意事项：

a. 要接一定的负载电容 C_L （微调），以达标称频率。高频晶体通常 C_L 为 30 pF 或标为 ∞ 。

b. 要有合适的激励电平。过大会影响频率稳定度而振坏晶片；过小会使噪声影响大，输出减小，甚至停振。

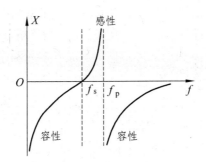

图 4.2.35 石英晶体谐振器阻抗频率特性曲线

（2）石英晶体振荡器。

按石英晶体在振荡器中的应用方式不同，石英晶体振荡器有 2 类：一类是作为高 Q 电感元件与电路中的其他元件并联谐振回路，称为并联型晶体振荡器；另一类是工作在石英晶体的串联谐振频率上，作为高选择性短路元件，称为串联型晶体振荡器。

① 并联型晶体振荡器。

并联型晶体振荡器如图 4.2.36（a）所示，该电路又称皮尔斯晶体振荡器。如图 4.2.36（b）所示为振荡器的交流通路，石英晶体振荡器作为高 Q 电感元件，与外部电容一起构成并联谐振回路，电容 C_1、C_2 和 C_3 串联组成石英晶体的负载电容 C_L，因 $C_L \approx C_3$，故电容 C_3 用来微调振荡器的振荡频率，使振荡器振荡在石英晶体的标称频率上。

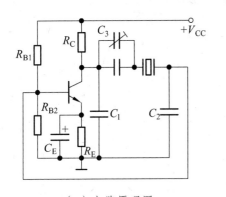

（a）电路原理图

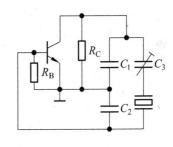

（b）交流等效电路

图 4.2.36 并联型石英晶体振荡器

② 串联型晶体振荡器。

串联型晶体振荡器如图 4.2.37（a）所示，由如图 4.2.37（b）所示的交流通路可知，石英晶体串接接正反馈支路，只有当频率等于石英晶体串联谐振频率时，石英晶体的阻抗最小，它作为一高选择性短路元件，才满足相位条件而产生振荡。由于振荡器的振荡频率取决于石英晶体的串联谐振频率，所以振荡器具有很高的频率稳定。电路中的 L 和 C_1、C_2 组成的并联回路应调谐在石英晶体的串联谐振频率上。

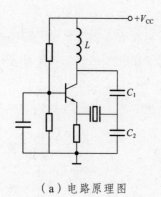 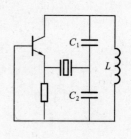

（a）电路原理图　　　　　　　　　　　　　　（b）交流等效电路

图 4.2.37　串联型石英晶体振荡器

4. 压控振荡器

指输出频率与输入控制电压有对应关系的振荡电路（Voltage Controlled Oscillator 缩写 VCO），频率是输入信号电压的函数的振荡器 VCO，振荡器的工作状态或振荡回路的元件参数受输入控制电压的控制，就可构成一个压控振荡器。

其特性用输出角频率 ω_0 与输入控制电压 u_c 之间的关系曲线如图 4.2.38 所示。图中，u_c 为零时的角频率（ω_0，0）称为自由振荡角频率；曲线在（ω_0，0）处的斜率 K_0 称为控制灵敏度。在通信或测量仪器中，输入控制电压是欲传输或欲测量的信号（调制信号）。人们通常把压控振荡器称为调频器，用以产生调频信号。在自动频率控制环路和锁相环环路中，输入控制电压是误差信号电压，压控振荡器是环路中的一个受控部件。

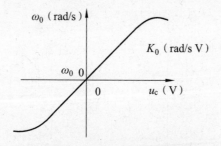

图 4.2.38　压控振荡器的控制特性

压控振荡器的类型有 LC 压控振荡器、RC 压控振荡器和晶体压控振荡器。对压控振荡器的技术要求主要有：频率稳定度好、控制灵敏度高、调频范围宽以及频偏与控制电压成线性关系并宜于集成等。晶体压控振荡器的频率稳定度高，但调频范围窄，RC 压控振荡器的频率稳定度低而调频范围宽，LC 压控振荡器居二者之间。

为提高振荡精度，在实际应用中常常以压控振荡器和鉴相器等电路为核心构成频率合成器。

频率合成器是利用一个或多个标准信号，通过各种技术途径产生大量离散频率信号的设备。直接数字式频率合成（DDS）技术是直接频率合成和间接频率合成之后，随着数字集成电路和微电子技术的发展而迅速发展起来第三代频率合成技术。它以数字信号处理理论为基础，从信号的幅度相位关系出发进行频率合成，具有极高的频率分辨率、极短的频率转换时间、很宽的相对带宽、频率转换时信号相位连续、任意波形的输出能力及数字调制功能等诸多优点，正广泛地应用于仪器仪表、遥控遥测通信、雷达、电子对抗、导航以及广播电视等各个领域。尤其是在短波跳频通信中，信号在较宽的频带上不断变化，并且要求在很小的频率间隔内快速地切换频率和相位，因此采用 DDS 技术的本振信号源是较为理想的选择。这种方法简单可靠且控制方便，且具有很高的频率分辨率和转换速度，非常适合快速跳频通信的要求。

频率合成技术：将一个高稳定度和高精度的标准频率信号经过加、减、乘、除等四则算术运算以及倍频、分频和混频等手段，产生有相同稳定度的大量离散频率。

频率合成器种类：直接频率合成器、锁相环频率合成器（PLL）、直接数字频率合成器（DDS）以及 PLL + DDS 混合结构 4 种。

（1）直接频率合成器。

基准信号通过脉冲形成电路产生谐波丰富的窄脉冲，经过混频、分频、倍频以及滤波等进行频率的变换和组合，产生大量离散频率，最后取出所需频率。

优点：频率转换时间短，并能产生任意小数值的频率步进。缺点：采用大量倍频和分频电路，造成合成器庞大体积和重量，而且输出谐波、噪声和寄生频率难以抑制。

（2）锁相环频率合成器（PLL）。

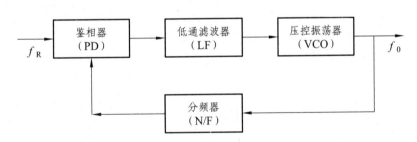

图 4.2.39　锁相环频率合成器

锁相环频率合成器（PLL）如图 4.2.39 所示。把压控振荡器的输出信号与基准信号的谐波在鉴相器进行相位比较，当两者接近时，环路就自动把振荡频率锁到这个谐波频率上。

优点：结构简单，指标可以做的较高；缺点：提供的频道数有限。

（3）数字式频率合成器。

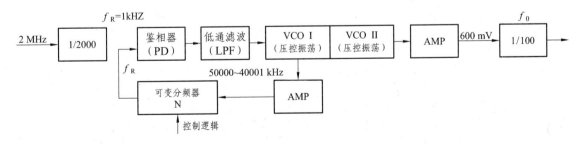

图 4.2.40　压控振荡器的控制特性

数字式频率合成器如图 4.2.40 所示。数字式频率合成器是锁相环频率合成器的一种改进形式。压控振荡器输出信号进行 N 次分频后再与基准信号进行相位比较，当环路锁定时，压控振荡器的输出频率与基准频率的关系 $f = N/R$。其输出频率为参考频率的整数倍。

优点：锁相环相当于一个窄带跟踪滤波器，具有良好的窄带跟踪滤波器特性和抑制输入信号的寄生干扰能力。有利于小型化，集成化。被广泛应用。

某彩色电视接收机 VHF 调谐器中第 6～12 频段的本振电路如图 4.2.41 所示。电路中，控制电压 V_g 为 0.5～30 V，改变这个电压，就使变容管的结电容发生变化，从而获得频率的变化。由图可见，这是一典型的西勒振荡电路，振荡管呈共集电极组态，振荡频率约为 170～220 MHz，这种通过改变直流电压来实现频率调节的方法，通常称为电调谐，与机械调谐相比它有很大的优越性。

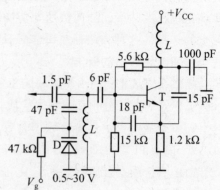

图 4.2.41　彩色电视接收机 VHF 调谐器

某手机压控振荡器电路如图 4.2.42 所示。

一本振信号经 VT_{255} 电压放大以及 C_{267} 耦合至中频模块 U_{913} 的 A_3 脚，在 U_{913} 内部分频并与 13 MHz 信号鉴相后，由 U_{913} 的 A_1 脚输出 0～2.5 V 的鉴相电压。鉴相电压经环路滤波器滤波后改变 VD_{250} 的电容量实现本振频率的微调，以保证本振信号的频率准确无误。本振信号经 VT_{255} 电压放大以及 VT_{252} 电流放大后，送至 VT_{254} 的 2、4 脚。

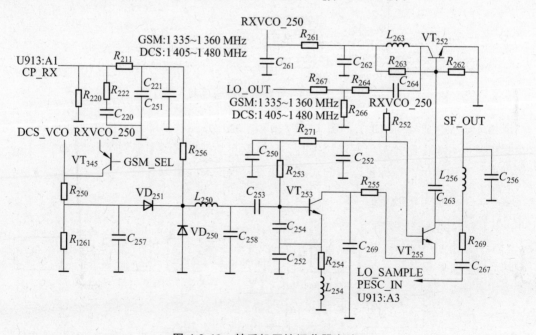

图 4.2.42　某手机压控振荡器电路

本振电路的直流供电电压分别由接收供电和本振供电电压提供。1 800 MHz 压控信号用于改变手机本振电路的工作频段。

SPI_DAT 用于改变 U_{913} 内输出频率的可变分频器的分频次数，由于 13 MHz 基准频率不变，U_{913} 的 A_1 脚输出电压将产生变化。改变频率时，由 CPU 的时钟信号 SPI_CLK 控制 CPU 与 U_{913} 的同步。CPU 片选信号 SPI_CE 用于选择 U_{913} 是否改变分频次数。

4.3　情境决策与实施

4.3.1　参考电压控制 *LC* 振荡器方案论证与选取

4.3.1.1　电感三点式框图（见图 4.3.1）

利用变容二极管容量变化与其两端反偏电压成反比关系的特点，构成 *LC* 电感三点式振荡器，改变变容二极管端电压，达到改变振荡电容的大小，由于 *LC* 三点式振荡器振荡频率 $f_0 = \dfrac{1}{2\pi\sqrt{LC}}$，振荡器谐振回路电容 *C* 的容量发生变化，其振荡频率发生改变，实现压控振荡。

单片机控制输出数字信号，经 D/A 转换输出模拟电压，控制压控振荡器振荡频率。为提高振荡器输出精度，引入反馈网路，首先对输出频率进行取样，经整流滤波形成直流电压后，经过 A/D 转换后在单片机内部进行比较，形成 AFC 自动频率控制。

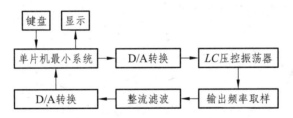

图 4.3.1　串联型石英晶体振荡器

主振器采用电感三点式振荡器，该方案的主振器是一个比较实用的电路，结构简单，控制容易实现。但经分析，此方案有以下不足：

（1）可调范围不明显，原因是晶体振荡器的固定频率所造成；

（2）买到的变容二极管变容比只有 6，达不到设计要求

（3）主振器的选频网络由 *L*、*C* 并联而成，而对于手动调节 *C* 或 *L* 有一定宽度的变化，但幅度变化不明显。频率步进由 DAC 控制，步进不稳定。而且电感三点式产生的波形不理想，谐波分量幅度很大。而且稳定度达不到要求。

4.3.1.2　电容三点式框图（见图 4.3.2）

本方案的主振器采用电容三点式，频率调节和步进采用锁相环来实现，电容三点式主振器改善了输出波形和减小了谐波分量。锁相环使频率跟随加快，频率稳定度提高，步进容易实现。但是电容三点式主振器在调频时不方便，而且可调范围不大。

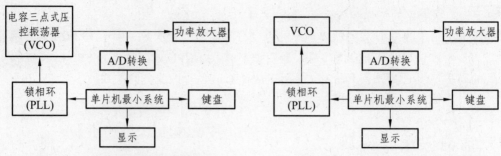

图 4.3.2 串联型石英晶体振荡器　　　图 4.3.3 串联型石英晶体振荡器

4.3.1.3 电容三点式框图（见图 4.3.3）

方案三采用了锁相环控制步进和频率稳定度。锁相环使频率跟随加快，频率稳定度提高，步进容易实现。而且能实现粗调和细调功能。主振器采用前级振荡，后级利用谐振缓冲。此主振器产生波形良好，调节范围很大，能达到题目要求。

VCO 为本系统的主振器，产生高频信号，输出信号经 A/D 转换，通过单片机处理后送到显示模块进行显示，信号同时送功放模块对信号进行功率放大以驱动更大的后级负载。通过单片机控制 PLL 实现频率步进和提高系统的频率稳定度。

经综合比较，选用方案三。

4.3.2 参考单元电路设计与计算

4.3.2.1 VCO 的设计

免调节 VCO 从概念上讲非常简单。只要振荡器具有足够宽裕的调谐范围来消除所有的误差源，比如元件容差所引起的频率偏移，振荡频率的调整就可以省去。初看起来，这项任务非常简单明了，只需提供足够的调谐范围来覆盖所有的误差源即可。然而，对于一个给定的调谐电压范围，有限的可变电容量限制了频率调谐范围，而且 VCO 的电性能要求往往进一步将调谐范围限制在更窄的区间内。另外，过大的调谐范围还会给振荡器带来一些负面影响。很宽的调谐范围要求压变电容至槽路间有很重的容性耦合，这会给滤波器设计带来很大的困难。

分立元件 VCO 能够提供足够的自由度来满足大多数系统的性能要求，如图 4.3.4（a）所示 Colpitts（科皮兹系）共集电极电路。该结构可用于很宽的工作频率范围，从中频直到射频。

一个灵活、廉价且有足够高性能的 VCO 可基于一个由廉价的表贴电感和变容二极管组成的电感-电容（*LC*）谐振槽路组成。

振荡器槽路是一个并联谐振电路。电感和压变电容能够以并联或串联模式的网络形式实现可变谐振。并联模式网络如图 4.3.4（b）所示可用于较低频率，因为大值压变电容难以实现而电感可以做得比较大。并联模式配置还便于对振荡器做直观地分析。

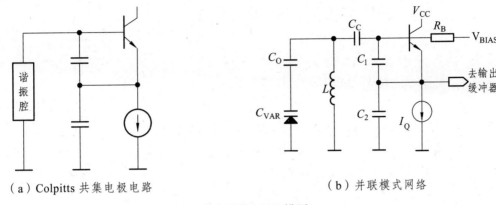

（a）Colpitts 共集电极电路　　　　　（b）并联模式网络

图 4.3.4　分立元件 VCO 模型

对于科皮兹振荡器可以采用一种简化而精确性稍差的方法来加以分析，并得到一组更清晰且更直观的设计方程，有助于一阶振荡器的设计。首先，科皮兹振荡器可重画为一个带有正反馈的 LC 放大器，如图 4.3.5（a）所示，这个视点易于计算环路增益、振荡幅度和相位噪声。为了描述启动过程的振荡频率，最初的电路也可重画为一个负阻加谐振器结构，如图 4.3.5（b）所示。从上述两个视点得到的一系列方程联合起来构成一组科皮兹振荡器的设计方程。

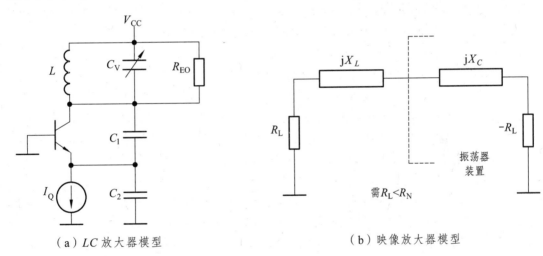

（a）LC 放大器模型　　　　　　　　（b）映像放大器模型

图 4.3.5　科皮兹振荡器原理图

不考虑分布参数，并假定 $C_C \gg C_1$ 和 C_2，并有 $C_1 > C_\pi$（C_π 为三极管基-射结电容）。振荡频率可按下式计算：

$$f_0 = \frac{1}{2\pi\sqrt{L \cdot C_T}} \quad , \quad C_T = C_V + C_{12} \tag{4.3.1}$$

其中，$C_V = \dfrac{C_{VAR} \cdot C_0}{C_{VAR} + C_0}$，$C_{12} = \dfrac{C_1 \cdot C_2}{C_1 + C_2}$。

谐振电路的品质因数（Q_T）可按下式计算：

$$Q_V \approx \frac{1}{2\pi \cdot C_V \cdot R_S \cdot F_0} , \quad R_{QC} = Q_V^2 \cdot R_S \qquad (4.3.2)$$

其中，$Q_T \approx \dfrac{R_{EQ}}{2\pi \cdot L \cdot F_0}$，$R_{EQ} = R_{QL} /\!/ R_{QC}$。

振荡幅度可按下式估算：

$$V_0 = 2 \cdot I_Q \cdot R_{EQ} \cdot \left(\frac{J_1(\beta)}{J_0(\beta)} \right), \quad V_0 = I_Q \cdot R_{EQ} \cdot 1.4 \qquad (4.3.3)$$

环路增益和起振条件按下式计算：

$$\text{环路增益} = g_m \cdot R_{EQ} \cdot \frac{1}{n}, \quad \text{当} \, n = \frac{C_1 + C_2}{C_2} \qquad (4.3.4)$$

起振条件：

$$\frac{g_m}{(2\pi \cdot C_1 \cdot f_0)(2\pi \cdot C_2 \cdot f_0)} \gg \frac{R_{EQ}}{Q_T^2} \qquad (4.3.5)$$

上述公式中：C_0 为压变电容耦合电容；C_T 为总谐振电容；C_{VAR} 为压变电容；f_m 为以 Hz 为单位的相位噪声频偏；f_0 为振荡频率；g_m 为双极晶体管跨导；in 为集电结散粒噪声；I_Q 为振荡晶体管偏流；Q_L 为电感 Q；Q_T 等于谐振电路 Q；Q_V 等效压变电容 Q；R_{EQ} 为谐振电路等效并联电阻；R_S 为压变电容串联电阻；V_0 为谐振电压均方根值。

要获得更宽的调谐范围，变容二极管必须通过一个更大的电容耦合到谐振电路。这会降低 C_V（等效可变电容）的 Q 值，如方程 4.3.2 所示。C_V 的 Q 值降低同时使谐振电路净 Q 值也降低，因而导致相位噪声增加。致使相位噪声增加的第二个因素是调谐输入端的热噪声，它会产生频率调制的边带噪声。该项噪声随着调谐范围而增加，并有可能超过振荡器的固有相位噪声。由热噪声引起的相位噪声可由下式计算：

显然，两种情况的相位噪声都随着调谐范围的增加而增大。因此要使免调节 VCO 保持较低的相位噪声，至关重要的是设定一个恰当的调谐范围，保证带宽要求并能容纳各种可预见的误差源。如上所述并根据题目要求设计 VCO 主振荡器电路如图 4.3.6 所示。

V_3 为压控振荡器振荡管，为达到良好的频率响应，电路基本组态结构采用共基组态形式。C_1 为基极耦合电容。直流通路时视为开路，隔离鉴相器输出直流误差电压，减小对振荡管 V_3 的静态影响；交流通路时视为短路，将变容二极管 CD 并入振荡回路。V_3 的静态工作点由 R_2、R_3 和 R_4 所决定。V_1、V_2 为驱动控制继电器所用，即改变参数控制所用。C_2 和 C_3 为反馈电容。

回路的谐振频率由 CD、C_1、C_{11}、C_{10}、L_2 和 L_3 决定。鉴相器 PD 控制变容二极管 CD 的电压从而改变振荡器振荡频率 f，当鉴相器 PD 输出直流电压为 0 ~ 12 V 变化时，振荡频率 f 可在 10 ~ 40 MHz 之间变化。该振荡电路起振频率极宽。经论证当采用高频管时，改变谐振环路，振荡频率可达几 GHz，在本电路中只要是 $f_T > 200$ MHz，电压放大倍数大于 80 的低压管都可使用。用 3DG130C、2N3904、3DG6 或 9018 等代换都可。该振荡级电源采用稳压块供电，确保主频和调制的稳定性。V_1 和 V_2 的集电极电流大约在 6 mA。

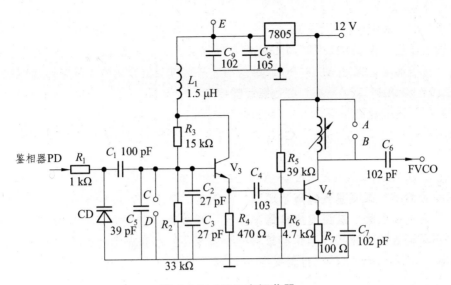

图 4.3.6　VCO 主振荡器

V_4 为缓冲级。R_5 和 R_6 为 V_4 的偏置电阻，C_7 为高频通路电容，它能增加 V_4 的高频增益。谐振回路的电感参数我们也设计成可变的，以在不同的频段产生不同的谐振点。本方案设计了两个频段分别为 10 ~ 24 MHz 谐振点 17 MHz。24 ~ 40 MHz，谐振点为 32 MHz。如图 4.3.6 所示 A、B 和 C、D 分别为电容和电感可变参数连接点。

V_4 的静态工作点的确定

$$U_{BQ} = U_{BQ} - U_{BE} \tag{4.3.6}$$

$$I_{BQ} = \frac{I_{CQ}}{\beta} \tag{4.3.7}$$

$$I_{CQ} = \frac{U_{CC} - U_{CEQ}}{R_6} \tag{4.3.8}$$

$$U_{BQ} = \frac{R_5}{R_4 + R_5} U_{CC} \tag{4.3.9}$$

小功率振荡器的静态工作电流 I_{CQ} 一般为 1 ~ 4 mA。I_{CQ} 偏大，能使振荡幅度增加，但波形失真加重，频率稳定性变差。我们选取 $I_{CQ} = 2\ \text{mA}$，选取偏置电阻 $R_4 = 15\ \text{k}\Omega$、$R_5 = 33\ \text{k}\Omega$、$R_6 = 470\ \Omega$，所以可得静态工作点为：

$$U_{BQ} = 3.4\ \text{V}\ 、\ U_{EQ} = 0.47\ \text{V}\ 、\ I_{CQ} = 2\ \text{mA}$$

下面介绍变容二极管参数及选取。

变容二极管是本设计的核心元件，我们正是利用二极管的压容特型来实现压频调节的。二极管的特性参数如下所示：

变容二极管的特性曲线如图 4.3.7 所示。变容二极管的性能参数及 Q 点处的频率可以通过特性曲线估测。

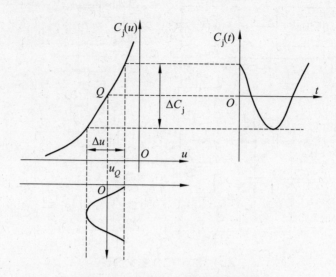

图 4.3.7 变容二极管的特性曲线

其结电容与外加电压关系为：

$$C_j = \frac{C_{j0}}{1 - \dfrac{u}{u_{d_1}}}$$

（4.3.10）

式中　C_j——变容二极管的结电容；

　　　C_{j0}——变容二极管零偏压时的结电容；

　　　U_D——变容二极管 PN 结内建电位差（硅管 $U_D = 0.7\text{ V}$，锗管 $U_D = 0.3\text{ V}$）；

　　　γ——电容变化指数，由变容二极管型号决定；

　　　u——变容二极管两面端电压

$$u = u_Q + u_Q = u_\omega + u_{\Omega m}\cos\omega t$$

变容二极管是主振器的核心元件，通过计算。我们选取了 1SV55 型号的变容二极管。

4.3.2.2　锁相环 PLL 的设计

频率稳定度是指在一定时间间隔内，频率源的频率准确度的变化，所以实际上是频率不稳定度，他表征频率源维持其工作于恒定频率上的工作能力。各种频率源的频率值由于受内外因素的影响，总是在不断地变化着。设计了 PLL 以提高电路性能。

电路设计中加入锁相环系统，提高频率的稳定度。锁相环系统 PLL 与系统结构框图如图 4.3.8 所示。

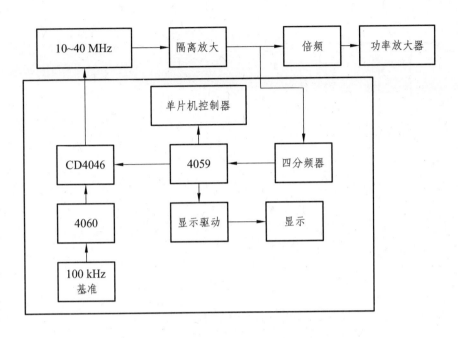

图 4.3.8 PLL 与系统结构框图

如图 4.3.8 所示，框内为锁相环路及控制回路。它与主振荡器的接口有 2 个。一是压控振荡器输出并隔离的 FVCO，该信号的频率就是压控振荡器（VCO）的频率，另一信号是鉴相器 PD 误差纠正电压。FVCO 信号经过 74HCT74 四分频后，再经过 CD4059N 分频，输出 10 kHz 的信号作为鉴相器 CD4046 的一路输入信号。CD4046 对压控振荡输出并分频信号与基准输入信号进行相位比较，当两者频率不相同时，CD4046 会输出一个误差电压，调整压控振荡器 VCO 的振荡频率，直到它的两路输入信号频率相等时，鉴相器 PD 呈高阻态。此时环路称为锁定状态，锁相环路实际上是频率反馈电路。（ $\frac{f}{4N} = \frac{f_t}{10}$ ， $f = \frac{N \cdot f_t}{2.5}$ ，基准频率 f_t 为给 4046 提供基准比较频率）。输出频率经倍频 $f_0 = \frac{2 \cdot N \cdot f_t}{2.5}$ 后给功率放大器。由此可见，输出频率的稳定度与基准频率 f_t 相当，当基准频率 f_t 为 100 kHz 时，由于 N 为自然数，所以输出的步进频率为 0.1 MHz，当 N 的范围在 250 到 1000 变化时，则输出频率可在 10 MHz 到 40 MHz 之间变化。在 10～24 MHz 之间谐振点为 17 MHz，在 24～40 MHz 之间谐振点为 32 MHz。四块 4511 为 7 段数码管的 BCD 译码驱动器，当环路锁定时数码管所显示的数字即为压控振荡器的输出频率，他最后和单片机的采集频率进行比较来得出输出频率是否稳定很准确。

此模块主要是控制 CD4059 的分频系数 N。通过锁相环 CD4046 处理输出电压来达到控制输出频率 FVCO 目的。此模块实现方便，电路简洁。本部分还可实现输出频率步进的粗调上升、粗调下降和细调上升、细调下降的步进方式，为频率值的准确调节带来方便。

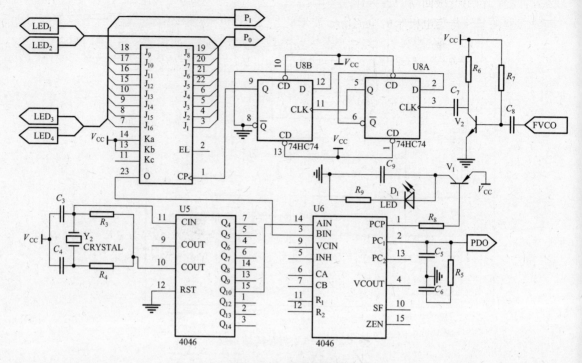

图 4.3.9 锁相环电路

如图 4.3.9 所示电路为锁相环电路与频率设置和显示电路。FVCO 经 V_2 放大整形后经 C_7 进入分频器 74HC74，触发器 74HC74 的工作频率较高。标称最高可工作在 60 MHz，把它接成分频器的模式也很简单，在本电路中工作在 40 MHz 已绰绰有余。CD4060 时钟发生器和 CD4046 鉴相器、CD4059N 分频器构成整个锁相环路系统，CD4059 为 N 分频器，它有多种工作模式可供选择。在电路中它工作在模式 10，BCD 计数的模式。下面举个例子：要在锁定时发射频率是 15 MHz。根据上面所讲，CD4059 的分频器系数 N 应该为 375。在·1000 位置 0，即 D_4、C_4、B_4 以及 A_4 都断开；在·100 位，C_3 和 D_3 断开，B_3、A_3 接+5 V；在·10 位，D_2 断开，C_2、B_2 和 A_2 接+5 V；在·1 位，D_1 和 B_1 断开，C_1 和 A_1 接+5 V。此频率设置过程均由单片机控制，当环路锁定时 LED 点亮指示，锁定时间不超过 2 s。

4.3.2.3 高频功率放大器的设计

我们利用选频网络作为负载回路的功率放大器。此种放大器电流导通角愈小，放大的效率愈高。甲类功率放大器适合作为中间级或输出功率较小的末级功率放大器。丙类功率放大器通常作为末级功放以获得较大的输出功率和较高的效率。本设计把这两种放大器相结合，以提高本设计的性能和精度。

4.3.2.4 丙类功率放大器

丙类功率放大器的基极偏置电压是利用发射极电流的直流分量在射极电阻上产生的压降来提供的，故称为自给偏压电路。当放大器的输入信号为正弦波时，集电极的输出电流为余弦脉冲波。利用谐振回路的选频作用可输出基波谐振电压及电流。如图 4.3.10 所示为丙类功率放大器的基极与集电极间的电流电压波形关系。分析可得下列基本关系式子：

$$U_{clm} = I_{clm} \cdot R_0 \qquad (4.3.11)$$

式中　U_{clm}——集电极输出的谐振电压即基波电压振幅；

　　　I_{clm}——集电极基波电流的振幅；

　　　R_0——集电极谐振回路的电阻。

$$P_C = \frac{1}{2}U_{clm} \cdot I_{clm} = \frac{1}{2}I_{clm}^2 \cdot R_0 = \frac{1}{2} \cdot \frac{U_{clm}^2}{R_0} \qquad (4.3.12)$$

式中　P_C——集电极输出功率。

$$P_D = U_{CC} \cdot I_{CO} \qquad (4.3.13)$$

式中　P_D——U_{CC} 供给的直流功率；

　　　I_{CO}——集电极电流脉冲 I_C 的直流分量。

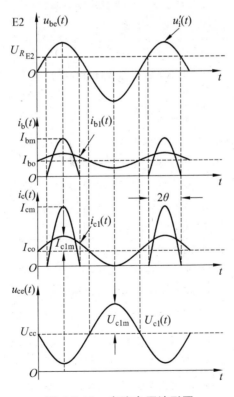

图 4.3.10　电流电压波形图

4.3.2.5　甲类功率放大器

　　甲类功率放大器的输出负载由丙类功放的输入阻抗决定，两级间通过变压器进行耦合，因此甲类功放的交流输出功率 P_O 可表示为：

$$P_O = \frac{P'_H}{\eta_B} \qquad\qquad (4.3.14)$$

式中　P'_H——输出负载上的实际功率；

　　　η_B——变压器的传输效率。

4.3.2.6　其他电路

1. 功率增益

与电压放大器不同的是，功率放大器应有一定的功率增益，电路如图 4.3.11 所示，甲类功率放大器不仅要为下一级丙类功放提供一定的激励功率，而且还要将前级输入的信号，进行功率放大，功率增益 A_P 的表达式为：

$$A_P = \frac{P_O}{P_I} \qquad\qquad (4.3.15)$$

式中　P_I——放大器的输入功率。

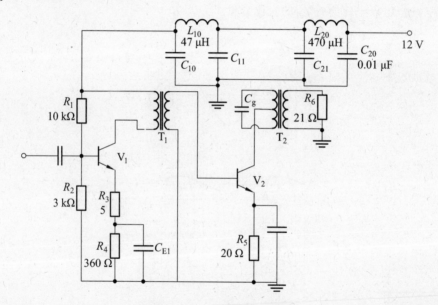

图 4.3.11　高频功率放大

2. 负载特性

因为当功率放大器的电源电压、基极偏置电压和输入电压（或称激励电压）确定后，如果电流导通角选定，则放大器的工作状态只取决于集电极回路的等效负载电阻。谐振功率放大器的交流负载特性如图 4.3.12 所示。

由图 4.3.12 可见，当交流负载线正好穿过静态特性曲线的转折点时，管子的集电极电压正好等于管子的饱和压降，集电极电流脉冲接近最大值，此时集电极输出的功率和效率都比较高，此时放大器处于临界工作状态。所对应的值称为最佳负载电阻

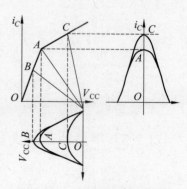

图 4.3.12　谐振功放负载特性

266

值，用 R_O 表示：

$$R_O = \frac{(U_{cc} - U_{ces})^2}{2P_o}$$

（4.3.16）

当放大器处于欠压工作状态，如 C 点所示集电极输出电流虽然比较大，但集电极电压比较小，因此输出功率和效率都比较小。此时，放大器处于过压工作状态。集电极电压虽然比较大，但集电极电流波形凹陷，因此输出功率比较低，但效率比较高。为了兼顾输出功率和效率的要求，谐振功率放大器通常选择在临界工作状态。

3. 功放参数计算

本设计选择晶体管 3DG12 和 3DA1。3DG12 的主要参数为 $P_{CM} = 700 \text{ mW}$，$I_{CM} = 300 \text{ mA}$，$U_{CES} \leqslant 0.6 \text{ V}$，$h_{FE} \geqslant 30$，$f_T \geqslant 150 \text{ MHz}$，$A_P \geqslant 6 \text{ dB}$。晶体管 3DA1 的主要参数为 $P_{CM} = 1\text{W}$，$I_{CM} = 750 \text{ mA}$，$U_{CES} \geqslant 1.5 \text{ V}$，$h_{FE} \geqslant 10$，$f_T = 70 \text{ MHz}$，$A_P \geqslant 13 \text{ dB}$。

（1）丙类放大器工作状态。

为获得较高的效率 η 及最大输出功率 P_O，放大器的工作状态选为临界状态，取 $\theta = 70°$，由下式得谐振回路的最佳负载电阻 R_O 为 1.8 kΩ。

$$R_O = \frac{(U_{cc} - U_{ces})^2}{2P_O}$$

可得集电极基波电流振幅 I_{c1m} 为

$$I_{c1m} = 5.8 \text{ mA}$$

$$I_{CO} = \frac{I_{c1m}}{\alpha_0(70°)} = 3.5 \text{ mA}$$

得集电极电流脉冲的最大值 I_{CM} 及其直流分量 I_{CO}，即
电源供给的直流功率

$$P_D = U_{CC} \cdot I_{CO} = 42 \text{ mW}$$

集电极的耗散功率

$$P_C' = P_D - P_O = 12 \text{ mW}$$

放大器的转换效率

$$\eta = \frac{P_O}{P_D} = 71\%$$

计算谐振回路及偶合回路的参数：

丙类功放的输入输出偶合回路均为高频变压器偶合方式，其输入阻抗 $|Z_i|$ 为

$$|Z_i| = 86 \text{ Ω}$$

由式 $\dfrac{N_3}{N_1} = \sqrt{\dfrac{R_L}{P_O}}$ 得输出变压器线圈匝数比为 0.67。

取 $N_3 = 2$，$N_1 = 3$，集电极并联谐振回路的电容 $C = 100 \text{ pF}$，由式 $L = \dfrac{2.53 \cdot 10\,000}{f_0^2 \cdot C}$，得回路电感为 10 μH。

注：变压器的匝数 N_1、N_2 和 N_3 的计算只能作为参考值，因为高频电路在工作时受分布参数影响，与设计值有一定的差异。为了调整方便，采用磁芯位置可调节的变压器。

（2）甲类功率放大器性能参数。

由丙类功率放大器的计算结果可得甲类功放的输出功率 P'_H 应等于丙类功放的输入功率 P_i，输出负载 R'_H 应等于丙类功放的输入阻抗 $|Z_i|$。

设计变压器效率 η 为 0.8。

集电极输出功率

$$P_C = \frac{P'_H}{\eta} = 31\,\text{mW}$$

取放大器的静态工作电流 $I_{CQ} = I_{CM} = 7\,\text{mA}$，由下式计算出最侍谐振电阻 R_H 为 1.3 k。

$$P_C = \frac{1}{2}U_{clm} \cdot I_{clm} = \frac{1}{2}I_{clm}^2 R_O = \frac{1}{2}\frac{U_{clm}^2}{R_O}$$

由式 $U_{CM} = U_{CC} - I_{CQ} \cdot R_{E1} - U_{CES}$，得 $R_{E1} = 357$。

本级功放采用 3DG12 晶体管。

4.3.3 单片机软件系统的设计

本设计软件分为电压测量显示、频率测量显示和步进控制 3 部分。

频率的测量主要是以计数的方法来实现。VCO 输出经分频后送单片机 T1 计数器进行计数。为了减小计数误差，在软件处理方面采取了最优化的误差处理，使频率测量达到了很高的精度。本部分软件设计外接硬件少，外部干扰很少，符合本系统的整体要求。

软件流程图如图 4.3.13 所示：

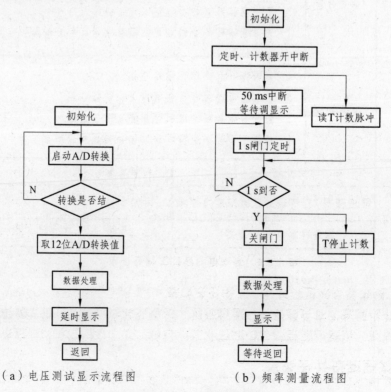

（a）电压测试显示流程图　　　（b）频率测量流程图

图 4.3.13　软件流程图

4.3.4 情境实施

4.3.4.1 系统框架设计任务单

工作任务描述：根据电压控制 *LC* 振荡器设计目标、技术指标要求和给定条件，分析设计目标。分组并协同查阅有关的资料，通过研讨、比较及其技术指标分析，选择最佳方案完成电压控制 *LC* 振荡器系统框架设计。工作任务如表 4.3.1 所示。

表 4.3.1　系统框架设计工作任务单

学习情景	信号源类电子产品设计		情境载体	电压控制 *LC* 振荡器设计
工作任务	电压控制 *LC* 振荡器方案论证与选取		参考学时	90 分钟
班　　级		小组编号		成员名单
任务目标	支撑知识	1. 典型三点式振荡器电路，压控振荡电路基本方法； 2. 频率跟踪和频率锁定控制基本工作原理； 3. 典型丙类功率放大器电路工作原理分析； 4. 各类振荡电路性能指标分析。		
	专业技能	1. 能读懂课题任务需求，根据技术参数会分解其技术指标； 2. 会合理的运用各类资源完成系统方案设计； 3. 会分析典型压控振荡电路，根据其工作特性选择合适的电路系统； 4. 电路系统成本估算。		
工作任务	1. 阅读参考电压控制 *LC* 振荡器方案论证与选取，分析其基本设计方法； 2. 分析课题任务技术指标，理解任务意图与涉及的知识体系，写出任务设计的重点与难点； 3. 查阅 5 篇以上的关于压控振荡器设计的网络或纸质文档，写出其设计要点； 4. 根据查阅资源，结合小组特点与实践教学条件选择并完成方案论证与方案设计； 5. 根据设计任务书完成电压控制 *LC* 振荡器框架，并分解单元技术指标； 6. 写出电压控制 *LC* 振荡器实施计划书。			
提交成果	1. 系统设计基本思路与实现方法； 2. 电压控制 *LC* 振荡器方案设计； 3. 电压控制 *LC* 振荡器实施计划书； 4. 其他相关技术文档。			
完成时间及签名				

4.3.4.2　单元电路选取与参数工程计算

工作任务描述：根据电压控制 *LC* 振荡器系统设计方案及其分解单元模块技术指标，按实施计划书分配方案、协同查阅相关的资源，查找电压控制 *LC* 振荡器典型应用电路，分析并选取最优电路，通过计算、调整单元电路参数，完成电压控制 *LC* 振荡器单元电路设计。工作任务如表 4.3.2 所示。

表 4.3.2　单元电路选取与参数计算工作任务单

学习情景	信号源类电子产品设计		情境载体	电压控制 *LC* 振荡器设计
工作任务	单元电路选取与参数工程计算		参考学时	180 分钟
班　　级		小组编号	成员名单	
任务目标	支撑知识	1. 基本 *LC* 三点式振荡电路原理分析与参数计算； 2. 引入变容二极管等可控振荡电路原理分析与参数计算； 3. PLL 锁相环控制电路原理分析与参数计算； 4. 高精度参考振荡器电路原理分析与参数计算； 5. 基于单片机或 PLD 最小控制系统及接口电路参数设置； 6. 元器件厂家 PDF 文件阅读及器件参数指标分析和选型； 7. 电压控制 *LC* 振荡器元器件参数工程计算及取值舍入。		
	专业技能	1. 能对典型振荡电路的工作原理、性能指标以及特征特点分析； 2. 会合理的选用参考电路； 3. 会根据设计指标要求修改参考电路及其元器件参数； 4. 控制系统程序设计及优化； 5. 会阅读厂家器件 PDF 文档，比较性能特点，合理的对器件进行选型； 6. 会在设计中插入可调元件，简化电路元件参数计算。		
工作任务	1. 阅读典型信号发生器电路分析、识读和参考单元电路设计与计算； 2. 根据设计框图与单元技术指标及其工作量完成单元电路设计分工； 3. 利用网络或纸质文档每个单元电路查阅 5 篇以上的案例电路，分析案例电路结构及其特点； 4. 小组讨论并选取合适的参考案例电路，简述选取的原因； 5. 根据单元电路设计指标要求，修改参考电路； 6. 单元电路元器件参数工程计算； 7. 利用网络或纸质文档，查阅元器件参数，并合理地选择元器件； 8. 完成单元电路设计。			
提交成果	1. 单元电路设计图、原理分析、参数计算和器件选型文档； 2. 相关技术文档。			
完成时间及签名				

4.3.4.3 电压控制 *LC* 振荡器仿真测试与优化设计

工作任务描述：根据数控直流电流源设计电路及其元件参数，绘制电路原理图，标注测试点，完成相关虚拟测量仪器仪表连接，当设计系统电路涉及单片机和 FPGA 等可编程系统时，完成软件程序编写与软件系统联调设置。根据设计任务技术指标要求，调整电路元器件参数及程序算法，完成系统仿真测试及电路软/硬件优化设计。工作任务如表 4.3.3 所示。

表 4.3.3　电压控制 *LC* 振荡器仿真测试与优化设计工作任务单

学习情景	信号源类电子产品设计		情境载体	电压控制 *LC* 振荡器设计
工作任务	电压控制 *LC* 振荡器仿真测试与优化		参考学时	180 分钟
班　　级		小组编号	成员名单	
任务目标	支撑知识	1. Proteus、Multisim 和 QuartusII 等的计算机辅助设计软件基本操作； 2. 基于 Proteus、Multisim 和 QuartusII 等软件的电路原理图绘制； 3. 基于 Proteus、Multisim 和 QuartusII 等虚拟软件电路参数调试； 4. 技术指标测试与实验数据分析处理； 5. 系统软硬件优化设计。		
	专业技能	1. 会 Proteus、Multisim 和 QuartusII 等软件基本操作； 2. 会利用 Proteus、Multisim 和 QuartusII 等软件实现电路仿真验证； 3. 会利用软件系统提供的虚拟仪器和仪表实现技术指标或参数测试； 4. 会利用 Proteus 或 QuartusII 实现实验系统软硬件联调； 5. 会根据测量参数实现电路参数调试与修改。		
工作任务	1. 熟悉 Proteus 或 Multisim 虚拟实验室软件； 2. 在软件中完成每个单元电路原理图绘制； 3. 在软件中完成每个单元电路原理仿真与技术参数测试； 4. 完成单元电路元器件参数修改； 5. 在软件中完成系统统调及其软硬件系统联调； 6. 输出仿真文件。			
提交成果	1. 输出仿真文件； 2. 相关技术文档。			
完成时间及签名				

4.3.4.4 PCB 电路设计及制作

工作任务描述：根据电压控制 *LC* 振荡器仿真调试后的优化设计电路，在 Protel99 SE 软件中完成原理图绘制，利用游标、卡尺等工具测量并制作非标准 PCB 元器件封装，按 PCB

板设计步骤及其基本原则完成 PCB 线路板布局与布线；输出设计 PCB 板图，按热转印工艺完成 PCB 电路板制作，并对制作成品进行质量品质检测，对不合格部分进行修补或返工重做。工作任务如表 4.3.4 所示。

表 4.3.4　电压控制 *LC* 振荡器 PCB 电路设计及制作工作任务单

学习情景		信号源类电子产品设计	情境载体	电压控制 *LC* 振荡器设计
工作任务		电压控制 *LC* 振荡器 PCB 电路设计制作	参考学时	90 分钟
班　　级		小组编号	成员名单	
任务目标	支撑知识	1. Protel99 SE 软件基本操作； 2. 基于 Protel99 SE 软件电路原理图绘制； 3. PCB 板设计步骤及其基本原则； 4. 基于热转印工艺 PCB 板制作工艺流程； 5. PCB 板成品检验。		
	专业技能	1. 会 Protel99 SE 软件基本操作； 2. 会利用游标、卡尺等工具测量并制作非标准 PCB 元器件； 3. 会根据电路工作特性完成 PCB 元件布局与布线； 4. 能根据热转印工艺要求输出 PCB 板图； 5. 会根据热转印工艺 PCB 板制作工艺流程要求制作 PCB 电路板。		
	职业素养	1. 具有良好的社会责任感、工作责任心，能主动参与工作； 2. 具有团队协作精神，能主动与人合作，与人交流和协商； 3. 具有良好的职业道德，能按照劳动与环境保护要求开展工作； 4. 具有较好的语言表达能力，能有条理地表达自己的思想和观点。		
工作任务		1. 熟悉 Protel99 SE 软件使用； 2. 在软件中完成每个单元电路原理图绘制； 3. 在软件中完成非标准 PCB 元器件制作； 4. 完成元器件布局与布线； 5. 完成 PCB 线路板输出设置及输出打印； 6. 按热转印工艺要求制作 PCB 印制线路板； 7. 完成 PCB 印制线路板检测与修改。		
提交成果		1. 输出 PCB 设计打印文件； 2. 提交 PCB 印制线路板； 3. 提交其他技术文档。		
完成时间及签名				

4.3.4.5　电压控制 *LC* 振荡器整机装配

工作任务描述：根据电压控制 *LC* 振荡器仿真调试后的优化设计电路，列出元件清单并领取元器件（注：当库房没有相同型号元器件时，需查阅元件手册，找相关器件代换或修改设计电路），对领取元器件进行筛选、测试并完成装配预处理；根据设计原理图与 PCB 板电路图在印制电路板上完成设计电路整机装配，并预留测试点。工作任务如表 4.3.5 所示。

表 4.3.5　电压控制 LC 振荡器整机装配工作任务单

学习情景	信号源类电子产品设计		情境载体	电压控制 LC 振荡器设计
工作任务	电压控制 LC 振荡器整机装配		参考学时	90 分钟
班　级		小组编号	成员名单	
任务目标	支撑知识	1. 电子元器件识别； 2. 万用表、集成电路测试仪、晶体管图示仪和数字电桥等仪器及其焊接、装配工具正确使用； 3. 电子元器件检测、筛选与装配预处理； 4. 电子产品整机装配工艺流程；		
	专业技能	1. 能识别元器件、知道元器件相关标示符的含义； 2. 会利用万用表、集成电路测试仪、晶体管图示仪和数字电桥等完成元器件参数测试，并对元器件进行品质筛选； 3. 会利用成型工具或自制工具对元器件装配预处理； 4. 正确使用恒温焊台、热风枪、吸锡泵等常用焊接工具； 5. 会根据整机装配工艺在自制 PCB 印制板上完成电路整机装配； 6. 能根据装配工艺要求完成装配成品检测。		
工作任务	1. 提交元件清单，对比实训室元件库提供元器件表找出已有元器件，没有的查阅元器件手册，找出代换元器件； 2. 领取元器件，完成出库管理相关手续； 3. 测试并筛选元器件； 4. 完成元器件成型处理； 5. 完成电路装配、焊接； 6. 焊接输入、输出及其测试点导线焊接。			
提交成果	1. 电路板成品； 2. 相关技术文档。			
完成时间及签名				

4.3.4.6　电压控制 *LC* 振荡器软硬件调试

工作任务描述：根据电压控制 *LC* 振荡器整机装配电路、设计技术指标及其测试参数特性，设计参数测试方法。完成设计电路整机测试，对测试数据进行分析处理，当呈现数据偏差较大时分析产生的原因后进行修订或重新设计，直到达到任务书技术指标要求。工作任务如表 4.3.6 所示。

表 4.3.6　电压控制 LC 振荡器软硬件调试工作任务单

学习情景	信号源类电子产品设计		情境载体	电压控制 LC 振荡器设计
工作任务	电压控制 LC 振荡器软硬件调试		参考学时	90 分钟
班　　级		小组编号	成员名单	
任务目标	支撑知识	1. 电路基本调试方法； 2. 示波器、功率表、函数信号发生器、相位失真仪和毫伏表等测量仪器正确使用； 3. 电压控制 LC 振荡器软硬件整机联调及测试方法； 4. 电压控制 LC 振荡器整机老化测试及成品检验方法； 5. 电压控制 LC 振荡器故障基本维修方法； 6. 测量数据处理及其软硬件优化。		
	专业技能	1. 会针对电不同电路工作特性选择合适的电路调试方法； 2. 能正确利用示波器、功率表、函数信号发生器、相位失真仪和毫伏表等完成电路技术参数测试； 3. 能根据测试数据判定电路工作状态，对工作不正常的电路进行电路参数调试； 4. 当电路出现故障，能根据故障现象判断故障范围，并对其进行维修； 5. 会正确处理测量数据。		
工作任务	1. VCO 振荡器、丙类功放、电源等电路测量仪器仪表连接； 2. 波形、电压和电流等参数指标测试； 3. 调试调整元件，使电路工作在最佳工作状态； 4. 系统测试数据测试及分析； 5. 电压控制 LC 振荡器故障维修。			
提交成果	1. 电路测试报告； 2. 相关技术文档。			
完成时间及签名				

4.4　情境评价

4.4.1　考核评价标准

展示评价内容包括：

（1）小组展示制作产品；

（2）教师根据小组展示汇报整体情况进行小组评价；

（3）在学生展示汇报中，教师可针对小组成员分工并对个别成员进行提问，给出个人评价；

（4）组内成员自评与互评；

（5）评选制作之星。

过程考核评价标准如表 4.4.1 所示。

表 4.4.1　过程考核评价标准

项目编号	考核点及占项目分比例	建议考核方式	评价标准			成绩比例
			优	良	及格	
4	1. 资讯成果（20%）	教师评价+小组互评	通过资讯，熟练掌握单项技能与功能单元电路调试。小组方案思路清晰，方法正确，思考问题周到。	通过资讯，掌握单项技能与功能单元电路调试。小组方案思路清晰，方法正确。	通过资讯，了解单项技能与功能单元电路调试。小组方案思路清晰，方法正确，无明显缺陷。	40%
	2. 实施（30%）	教师评价+小组互评	正确操作相应仪器、工具等，书面记录完整、正确，产品制作质量好，完全满足要求。	正确操作相应仪器、工具等，书面记录较正确，产品制作质量好。	无重大操作损失，产品质量基本满足要求。	
	3. 检查与产品上交（20%）	教师评价+作品展评	项目检查过程、结论正确，流畅表达产品使用说明。	项目检查过程、结论较正确，较流畅表达产品使用说明。	项目检查过程、结论无重大失误现象，基本能将产品使用说明表达清楚。	
	4. 项目公共考核点（30%）		详见表 4.4.2			

项目公共考核评价标准如表 4.4.2 所示。

表 4.4.2　项目公共考核评价标准

项目公共考核点	建议考核方式	评价标准		
		优	良	及格
1. 工作于职业操守（30%）	教师评价+自评+互评	安全、文明工作，具有良好的职业操守。	安全、文明工作，职业操守好。	没出现违纪现象
2. 学习态度（30%）	教师评价	学习积极性高，虚心好学。	学习积极性高。	没有厌学现象
3. 团队合作精神（20%）	互评	具有良好的团队合作净胜，热心帮组小组其他成员。	具有良好的团队合作净胜，能帮助小组其他成员。	能配合小组完成项目任务。
4. 交流及表达能力（10%）	互评+教师评价	能用专业语言正确流利地展示项目成果。	能用专业语言正确地阐述项目。	能用专业语言正确地阐述项目，无重大失误。
5. 组织协调能力（10%）	互评+教师评价	能根据工作任务对资源进行合理分配，同时正确控制、激励和协调小组活动过程。	能根据工作任务对资源进行较合理分配，同时较正确地控制、激励和协调小组活动过程。	能根据工作任务对资源进行分配，同时控制、激励和协调小组活动过程，无重大失误。

4.4.2 展示评价

在完成情景任务后，需要撰写技术文档，技术文档中应包括：

（1）产品功能说明；

（2）电路整体结构图及其电路分析；

（3）元器件清单；

（4）装配线路板图；

（5）装配工具、测试仪器仪表；

（6）电路制作工艺流程说明；

（7）测试结果；

（8）总结。

技术文档必须按国家标准对其进行标准化，经相关人员审核后存入技术档案室进行统一管理。

4.5 小 结

1. PCB 制板

印制电路板，又称印刷电路板或印刷线路板，简称印制板，英文简称 PCB（printed circuit board）或 PWB（printed wiring board），以绝缘板为基材，切成一定尺寸，其上至少附有一个导电图形，并布有孔（如元件孔和紧固孔、金属化孔等），用来代替以往装置电子元器件的底盘，并实现电子元器件之间的相互连接。由于这种板是采用电子印刷术制作的，故被称为"印刷"电路板。习惯称"印制线路板"为"印制电路"是不确切的，因为在印制板上并没有"印制元件"而仅有布线。

PCB 板设计步骤：设计好电路原理图；根据所设计的原理图准备好所需要的元器件；根据实物给原理图中的元器件制作或调用封装形式；形成网络表连接文件；在 PCB 设计环境下，规划电路板的大小和板层数量等；调用网络表连接文件，并布局元器件的位置（自动加手工布局）；设置好自动布线规则，并自动布线；形成第二个网络表连接文件，并比较两个网络表文件，若相同则说明没有问题，否则要查找原因；手工布线并优化处理；输出 PCB 文件并制版。

热转印工艺流程：线路底片制作→抛光→图形转移→腐蚀→打孔→检验。

2. 整机装配与调试

整机装配工艺过程根据产品的复杂程度、产量大小等方面的不同而有所区别。但总体来看，有装配准备、部件装配、整件调试、整机检验以及包装入库等几个环节。

电子整机因为各自的单元电路的种类和数量不同，所以在具体的测试程序上也不尽相同。通常调试的一般程序是：接线通电、调试电源、调试电路、全参数测量、温度环境试验以及整机参数复调。

3. 电路振荡基本工作原理

振荡器是一种不需要外加输入信号控制，就能自动地将直流电能转换为所需的交变信号能量的电路，若产生的交变信号为正弦波，则称为正弦波振荡器。

正弦波振荡器按工作原理不同可分为 2 大类：一类是利用反馈原理构成的反馈振荡器，它是目前应用最广的一类振荡器；另一类是负阻振荡器，它是将负阻抗元件直接连接到谐振回路中，利用负阻器件的负阻抗效应去抵消回路中的损耗，从而产生出正弦波振荡，这类振荡器主要工作在微波频段。

自激振荡器振荡过程如图 4.5.1 所示，通电瞬间由于电压、电流及噪声等变化形成宽频域的电扰动，经过谐振网络谐振选出其频率 f_0 频率分量，滤除其他频率成分，经过线性放大器进行线性增益放大后再经过正反馈网络送入放大器进行信号放大形成增幅振荡。

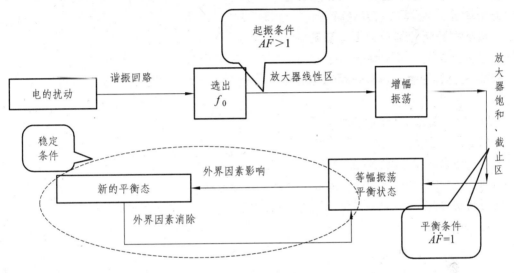

图 4.5.1　自激振荡建立过程

4. 变容二极管基本工作原理

其实我们可以把变容二极管看成一个 PN 结，我们想，如果在 PN 结上加一个反向电压 V（变容二极管是反向来用的），则 N 型半导体内的电子被引向正极，P 型半导体内的空穴被引向负极，然后形成既没有电子也没有空穴的耗尽层，该耗尽层的宽度我们设为 d，随着反向电压 V 的变化而变化。如此一来，反向电压 V 增大，则耗尽层 d 变宽，二极管的电容量 C 就减少（根据 $C = kS/d$），而耗尽层宽 d 变窄，二极管的电容量变大。反向电压 V 的改变引起耗尽层的变化，从而改变了压控变容器的结容量 C。达到了变容的目的。

5. 石英谐振器谐振阻抗特性

石英谐振器谐振阻抗特性如图 4.5.2 所示。石英谐振器只在 f_s 和 f_p 之间的很窄频率范围内呈感性，且感抗曲线很陡，故当工作于该区域时，具有很强的稳频作用。做振荡器时，一般使晶振工作在此区域。当中心频率大于 f_p 或小于 f_s 时晶振呈现容性，特性曲线变化相对平缓，稳频效果较差，在实际应用中很少工作早电容区。

6. 鉴相特性

其特性用输出角频率 ω_0 与输入控制电压 u_c 之间的关系曲线如图 4.5.3 所示。图中，u_c 为零时的角频率（ω_0，0）称为自由振荡角频率；曲线在（ω_0，0）处的斜率 K_0 称为控制灵敏度。在通信或测量仪器中，输入控制电压是欲传输或欲测量的信号（调制信号）。人们通常把压控振荡器称为调频器，用以产生调频信号。在自动频率控制环路和锁相环路中，输入控制电压是误差信号电压，压控振荡器是环路中的一个受控部件。

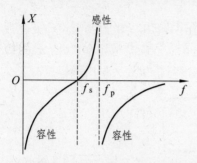

图 4.5.2　石英晶体谐振器阻抗频率特性曲线

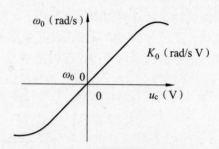

图 4.5.3　压控振荡器的控制特性

参考文献

[1] 宋文绪，杨帆. 自动检测技术[M]. 北京：高等教育出版社，2004.

[2] 谢自美. 电子线路设计·实验·测试[M]. 3 版. 武汉：华中科技大学出版社，2006.

[3] 程远东，曾宝国. 电子设计与制作技术[M]. 北京：科学出版社，2011.

[4] 童诗白，华成英. 模拟电子技术基础[M]. 3 版. 北京：高等教育出版社，2004.

[5] 闫石. 数字逻辑电路[M]. 5 版. 北京：高等教育出版社，2010.

[6] 沈建华，杨艳琴. MSP430 系列 16 位超低功耗单片机原理与实践[M]. 北京：北京航空航天大学出版社，2006.

[7] 廖超平. EDA 技术与 VHDL 实用教程[M]. 北京：高等教育出版社，2007.

[8] 陈永真，宁武，蓝和慧，等. 全国大学生电子设计竞赛试题精解选[M]. 北京：电子工业出版社，2011.

[9] 全国大学生电子设计竞赛组委会. 全国大学生电子设计竞赛获奖作品选编(2003)[M]. 北京：北京理工大学出版社，2005.